普通高等院校“十四五”计算机基础系列教材

C 语言程序设计
（第二版）

郑　爽　崔　玲　李秀荣◎主编

中国铁道出版社有限公司
CHINA RAILWAY PUBLISHING HOUSE CO., LTD.

内 容 简 介

本书是国家级教改立项研究项目“以计算思维能力培养为核心的理工类专业大学计算机课程改革研究”成果之一。

本书以培养学生计算思维能力为目标，从解决实际问题的角度出发，由导例引出知识点，强化程序设计求解问题的思路和方法。本书主要介绍了程序设计的基本概念、结构化程序设计方法，重点阐释了C语言的各种数据类型、运算符与表达式、基本流程控制结构、模块化程序设计方法、数组、指针、结构体和文件系统等核心内容。

本书内容全面，知识点详尽，通过典型例题的解题分析及C程序的实现，串联一般程序设计的全过程，可帮助读者进一步加强对C语言的理解，掌握C程序设计的思想和方法。

本书适合作为普通高等院校非计算机专业C语言程序设计课程的教材，也可作为从事计算机相关工作人员的参考书。

图书在版编目（CIP）数据

C语言程序设计 / 郑爽，崔玲，李秀荣主编. 2版. -- 北京 : 中国铁道出版社有限公司，2025. 8.
(普通高等院校“十四五”计算机基础系列教材).
ISBN 978-7-113-32352-3

Ⅰ. TP312. 8

中国国家版本馆CIP数据核字第202557YS44号

书　　名：C语言程序设计
作　　者：郑　爽　崔　玲　李秀荣

策　　划：陆慧萍　　编辑部电话：（010）63549508
责任编辑：陆慧萍　彭立辉
封面设计：刘　颖
责任校对：刘　畅
责任印制：赵星辰

出版发行：中国铁道出版社有限公司（100054，北京市西城区右安门西街8号）
网　　址：https://www.tdpress.com/51eds
印　　刷：三河市国英印务有限公司
版　　次：2015年2月第1版　2025年8月第2版　2025年8月第1次印刷
开　　本：787 mm×1 092 mm　1/16　印张：18.5　字数：450千
书　　号：ISBN 978-7-113-32352-3
定　　价：58.00元

前言

伴随大学计算机基础教育教学改革的持续深化，高校计算机基础教育正经历从工具技能培养向智能素养提升的范式转型。为贯彻落实《教育部关于全面提高高等教育质量的若干意见》精神，教育部高等学校计算机基础课程教学指导委员会自2012年启动首轮课程改革以来，已形成以计算思维培养为核心的教学体系。2023年发布的《新时代大学计算机基础课教学基本要求》进一步明确，要将人工智能、大数据等新一代信息技术深度融入课程体系，构建"计算思维+智能赋能"的双轮驱动模式。程序设计作为此模式中的核心课程，被赋予了新的内涵，即为计算思维和人工智能的教育奠定理论和技术基础。

大学计算机基础教育已经取得了以"面向应用、需求导向、能力核心、分类指导"的基本经验和规律。本书按照以上经验和规律，明确把C语言程序设计学习过程和计算思维的训练环节融合一起。在训练技能的过程中，融入计算思维能力的培养，注重追求教学活动过程中的有效性与效率，以计算思维为切入点，以能力培养为导向，注重培养具有创新意识的应用型人才。通过本书的学习，学生可了解C语言程序设计对人们生活、工作、学习方式的影响和对经济社会发展所做出的贡献；了解计算机学科与自然科学、工程技术、人文社科等相互渗透、交叉融合，促进各学科的发展；理解和掌握程序设计的基础知识和基本方法；掌握基本的程序设计、应用能力；掌握利用C语言程序设计解决专业领域问题的思路和方法。

本书是国家级教改立项研究项目"以计算思维能力培养为核心的理工类专业大学计算机课程改革研究"成果之一。在本书第一版编写过程中，谭浩强教授、吴文虎教授、高林教授及"大学计算机基础教育改革理论研究与课程方案项目课题组"的专家均提供了宝贵建议和意见，高林教授在百忙之中对全书进行了审定。经过多年的教学应用，编者结合教学实践中的问题及读者反馈意见对第一版的内容进行了修订，保留主要的内容组织结构，重点修订了部分导例，使其更具有典型性和实用性；从高等院校非计算机专业学生的需求出发，修改了部分知识点的内容，力求通过导例引入知识点的形式，提高学生的学习兴趣，从而学会应用编程语言解决实际问题。

本书的主要特点：

（1）以培养大学生信息素养和应用能力为目标，遵循"程序=算法+数据结构"的理念，在内容安排上与同类教材有所不同。在内容上增加了算法初步，让学生对程序设计中的常用算法有初步的了解，以便日后深入学习；按照数据结构的构成来组织相关章节，在保持传统数据组织方式的基础上，在内容上增加了栈、队列、二叉树、数据库等数据组织方法，丰富了数据处理的结构，知识点更系统；让学生能更好地理解程序的内涵和特征。

（2）以"问题—思路（问题求解）—算法（模型）—代码—调试—修改—实现"为路线，由导例引出问题，通过"问题描述、问题分析、算法描述、程序实现、运行结果、程序分析"六个步骤串联程序设计的全过程并解决问题，从而引出相关的知识点与技能点，进而引导学生掌握程序设计的思想和方法。通过大量的导例学习，一方面学生较容易掌握程序设计的基本方法；另一方面，由于重复性的训练符合思维能力的培养过程，必然会影响学生的思维方式，提升其思维能力。

（3）以培养学生计算思维能力为切入点，把计算思维贯穿在教材编写的各个环节。在教材中处处体现方法、思路是解决问题的灵魂，强调解决问题的方法、思路，关注知识点的学习，强化编程技能的训练，将C语言程序设计学习过程和计算思维的训练环节结合起来，在问题求解、编程训练、教学实践的各个环节融入计算思维能力的培养。

（4）以导例为主线，通过导例引出知识点，通过问题的解决对知识点进行深入学习。全书导例的编排由浅入深，以培养学生分析问题、解决综合问题，以及程序设计的能力。在每章的最后按照“易、中、难”对习题进行了分类标注，以适合不同学生按需之用。

（5）结合程序设计的应用领域，编写了对应的综合案例，学生可以根据所在专业选择相近的案例进行学习。通过综合案例可了解通过程序设计如何解决专业领域的问题，潜移默化地培养学生计算思维能力。

本书适合作为普通高等院校非计算机专业程序设计基础课程教材，建议授课学时32～48学时。期望学生通过对本书的学习，可以达到以下三个目标：

（1）掌握程序设计的基本概念，熟悉C语言编程的基本方法，具备利用C语言编程的能力。

（2）具备应用C语言程序设计解决专业问题的初步能力。

（3）提升思维能力，特别是利用计算思维解决专业领域问题的能力以及处理其他问题的能力。

本书在内容的组织、导例的选取、编程的步骤、知识点的讲授方法，以及习题难易程度的编排上都进行了认真思考，找到了解决计算思维从学术研究“落地”到教学过程这一操作层面上的可行方法，力求将C语言程序设计课程建设成为支撑提升学生计算思维能力的一个有效环节。

本书由郑爽、崔玲、李秀荣主编，郑小静、张荣茜、刘宇明、刘燕辉、段娟和巩晓蕾参与编写。其中第1章、第3章、第7章由郑爽编写，第2章由崔玲、郑小静编写，第4章由李秀荣编写，第5章由张荣茜、巩晓蕾、李秀荣、段娟编写，第6章由刘宇明、刘燕辉编写，附录A由崔玲、郑爽、李秀荣共同整理了本书中的主要知识点和相应的思维要素，以及综合案例拓展，以二维码呈现，供有需要的读者扫码观看。全书由郑爽、崔玲、李秀荣统稿并定稿。

由于时间仓促，编者水平有限，书中难免存在疏漏与不妥之处，恳请读者批评指正。编者邮箱：zshuang@bjut.edu.cn。

编　者

2025年2月

目录

第3章 算法初步 / 71

第4章 函数 / 91

第5章 组合数据类型 / 151

第1章 绪 论

学习目标

- 了解程序与程序设计语言的基本概念。
- 了解程序设计与计算思维培养的关系。
- 掌握C程序开发的基本过程。

本章首先介绍程序与程序设计的基本概念，然后介绍程序设计过程中计算思维的训练过程，最后详细介绍C程序开发的环境和基本过程，可使读者学会Dev-C++的安装和使用方法，了解C程序开发的基本过程。

1.1 程序设计

1.1.1 程序设计与算法

计算机通过程序来完成数据处理任务。程序是为了实现一个特定的任务而设计的，不同的任务需要不同的程序来完成。

1. 程序

简单地讲，程序就是计算机处理数据、获取信息的工作规程，主要定义了数据的逻辑结构和程序运行的步骤。数据是计算机获取信息的基础，程序规定了计算机处理的各环节所需要的一个有序的工作流程。程序是静态的，只有被计算机“认识”和“理解”，数据才能被计算机处理，才能完成数据到信息的加工以及相应的任务。不同的程序可以完成不同的工作，所以处理不同的问题就需要不同的程序。著名科学家 Nicklaus Wirth 提出了公式“算法+数据结构=程序”，并因此而获得了全球计算机界的最高奖——图灵奖。可见，这个公式对计算机科学产生的影响有多大，它展示出了程序的本质。

算法是计算机执行计算过程的具体描述，也就是描述计算机如何将输入一步步转化为所要求的输出的过程。

数据结构是计算机处理过程中数据的组织方式。常见的数据组织方式有数组、链表、队列、堆栈、数据库、文件等。

下面通过一个例子了解什么是算法，算法要注意什么问题。请大家思考一个问题：如何求 1×2×3×…×8×9 的值。

（1）最原始的方法：

步骤 1：先求 1×2，得到结果 2。

步骤 2：将步骤 1 得到的乘积 2 乘以 3，得到结果 6。

步骤 3：将 6 再乘以 4，得 24。

步骤 4：将 24 再乘以 5，得 120。

步骤 5：将 120 再乘以 6，得 720。

步骤 6：将 720 再乘以 7，得 5040。

步骤 7：将 5040 再乘以 8，得 40320。

步骤 8：将 40320 再乘以 9，得 362880。

这就是一个算法，虽然正确，但太麻烦。

（2）改进的算法：

S1：1→t；

S2：2→i；

S3：t×i→t；

S4：i+1→i；

S5：if i≤9，then 返回 S3；else 算法结束。

这个算法简单、快捷、效率高，也适用于同类相似的问题，如计算 100！只需要将“S5：若 i≤9”改成“i≤100”即可。

同一问题可用不同的算法解决，而一个算法的质量优劣将影响到算法乃至程序的效率。算法的评价标准主要包括时间复杂度、空间复杂度、正确性、可读性和健壮性，关键是时间和空间复杂度。

2. 程序设计

程序设计是指设计、编写和调试程序的方法与过程。程序设计一般应该包括分析问题、设计算法、编写程序、运行程序分析结果、整理文档等 5 个环节。

（1）分析问题：对要解决的问题认真进行分析，研究所给定的条件，分析最后应达到的目标，找出解决问题的规律，选择解题的方法。

（2）设计算法：设计出解决问题的方法和具体步骤。

（3）编写程序：将算法书写成计算机可以“认识”的代码的过程。计算机只认识“0”和“1”，即机器语言。但是，通过编译程序或解释程序计算机就可以“认识”多种高级语言，如C语言、C++、Java等。

（4）运行程序分析结果：运行程序，可以得到运行结果。能得到运行结果并不意味着程序正确，要对结果进行分析，看其是否合理，同时要分析算法是否合理。如果不合理要对程序进行调试，即通过上机发现、修改程序中的错误及故障。

（5）整理文档：程序具有可共享性和兼容性，所以要对程序进行必要的整理。内容应包括程序名称、程序功能、运行环境、程序的装入和启动、需要输入的数据，以及使用注意事项等。

1.1.2　程序设计语言

形象地说，程序设计语言就是计算机“能听懂的话”，它是用来描述程序设计的过程，是人与计算机之间相互通信的工具；它是由一组符号和一组规则构成的。程序设计语言从发展历程来看可以分为以下四代：

1. 第一代——机器语言

机器语言是由二进制0、1代码指令构成，不同的CPU具有不同的指令系统，所有的地址分配都是以绝对地址的形式处理。因此，它具有代码不易记忆、程序编写麻烦、维护复杂、用户需要对存储空间进行分配、编程效率极低等缺点。

2. 第二代——汇编语言

汇编是机器指令的符号化，与机器指令存在着直接的对应关系，同时增加了一些功能，如宏、符号地址等。汇编语言同样存在着难学难用、容易出错、维护困难等缺点。但汇编语言具有可直接访问系统接口、汇编程序翻译成的机器语言程序效率高等优点，所以在高级语言不能满足设计要求或不具备支持某种特定功能的技术性能（如特殊的输入/输出）时，汇编语言也会被使用。

3. 第三代——高级语言

高级语言是面向用户的、独立于具体计算机结构的语言，在形式上接近于算术语言和自然语言；高级语言不能直接执行，在运行前需要编译成相应的机器语言。高级语言的一个命令可以代替几条、几十条甚至几百条汇编语言的指令。因此，高级语言明显优于汇编语言、易学易用、通用性强、应用广泛。

C语言属于第三代语言，其功能强大、表达能力强、有丰富的运算符和数据类型、使用灵活方便、应用面广、移植能力强、编译质量高、目标程序效率高。同时，C语言还具有低级语言的许多特点，如允许直接访问物理地址、能进行位操作、能实现汇编语言的大部分功能、可以直接对硬件进行操作等。用C语言编译程序产生的目标程序，其质量可以与汇编语言产生的目标程序相媲美，具有“可移植的汇编语言”的美称。C语言已成为编写应用软件、操作系统和编译程序的重要语言之一。

4. 第四代（4GL）——非过程化语言

4GL 是非过程化语言，更像英语，与自然语言非常接近；是面向应用、为最终用户设计的一类程序设计语言，兼具过程性和非过程性的两重特性。它具有缩短应用开发过程、降低维护代价、最大限度地减少调试过程中出现的问题以及对用户友好等优点。4GL 包括数据库查询语言、程序生成器等。

选择适宜的程序设计语言可使编写代码困难减少，同时可读性、可测试性、可维护性也比较好。为了使程序容易测试和维护，所选用的程序设计语言应该具有模块化机制、可读性较好的控制结构和数据结构；为了便于调试和提高软件可靠性，所选用的程序设计语言应该能够尽可能多地发现程序中的错误；为了降低软件开发和维护成本，所选用的程序设计语言应该具有良好的独立编译机制。

实际工程中选择程序设计语言时，还应考虑系统用户的要求、编译程序、软件工具、工程规模、可移植性、应用领域以及程序员的水平。

1.2 计算思维

1.2.1 问题的提出

2005 年 6 月，美国总统信息技术咨询委员会（PITAC）提交了名为《计算科学：确保美国竞争力》的报告，报告建议将计算科学长期置于国家科学与技术领域中心的领导地位。美国国家卫生基金会（NSF）的 CPATH（CISE Pathways to Revitalized Undergraduate Computing Education）计划的目标之一是将计算思维融入计算机、信息科学、工程技术和其他领域的本科教育中，以增加具有计算思维能力的学生的人数。2011 年，NSF 启动了 CE21 计划，此计划建立在 CPATH 计划成功的基础上，其目的是提高 K-14（中小学和大学一、二年级）老师与学生的计算思维能力。

美国为什么会关注计算思维的问题？

美国卡内基·梅隆大学周以真（Jeannette M. Wing）教授认为，计算思维是运用计算机科学的基础概念去求解问题、设计系统和理解人类的行为；计算思维最根本的内容，即其本质（essence）是抽象（abstraction）和自动化（automation）。它是如同所有人都具备“读、写、算”（简称 3R）能力一样，都可以具备的思维能力。计算思维不是程序化、流程化的，它是以计算机科学为代表的、以设计和构造为特征的一种抽象化、概念化的能力表现形式，与理论思维能力、实证思维能力一样，是人类用来进行问题求解、日常生活管理，以及与他人进行交流和互动的必须要具有的思维能力。

计算思维并不是要使人类像计算机那样思考问题，而是解决社会复杂问题的有效途径，是技能、方法的升华，它始终贯穿于科学研究和技术发展的全过程，是创新的灵魂。它是观念化的，通过分析、抽象、综合、概括等方法对计算科学的概括、加工是其本质特征。计算思维是思维过程或功能的计算模拟方法，其研究的目的是提供适当的方法，使人们能借助现代和将来的计算机逐步实现人工智能的较高目标。

在我国，关于计算思维的问题也引起了学者的关注，关于计算思维本质、定义和应用的大量讨论推动了计算思维在社会的普及和发展。但到目前为止，还没有一个统一的、获得广泛认可的关于计算思维的定义。“大学计算机基础教育改革理论研究与课程方案项目课题组”在著名的计算机教育专家吴文虎教授和高林教授领导的专家团队历经两年多的研究，从理论层面和操作性层面对计算思维的本质、内涵及能力培养进行了系统的阐述和总结，并结合大学计算机基础教育的改革，设计了基于计算思维的大学课程方案，本书就是课题的研究成果之一。

1.2.2 计算思维能力培养

人都是有思维的，但对一个问题的思维能力是不同的，因而解决问题的方法也会不同，自然会产生不同的后果。计算思维作为抽象的思维形式，不能像知识一样通过教学进行传递。而计算思维的操作性定义，正是对计算思维在解决问题过程中的分析和阐释，将“计算思维”分解为易于理解的过程、方法、行动、品质等，从而使学习者将计算思维与自身能力、生活、学习有所联系，建立直观的参考，并且方便教育者据此建立评价标准，使抽象的计算思维概念可视化、可量化。操作性能够实际指导并提升学习者计算思维能力，对学习者计算思维能力的培养、提升思考和行动能力都具有现实意义。思维能力虽然属于过程性知识，不容易描述，但容易呈现并被识别，并且可以通过示范、练习和辅导的方式得到强化和修正。国内外专家学者的研究结果表明，思维是可以教的，也是可以训练的。计算思维能力的培养，需要在掌握陈述性知识的基础上，有一个科学的训练方法、一个可行的训练载体、一个循环的训练过程。

1. 要有一个科学的训练方法

思维训练是一项帮助人们形成高效思维模式，并在必要的时候打破已有模式形成新的思维模式的技术。要培养学生按计算思维模式来思考问题，需要进行科学的思维训练。

程序设计课程的特点决定了其在学生计算思维能力培养中的重要地位。问题尽管千差万别，但是可以采用一种方法引导学生解决不同的问题。人们可以通过不同的求解过程，深入思考理解计算思维的内涵和特征。可以采用以下分析过程进行问题求解和计算思维能力训练。

（1）目标：思考要解决的问题。把注意力集中在一件事上，将其作为思考的主题。尽可能明确地选择“思考目标”。

（2）扩展：对问题在深度、广度和多样性方面进行扩展。这是开放性思考，可以有不同的解决方案。

（3）浓缩：指把扩展思考浓缩成更切实、有用的东西，包括要点、摘要、结论、选择。

（4）TEC（target-expand-contract，目标—扩展—浓缩）：按次序使用上面 3 个工具，训练确定目标，思考主题并提取出可行的结论。

（5）目的：搞清楚思考的确切目的。到什么时候为止：做出决定，得到行动计划或者观点；明确思考的一般目标和特定目的。

（6）输入：要考虑的情况、情景、框架、可用信息、因素和人等所有应该考虑的因素。

（7）解答：包括各种最明显的、传统的和最新的备选解决方案，以及产生解决方案和补救缺陷的方法。

（8）决定：指决定的过程，从备选方案中选择最好的，包括选择的优先权和标准、决定的结果和评价等。

（9）实施：就是执行，即得出思考的最后结果，制定实现最后选择的步骤，把思考付诸实际行动。

（10）应用整个 PISCO 过程：目的—输入—解答—决定—实施（purpose-input-solutions-choice-operation）。

2. 要有一个可行的训练载体

在程序设计课程中要应用 TEC-PISCO 教学法进行思维训练，需要落实可行的训练载体。本书的导例均分为“问题描述、问题分析、算法描述、程序实现、运行结果、程序分析”六部分，前面部分可以与 PISCO 的“目的、输入、解答、决定、实施”进行对应。

3. 要有一个循环的训练过程

爱德华·德·博诺提出，人类大脑中的神经、神经元的突触和反馈系统是一个能让输入的信息自己组织成模式的系统。换句话说，有一个自我教育系统，它是创造模式、运用模式的系统，模式产生于输入信息的序列。思维如同运动，是一项可以通过不断的学习而逐渐被掌握的技能。学生按照教材导例中的六部分学习，进行循环训练，培养学生分析问题、解决问题的方法，逐渐培养计算思维能力。

1.2.3　程序设计能力与计算思维能力

程序设计能力和计算思维能力是什么关系？一个是计算机程序设计的能力，代表一个人的水平；另一个是思维的能力，是处理问题的能力，是一个人的素养。这两种能力既有区别又有联系：程序设计能力属于实践能力，是可以体现、展示的；计算思维能力是解决问题的综合素质，属于内涵与素养。但是，程序设计能力可以逐步提升为计算思维的一个重要因素。程序设计能力的培养过程，也应该成为计算机思维形成的一个环节，在这一点两者是完全相同的。程序设计的过程也是运用思维解决问题的过程，思维在程序设计的过程中是非常重要的。因此，计算机思维的研究要从实际出发，面向应用，在深入学习 C 语言程序设计的过程中，注重计算思维能力的培养，更加注重程序设计的总体设计能力，注重算法、数据结构在程序中的使用，把利用计算机解决问题的过程“公式化”，如此反复，程序设计的过程（即程序设计的能力）就会逐步升华为计算思维能力。

1. 程序设计中的思维训练过程

按照解决问题的过程进行思维训练：

（1）提出问题：描述待解决的问题；对应 PISCO 过程的“目的”。

（2）问题分析：对具体问题进行分析，按照一定的算法找到解决问题的方法；对应 PISCO 过程的“输入”，即包括需要考虑的所有因素和信息。

（3）算法描述：用流程图将算法抽象出来进行表示；对应 PISCO 过程的“解答”，得出各种解决方案。

（4）算法分析：对算法进行分析，找到最佳解决方法；对应 PISCO 过程的“决定”，从备选方案中选择最好的一种。

（5）程序实现和运行：将解决问题的方法用程序设计语言进行表示；对应 PISCO 过程的“实施”，即执行过程，把思考付诸实际行动。

2. 具体实例

（1）提出问题：某广告公司制作广告板，现有长度为 10 m 的边框材料，希望制作一个面积为 6 m^2 的广告板，请问该广告板的长和宽分别为多少米？

（2）问题分析：广告板需要满足的条件为长度为 10 m，面积为 6 m^2，确定长和宽时需要满足这两个条件。可以通过将长和宽每次取不同的值，判断是否满足这两个条件，若满足则为合适的长、宽。

算法 1：对该问题假设长为 length、宽为 width，最简单算法为 length 和 width 分别从 1 m 开始，每次增长 1 m，判断长度 2*length+2*width 是否等于 10，面积 length*width 是否等于 6，如果都满足，则 length 和 width 的值为可以采用的长度。

算法 2：根据 length 与 width 的关系：2*length+2*width=10，假设 length 从 1 m 开始，那么 width=（10-2*length）/2，再判断 length *width 是否等于 6。

对于这两种算法，分析其数据与控制结构。显然，这两种算法都为循环结构，只是循环体和循环条件不完全相同。根据相应的算法，可以确定对应的循环条件和循环体。

（3）算法描述：将上述算法用流程图表示。

（4）算法分析：分析以下两种算法的效率，即循环体执行的次数。判断哪种方法最优。

算法 1 在这个过程用二重循环来完成，length 和 width 从 1 m 变化到 5 m，最多需要比较 10 次。

算法 2 在这个过程用单次循环来完成，其循环次数最多为 5 次。

由此可见算法 2 的方法较优。

（5）程序实现和运行：通过算法分析采用最优的算法 2。用 C 语言实现，length 数据运算范围从 1 到 5，用整型变量表示；循环则可以用 for 语句来实现：

```
for(length=1;length<5;length++)
{
    width=(10-2*length)/2;
    if(length*width ==6)break;
}
```

上述算法其实就是穷举法的思想，体现了计算思维中“穷举”的思维要素。通过上述过程，进行了计算思维的训练。

1.3 C程序开发的基本过程

Dev-C++是一个免费、开源、轻量级的集成开发环境，专门用于在 Windows 环境下开发 C 或 C++程序。它提供了简洁清晰、直观易用的用户界面，并且启动速度快，占用内存低，适合初学者使用，因此本书选取 Dev-C++作为 C 语言程序的集成开发环境。本节主要介绍 Dev-C++的安装和使用方法，使读者了解 C 程序开发的基本过程：编辑源文件、编译、连接、运行程序。

1.3.1 安装Dev-C++集成开发环境

在 Dev-C++中，集成了 MingW64/TDM-GCC 编译器，涵盖了创建、编辑、编译、连接和调试 C/C++程序的所有功能。Dev-C++的界面由窗口、对话框、菜单、工具栏、快捷键等组成，可以观察和控制整个开发过程。

Dev-C++的安装步骤如下：

（1）在开放源代码软件开发平台 SourceForge 上下载安装程序。

（2）双击运行下载的安装程序 Dev-Cpp 5.11 TDM-GCC 4.9.2 Setup.exe。

（3）初始化后打开图 1-1 所示的安装语言对话框，单击 OK 按钮进入下一步。

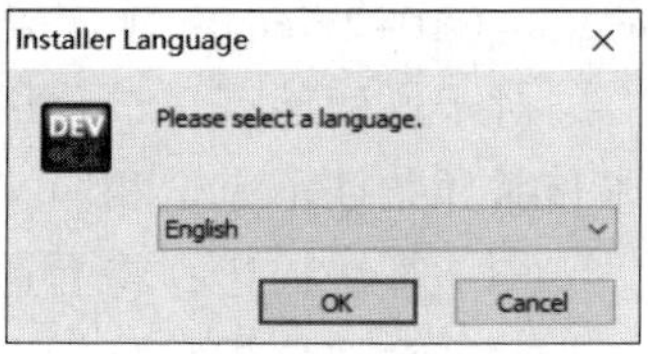

图 1-1　安装语言对话框

（4）在打开的用户使用协议对话框中单击 I Agree 按钮，如图 1-2 所示。

（5）在随后打开的对话框中一直选择默认安装选项，单击 Next 按钮，直到提示安装完成为止。

（6）安装完毕后，第一次启动运行会打开选择语言的对话框，按需选择即可，如图 1-3 所示。

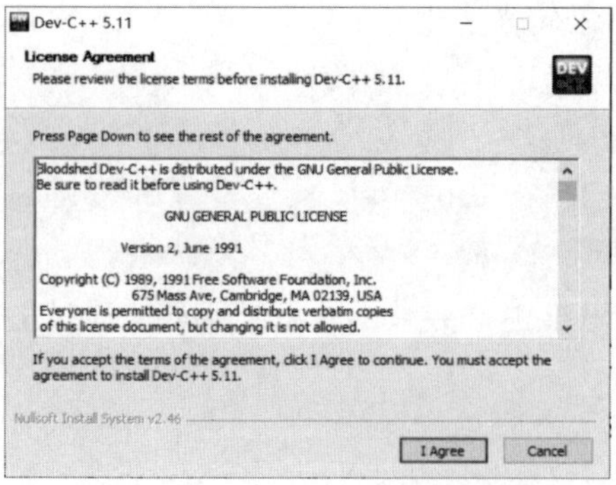

图 1-2　用户使用协议对话框

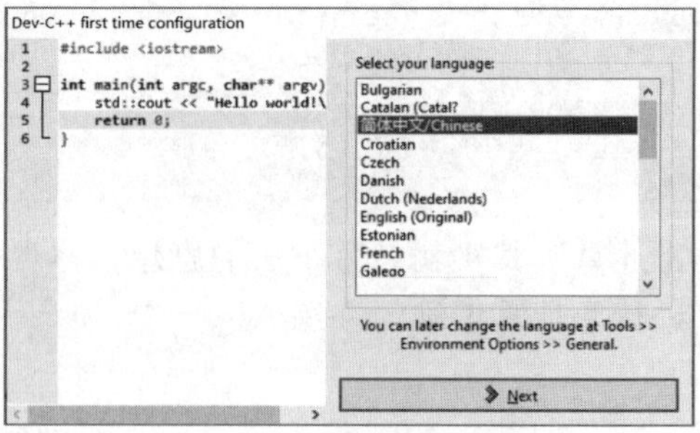

图 1-3　选择语言对话框

1.3.2　运行C程序的基本过程

C 程序的运行过程如图 1-4 所示。

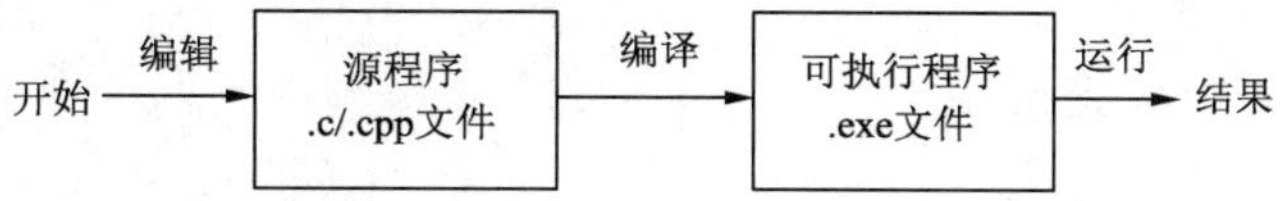

图 1-4　C 程序的基本运行过程

1. 编辑

选择适当的编辑程序，将 C 语言源程序通过键盘输入到计算机中，并以.c 或.cpp 文件的形式存储在磁盘上。在 C 程序的集成开发环境中提供了编译器的功能。

2. 编译

将.c 或.cpp 的源程序翻译成机器语言程序的过程，编译程序会对 C 语言的源程序进行语法检查，如果发现错误，就给出错误的提示和错误的个数。编程者可以根据错误提示对源程序进行修改，然后再次进行编译，直到没有发现错误为止。

需要注意的是，一般编译器只做语法检查和最简单的语义检查，而不检查程序的逻辑。

3. 运行

将编译生成的.exe 可执行文件投入运行，得到程序的运行结果。程序运行时，输入适当的测试数据检测程序的运行结果是否正确。如果和预期的结果不一致，说明程序中存在逻辑错误，需要再次对源程序进行修改，然后再次执行编译、连接和运行的过程。

编写一个可以正确执行并符合预期结果的 C 语言程序通常需要多次反复进行编辑、编译、连接和运行。在编译阶段，编译程序会检查源程序中的语法错误，根据错误提示对源程序进行修改；当连接过程中出现错误时，也需要对源程序进行修改；在运行阶段也可能出现无法执行或运行结果不正确的错误，也需要对源程序做出相应的修改。每次对源程序的任何改动都需要对源程序重新进行编译和运行。

1.3.3　利用Dev-C++集成开发环境运行C程序

在 Dev-C++集成环境中开发运行一个 C 程序的步骤如下：

1. 新建或打开一个C源程序文件

（1）在 Dev-C++主窗口中，选择菜单栏中的“文件”→“新建”→“源代码”命令，生成空的代码编辑区，如图 1-5 所示。

（2）在代码编辑区编写源程序，编辑完成后，选择“文件”→“保存”命令，保存该源程序文件，如图 1-6 所示。

（3）如果对已经存在的源程序文件进行编辑修改，可以选“文件”→“打开项目或文件”命令，并在正确的文件路径下打开指定的源文件。

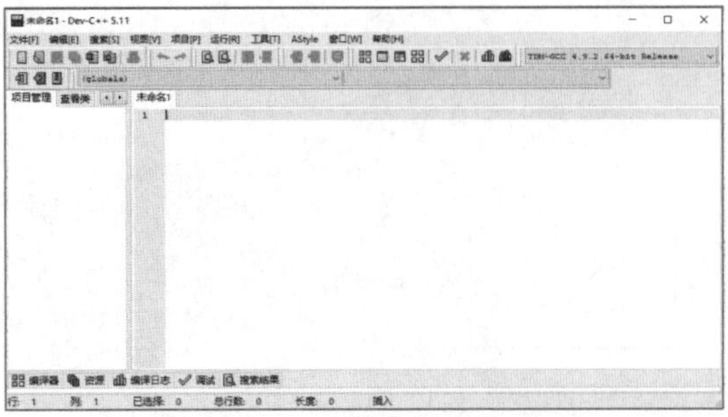

图 1-5　创建新文件

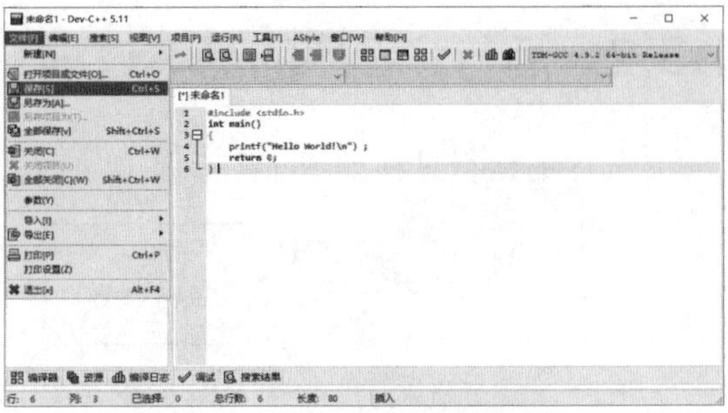

图 1-6　编辑并保存源文件

2. 编译源程序

选择“运行”→“编译”命令或单击按钮，对编辑完成的源程序文件进行编译，运行结果显示在最下方的窗口中，如图 1-7 所示。

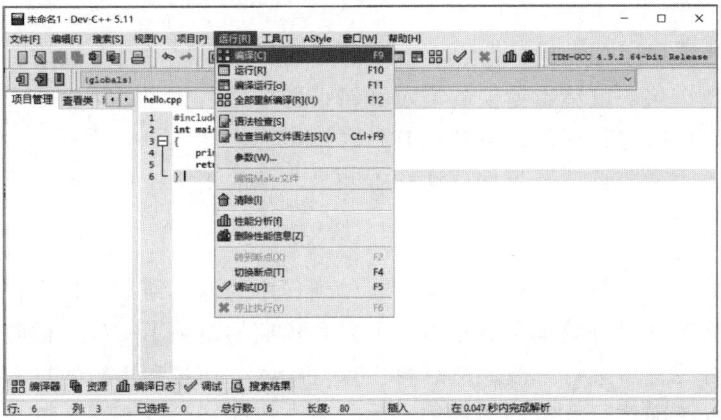

图 1-7　编译源程序

3. 运行程序

选择“运行”→“运行”命令或单击按钮，运行编辑完成的源程序代码，将输出结果，如图 1-8 所示。

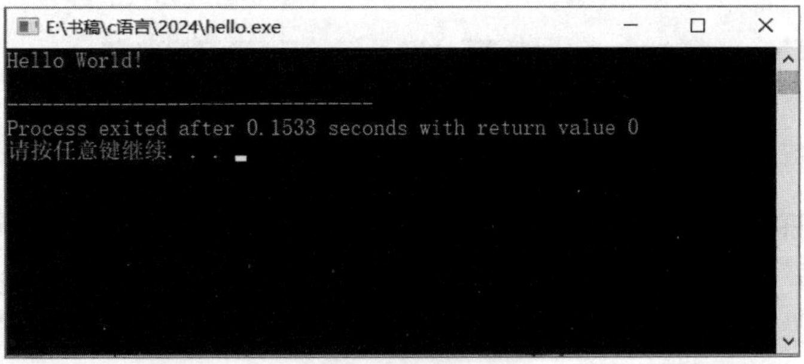

图 1-8　程序运行结果

第2章　C语言程序设计基础

学习目标

- 掌握C程序的基本结构。
- 熟练掌握C程序的整型、实型、字符型等基本数据类型的用法。
- 掌握C程序算术运算符、逻辑运算符、关系运算符的用法。
- 掌握C程序的标准输入/输出函数的用法。
- 理解C程序的顺序、选择、循环3种控制结构，并能够根据需要灵活应用各种控制结构来解决实际问题。

本章首先通过几个简单的程序，使初学者对C语言程序有直观初步的认识，了解C程序的结构。然后，介绍C程序的基本数据类型和标准输入/输出函数的用法，以加深读者对C程序的理解。最后，通过实例介绍C程序的3种基本控制结构，使读者学会采用适当的控制结构实现简单程序的编写。

通过本章的学习，读者将能够初步掌握计算机求解问题的思路和方法，编写一些简单的C程序，为学习程序设计技能奠定良好的基础。

2.1　C语言程序的基本结构和特点

了解并掌握C语言程序的基本结构和特点，尽快学会编写简单的C程序，理解C程序各个组成部分的作用是十分必要的。本节通过两个由浅入深的C程序案例，使读者对C程序的基本结构有直观初步的认识；然后通过知识点的详细介绍，帮助读者更好地掌握C程序的基本结构和特点。

2.1.1 导例：输入生日并显示

1. 问题描述

从键盘输入个人生日信息，并在屏幕上显示相应信息。

2. 问题分析

问题涉及输入和输出问题。实现方法：使用标准输入函数 scanf()接收键盘输入的信息，再使用输出函数 printf()从屏幕输出。

从键盘输入的信息要想输出到屏幕上，需要先将其存储到内存空间保存起来，然后对其输出。因此，需要声明一个变量用于保存从键盘输入的信息。这里声明两个整型变量，分别用于保存生日的月份和日期信息。

3. 算法描述

上述问题求解过程以算法的形式描述为：

（1）声明 int 变量 month 和 day。

（2）用 printf()在屏幕上显示提示信息“Enter the month and the day of your birthday:”。

（3）用 scanf()从键盘输入生日月份和日期，分别存储在变量 month 和 day 中。

（4）用 printf()在屏幕上显示生日信息。

4. 程序实现

```
#include <stdio.h>
int main()
{
    int month,day;            /*声明两个整型变量 month 和 day*/
    printf("Enter the month and the day of your birthday:");
    /*接收键盘输入的两个整数，并分别赋值给 month 和 day*/
    scanf("%d%d", &month,&day);
    /*在屏幕上显示生日信息*/
    printf("Your birthday is :%d 月%d 日", month, day);
    return 0;
}
```

5. 运行结果

```
Enter the month and the day of your birthday:6  27
Your birthday is :6 月 27 日
```

下画线部分表示用户从键盘输入的内容。

6. 程序分析

一个C语言程序，无论其大小如何，都是由函数和变量组成的。函数中包含一些语句，用于指定要执行的操作；变量用于存储操作过程中使用的值。

程序中 int main()表示定义了一个名字为 main 的函数。C 语言规定，main()是主函数，是整个程序执行的入口。任何一个程序有且仅有一个主函数。大括号 {…} 之间是函数体的内容，其中包含多条语句，用于实现程序的功能。

函数可以是程序设计人员自己编写的，也可以来自库函数。程序中#include <stdio.h>是编译预处理命令，其功能是将输入/输出的库函数包含到本程序中。stdio.h 是标准输入/输出头文件，包含多个标准输入/输出函数的声明，本例中用到的 scanf()和 printf()就是其中的函数。

scanf()是标准输入函数，用于接收键盘输入的两个整数，并将这两个整数存储在整型变量 month 和 day 的内存空间。printf()是标准输出函数，用于在屏幕上打印输出整型变量 month 和 day 的值。

程序中/*和*/之间的内容表示注释文本，用于解释程序或语句，增加程序可读性。它可以是任何可显示的字符，不影响程序的编译和运行。

语句“return 0”结束 main()函数的运行，并向系统返回一个整数 0，表示程序正常结束。

2.1.2　导例：比大小

1. 问题描述

从键盘输入两个整数，在屏幕上输出其中较大的数，要求通过函数调用实现。

2. 问题分析

本题在输入、输出数据的基础上增加了数据处理功能，需要在输入的两个数中选择一个较大的。

解决方法：定义两个函数，一个主函数 main()，用于接收从键盘输入的两个整数，并通过调用子函数得到这两个整数中的较大值，然后在屏幕上打印输出较大的数；另一个是自定义的函数 maxvaule()，对两个整数进行比较，并返回其中较大的整数。

子函数 maxvalue()中，通过 if...else 分支语句得到两个整数中的较大值，并将较大值返回给主调函数。

3. 算法描述

上述问题求解过程以算法的形式描述为：

（1）声明 3 个 int 变量 a、b 和 max，分别用于存储从键盘输入的两个整数和其中较大的整数。

（2）屏幕提示输入两个整数。

（3）从键盘输入两个整数，分别存储在变量 a 和 b 中。

（4）调用子函数 maxvalue(a,b)，将 a 和 b 的值作为函数参数，函数执行的结果是返回两个整数中较大的数。

（5）程序转向执行子函数，将实参 a 和 b 的值分别赋值给形参 x 和 y。

比较两个整数 x 和 y 的大小关系：

- 如果 x>y 成立，说明 x 就是较大的整数，将 x 的值赋值给 m。

- 如果 x>y 不成立，即 x<=y，说明 y 是较大的整数，将 y 的值赋值给 m。
- 最后将较大的数 m 作为返回值返回给主函数，子函数结束。

（6）将子函数的返回值赋值给 max，即两个数中较大的数赋值给 max。

（7）输出两个数中较大的数 max。

4. 程序实现

```
#include <stdio.h>
int maxvalue(int x,int y);                  /*maxvalue()函数原型声明*/
int main()                                  /*main()函数首部*/
{
   int a,b,max;                             /*声明变量*/
   printf("Enter two numbers a&b:");        /*显示输入提示信息*/
   scanf("%d%d",&a,&b);     /*接收从键盘输入的两个整数分别赋值给 a 和 b*/
   max=maxvalue(a, b);                      /*函数调用*/
   printf("The larger is %d\n",max);        /*显示 a 和 b 中较大值*/
   return 0;
}
int maxvalue(int x,int y)        /*maxvalue()函数首部，定义了两个参数 x 和 y*/
{
   int m;
   if(x>y)                       /*如果 x>y,将 x 赋值给 m*/
      m=x;
   else                          /*否则将 y 赋值给 m*/
      m=y;
   return m;                     /*返回较大值*/
}
```

5. 运行结果

```
Enter two numbers a&b:7 23
The larger is 23
```

6. 程序分析

程序由两个函数组成，一个是主函数 main()，另一个是用户自己定义的函数 maxvalue()，主函数 main()调用自定义函数 maxvalue()。

int maxvalue(int x,int y);语句是函数原型声明，C 语言规定变量和函数都必须先定义后使用，程序中子函数 maxvaule()的定义在主函数的后面，因此在函数调用前需要对函数进行原型声明。

子函数 maxvalue()有两个参数，通过这两个参数与主函数 main()进行数据交换。语句 max=maxvalue(a, b)功能是先调用函数 maxvalue(a, b)，然后将函数 maxvalue(a, b)计算的结果，即 a 和 b 中的较大值赋值给 max 变量。

子函数中的 if...else...是分支语句，功能是判断表达式 x>y 是否成立，如果成立，将 x 的值赋值给变量 m，如果不成立，将 y 的值赋值给 m。

2.1.3 C程序的基本结构

通过以上两个简单导例的学习，将 C 语言的基本结构总结如下：

```
编译预处理命令
--------------------------------
主函数 main( )
{      函数体开始
       声明部分
       执行部分
}                      //函数体结束
--------------------------------
用户自定义函数
--------------------------------
function1 ( )
{      …
}
--------------------------------
function2 ( )
--------------------------------
 …
```

1. 编译预处理命令

为了提高编程效率，C 语言编译系统为用户提供了大量的库函数。常用的标准库函数有输入/输出函数、数学函数、字符串处理函数等。标准库函数的定义说明存放在对应的头文件中，扩展名为.h。在使用这些库函数之前，必须用编译预处理命令#include 将该函数对应的头文件添加到程序中，否则程序在编译时会报错。

2. 主函数main()

任何一个 C 语言程序都是由一个或多个函数构成，其中必须有且仅有一个主函数 main()。main()函数是整个程序执行的唯一入口，其名字不能改变。main()函数在程序中的位置不限，为了便于阅读，通常置于程序的头部或尾部。main()函数可以调用其他任何函数，但不能被其他函数调用。

函数定义包含两部分：函数首部和函数体。

int main()是函数首部，包括函数类型（即函数返回值的类型）、函数名、函数参数类型和参数名。

函数体是函数首部下面一对大括号之间的部分，由若干条语句构成，完成特定的功能，每条 C 语句都必须用分号结束。

函数体一般包含两部分：声明部分和执行部分。声明部分通常是变量定义语句，用来定义程序执行过程中需要用到的所有变量，变量的类型决定了该变量的取值范围和可执行的操作。执行部分由若干条语句组成，通常先接收从键盘输入的数据，然后进行数值计算或操作处理，最后在屏幕上输出结果。

3. 用户自定义函数

C 语言的函数根据定义者的不同可以分为系统提供的库函数和用户自定义的函数。用户自定义函数是用户根据需要，为完成特定的功能而编写的函数。自定义函数必须创建在所有函数体之外，可以调用其他函数，也可以被其他函数所调用。用户自定义函数只能创建一次，可以多次调用。

C 语言规定每个函数必须先定义后使用，如果主调函数定义在前，被调用的函数定义在后，需要在函数调用前对被调函数进行函数原型声明。

4. 注释

程序中/*和*/之间的内容表示注释（单行注释也可用//），用于解释程序或语句，增加程序的可读性，对程序的编译和执行没有任何作用。注释不被编译，不生成目标程序，不影响程序运行结果。

2.1.4 C语言的基本特点

C 语言作为一种计算机编程语言，具有功能强大、语句简洁、数据和控制结构丰富、可移植性强等众多优点。C 语言的特点主要归纳如下：

1. C语言是一种结构化语言

C 语言程序的基本单位是函数，每个函数可以独立地完成一项特定的功能，一个完整的程序可以由一个或多个函数组合而成，以实现模块化程序设计，符合现代编程思想。

2. 语言简洁、使用方便灵活

C 语言一共只有 32 个关键字，9 种控制语句，程序书写形式自由，在一行中可以写一条语句，也可以写多条语句，一条语句也可以写在多行中。

3. 运算符、数据类型丰富

C 语言有 34 种运算符，把括号、赋值号、强制类型转换符等都作为运算符处理，使得 C 语言的运算符类型丰富，表达式类型灵活、多样化。

4. 可移植性强

C 程序基本上不做任何修改，就能运行在各种不同型号的计算机和各种操作系统环境中。

5. 语法限制不太严格、程序设计自由度高

一般的高级语言语法检查比较严格，而 C 语言允许编程者有较大的自由度，从而放宽了语法检查，减少对程序员的束缚。但对编程者的程序设计算法实现技能和熟练程度要求较高。

6. 生成的目标代码质量高、程序执行效率高

一般只比汇编程序生成的目标代码效率低 10%～20%。

2.2 基本数据类型与基本输入/输出

程序设计语言将数据按其特点分为不同的数据类型，并将数据以常量或变量的形式保存起来，进行各种处理。本节介绍基本的数据类型、常量和变量的概念，以及输入/输出与基本运算方式。

2.2.1　导例：计算BMI

1. 问题描述

输入一个人的身高和体重，计算身体质量指数 BMI。

2. 问题分析

该问题涉及乘法、除法运算和输入/输出，从键盘输入身高和体重，经过运算，得到相应的 BMI 值并进行输出。BMI 的计算公式为：$BMI=weight/(height)^2$。其中，weight 表示体重，单位为 kg；height 表示身高，单位为 m。

3. 算法描述

上述问题求解过程以算法的形式描述为：

（1）声明单精度浮点型变量 weight、height 和 BMI。

（2）接收输入的身高和体重，分别赋值给 weight 和 height。

（3）计算公式：BMI=weight/(height*height)。

（4）输出 BMI。

上述算法的流程图描述如图 2-1 所示。

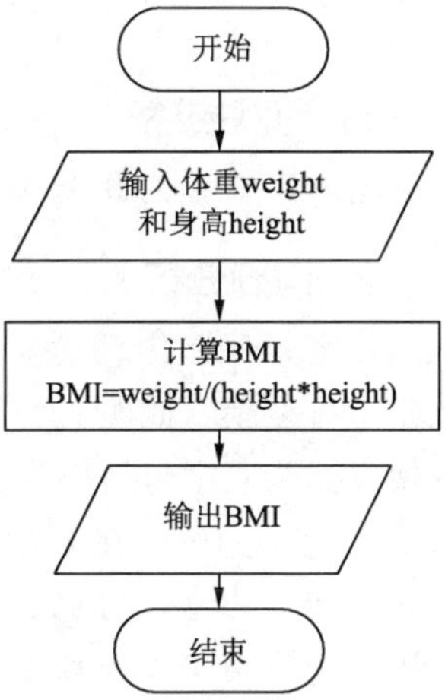

图 2-1　计算 BMI 流程

4. 程序实现

```
#include <stdio.h>
 int main()
{
    float  BMI;                /*声明单精度浮点型变量，存放BMI*/
    float  weight;             /*声明单精度浮点型变量，存放体重*/
    float  height;             /*声明单精度浮点型变量，存放身高*/
    printf("please input your weight(kg) and height(m):");
    scanf("%f%f",&weight,&height); /*接收输入，分别赋值给weight和height */
    BMI=weight/(height*height);          /*计算BMI*/
    printf("Your BMI is %.2f\n",BMI);    /*调用printf()函数输出结果*/
}
```

5. 运行结果

```
please input your weight(kg) and height(m):50 1.6
Your BMI is 19.53
```

6. 程序分析

在 C 语言中，由多种运算符组成的运算表达式可以实现各种运算需求，本程序中使用了除法和乘法运算计算 BMI。注意，C 语言中的乘法运算符（*）与数学中的乘号不同。

程序中 BMI、weight、height 都是变量名。float 是表示数据类型的关键词，是单精度浮点类型，该类型的变量可以存储实数。程序中 BMI、weight、height 的值可能都包含小数，因此均定义为 float 类型。

程序中 scanf("%f%f",&weight,&height)是用于接收用户输入的一条语句，其作用是将输入的体重和身高分别保存在 float 类型变量 weight 和 height 中。每次运行程序，用户都可以输入不同的身高和体重计算对应的BMI。

程序中 printf("Your BMI is %.2f\n",BMI)是一条输出语句，用于输出BMI计算结果，其中%.2f表示输出的结果保留两位小数；如果使用%f输出，默认保留六位小数。

身体质量指数BMI，是常用的衡量一个人胖瘦程度及是否健康的一个标准。思考一下，如何通过判断BMI的结果判断一个人是否肥胖？

2.2.2 导例：字符加密

1. 问题描述

输入字符，为其加密。

2. 问题分析

加密是保证信息安全的常用方法。现代加密算法非常复杂，这里选用一种最简单的方式，就是字符变换，如明文为 hello，经过变换，密文为 khoor，变换方式为：字母转换为其后第三个字母，a 变为 d，b 变为 e，c 变为 f……在 C 语言中，每个字符对应一个 ASCII 编码，如 a 的编码为 97，b 的编码为 98，z 的编码是 122。C 语言允许字符参与算术运算，因此可以通过运算将字符变换为另一个字符。

3. 算法描述

上述问题求解过程以算法的形式描述为：

（1）接收用户输入的一个字符，将其赋值给 ch。

（2）进行字符变换。

（3）屏幕输出加密结果。

上述算法的流程图描述如图 2-2 所示。

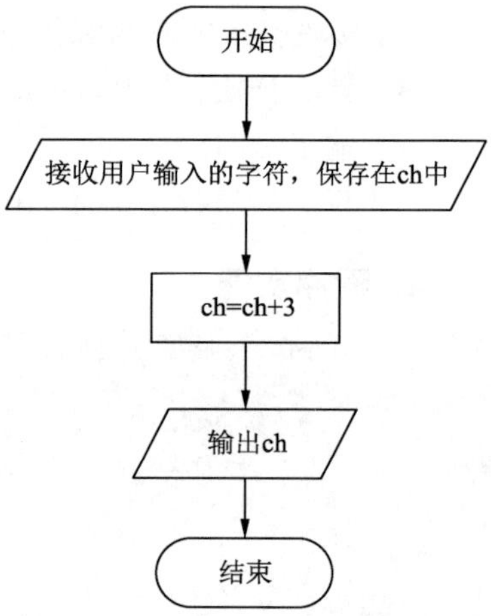

图 2-2　为字符加密流程图

4. 程序实现

```
#include <stdio.h>
int main()
{
   char ch;                  /*声明一个字符变量 ch*/

   ch=getchar();             /*调用 getchar()函数，从键盘上输入一个字符，赋值给 ch*/
   ch=ch+3;                  /*为字符 ch 加密*/
   putchar(ch);              /*调用 putchar()函数，输出加密后的 ch*/

   ch=getchar();
   ch=ch+3;
   putchar(ch);

   ch=getchar();
   ch=ch+3;
   putchar(ch);
```

```
    ch=getchar();
    ch=ch+3;
    putchar(ch);

    ch=getchar();
    ch=ch+3;
    putchar(ch);

    putchar('\n');
    return 0;
}
```

5. 运行结果

```
hello
khoor
```

6. 程序分析

程序通过简单的加法运算将字符进行变换，从而实现了加密功能。如何进行字符变换由加密者自行决定，解密时进行反向计算即可。

程序首先定义了一个字符变量 ch，然后使用单字符输入函数 getchar()从键盘上接收用户输入。C 语言中的字符可以进行算术运算，语句 ch=ch+3 实现了字符变换。而后通过单字符输出函数 putchar()输出加密变换后的字符。语句 putchar('\n')是输出换行符，将产生换行效果。

尝试一下，如果输入字母 yz123，程序结果会是怎样的？

读者也可以改写程序，添加解密语句，将密文解密为明文。

程序中输入语句、变换语句以及输出语句均重复了 5 次，实现了对 5 个字符的加密变换。如果要加密的字符比较多，这种重复编写语句的方法就不可取。后续讲到的循环语句可简化程序代码，只要编写一次即可，读者可在学习循环语句后重新编写该程序。

2.2.3　导例：考核结果

1. 问题描述

给出三项考核成绩，判定单项考核和综合考核是否通过。

2. 问题分析

假如考核通过标准线是 60 分，将考核成绩与 60 进行比较，即可判定该项考核是否通过。如果每项考核成绩都大于等于 60 分，则判定综合考核通过；否则不通过。

3. 算法描述

上述问题求解过程以算法的形式描述为：

（1）接收用户输入的三项考核成绩，存入成绩变量 score1、score2、score3 中。

（2）将各项成绩与 60 进行比较，输出比较结果。

上述算法的流程图描述如图 2-3 所示。

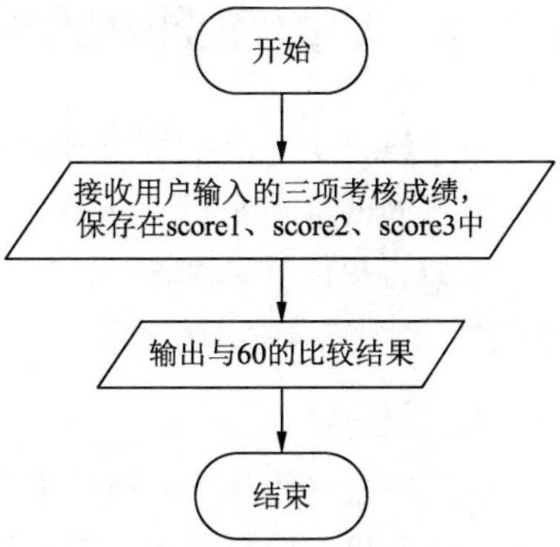

图 2-3　考核结果判断流程图

4. 程序实现

```
#include <stdio.h>
main()
{
    /*定义各项考核成绩变量*/
    int score1;
    int score2;
    int score3;
    /*输入考核成绩*/
    printf("请输入三项考核成绩: ");
    scanf("%d%d%d",&score1,&score2,&score3);
    /*输出考核结果*/
    printf("第一项考核结果: %d\n",score1>=60);
    printf("第二项考核结果: %d\n",score2>=60);
    printf("第三项考核结果: %d\n",score3>=60);
    printf("综合考核结果: %d\n",(score1>=60) && (score2>=60) && (score3>=60));
}
```

5. 运行结果

```
请输入三项考核成绩: 58 82 78
第一项考核结果: 0
第二项考核结果: 1
第三项考核结果: 1
综合考核结果: 0
```

6. 程序分析

程序中 score1>=60 为关系表达式，使用关系运算符：大于等于（>=）进行比较运算，判定单项考核是否通过。单项考核成绩大于等于 60 时，结果为 1，表示考核通过；否则为 0，表示考核不通过。

程序中(score1>=60) && (score2>=60) && (score3>=60)为逻辑表达式，使用逻辑运算符：与（&&）来判定综合考核是否通过。如果每项考核结果均为 1，则其值为 1，表示综合考核通过；如果有一项考核结果为 0，则其值为 0，表示综合考核未通过。

关系表达式和逻辑表达式通常用于条件判断语句 if...else 中，有关条件判断语句将在 2.4 节进行介绍。

2.2.4 C语言提供的基本数据类型

程序设计语言将数据分成若干种数据类型，提高了计算机处理数据的能力。不同的数据类型有不同的取值范围、运算方式和存储方式。

C 语言提供了多种数据类型，基本数据类型包括整型、实型和字符型，还有字符串、数组、结构体、指针等构造数据类型。这里只介绍基本数据类型，构造数据类型将在后续章节介绍。

1. 整型

整型用来描述计算机能够准确表示的整数，如 121、-90、0 等。在 C 语言中，用关键字 int 表示。计算机中的数据是用二进制数 0、1 来表示的，一个 0 或 1 表示 1 位。每种数据类型的数据在计算机中占用的位数是固定的，因而能够表示的数值也是有限的。在 Visual C++ 6.0 环境中，int 类型的数据占用 4 字节，即 32 位二进制，取值范围是–2 147 483 648～2 147 483 647，即-2^{31}～$(2^{31}-1)$。

2. 实型

实型用来描述计算机中近似表示的实数，如 56.79、–28.158 42、0.0 等。在 C 语言中，实型有单精度和双精度两种形式，分别以关键字 float 和 double 表示。float 类型的数据用 4 字节表示，double 类型的数据用 8 字节表示，因此 double 类型所能表示的取值范围要比 float 类型大。由于位数限制，二进制表示实数只能提供若干位的近似值，而不能提供全部的数字位数。例如，数学中的 1/3，值为 0.3333…是一个无限循环小数，而在计算机中的 1/3 却是一个有确定位数的小数。

3. 字符型

字符型用来描述单个字符，如'A'、'@'、'0'。字符在计算机中也用二进制数表示，国际上通用的西文字符编码规则是 ASCII 编码。在 C 语言中，字符型以关键字 char 表示，字符的值用一对单引号括起来。每个字符对应一个 ASCII 编码，占用 1 字节，如 A 的 ASCII 编码是 65。

4. 类型修饰符

在 C 语言中，可以在基本数据类型关键字前面加上类型修饰符，用以扩展基本数据类型的数值范围。C 语言中有 signed、unsigned、short、long 四种修饰符，signed、unsigned 可修饰 char 型和 int 型，short 可修饰 int 型，long 可修饰 int 型和 double 型。

数据类型的取值范围会因实现平台的编译器而异。在 Dev-C++环境中，不同数据类型的取值范围见表 2-1。如果要表示的数据超出了数据类型的取值范围，系统将会产生数据溢出。只有使用符合取值范围的数据类型，才能得到正确的结果。例如，在 Dev-C++环境中，要存储一个 11 位的数值，int 类型就不符合要求，需要用 float 或 double 类型来表示。

表 2-1　不同数据类型的取值范围（Dev-C++环境）

数据类型	类型说明符	字节数	取值范围
字符型	char	1	C 字符集
整型、长整型	int、long int	4	–2 147 483 648～2 147 483 647，即-2^{31}～$(2^{31}-1)$
短整型	short int	2	–32 768～32767，即-2^{15}～$(2^{15}-1)$
无符号整型	unsigned int	4	0～4 294 967 295，即 0～$(2^{32}-1)$
无符号短整型	unsigned short int	2	0～65 535，即 0～$(2^{16}-1)$
单精度型	float	4	负数：$-3.402\ 823\ 5\times10^{38}$～$-1.401\ 298\times10^{-45}$ 正数：$1.401\ 298\times10^{-45}$～$3.402\ 823\ 5\times10^{38}$
双精度型	double	8	负数：$-1.797\ 693\ 134\ 862\ 315\ 70\times10^{308}$～$-4.940\ 656\ 458\ 412\ 465\ 44\times10^{-324}$ 正数：$4.940\ 656\ 458\ 412\ 465\ 44\times10^{-324}$～$1.797\ 693\ 134\ 862\ 315\ 70\times10^{308}$
长双精度型	long　double	16	负数：$-1.189\ 731\ 495\ 357\ 231\ 76\times10^{4932}$～$-3.362\ 103\ 143\ 112\ 093\ 50\times10^{-4932}$ 正数：$3.362\ 103\ 143\ 112\ 093\ 50\times10^{-4932}$～$1.189\ 731\ 495\ 357\ 231\ 76\times10^{4932}$

2.2.5 标识符与关键字、常量与变量

1. 标识符与关键字

标识符就是用来标识程序中某个对象的名字的，这些对象可以是常量、变量、数据类型、语句、函数等。

一个标识符由字母、数字和下画线组成，第一个字符必须是字母或下画线，通常下画线开头的标识符是编译系统专用的，因此用户在编写程序时，最好不要使用以下画线开头的标识符。标识符最好不要超过 32 个字符，因为程序在编译时只能识别 32 个字符。

例如，声明一个高度的整型变量的语句为“int height;”。其中，int、height 均为标识符，height 是变量名，它是用户定义的标识符，只要符合标识符的定义规则即可；int 是关键字，由系统定义，它是程序设计语言保留的特殊标识符，又称保留字。

标准的 C 语言中规定了 32 个关键字，不允许用户标识符与关键字相同。C 语言中的关键字主要有三类：

（1）类型说明符：用来声明变量、函数或其他数据类型，如 int、float、char 等。

（2）语句定义符：用来标识一条语句的功能，如 if、for 等。

（3）预处理命令字：用来标识预处理命令的关键字，如 include、define 等。

2. 常量

在程序设计语言中，计算机处理的数据按其值是否可改变分为常量和变量两种。常量在程序运行过程中始终不发生变化，变量则是其值可以改变的量。常量和变量与基本数据类型结合，可分为整型常量、整型变量、实型常量、实型变量、字符常量、字符变量。在程序中，常量可以直接使用，而变量必须先声明、后使用。

常量的类型通常由书写格式决定，例如 90 是整型常量，90.12 则是实型常量，'90'则是字符常量。

（1）整型常量：C 语言中有 3 种整型常量的书写形式，分别是十进制、八进制和十六进制。十进制是最常见的书写形式，如 384、–25、0 都是十进制形式。八进制的整数以 0 开头，使用数字 0～7，如 0425，对应十进制数值 277（计算方法为：$4\times8^2+2\times8^1+5\times8^0$）。十六进制的整数以 0x 开头，使用数字 0～9 和字母 A～F（代表 10～15），如 0x8A3E，对应十进制数值 35390（计算方法为：$8\times16^3+10\times16^2+3\times16^1+14\times16^0$）。

（2）实型常量：C 语言中有两种实型常量的书写形式，一种是十进制小数形式；另一种是指数形式。十进制小数形式比较常见，如 243.29、–0.65 等。指数形式如 1.472E+11、–8.345E–7 分别表示 1.472×10^{11}、-8.345×10^{-7}。十进制小数形式比较清晰，符合人们的习惯，而指数形式常用来表示特别大或特别小的数值。

在 C 语言中，实型常量默认是 double 类型。如果希望将实型常量表示成 float 类型，在数值的后面加上 F 或 f 即可。

（3）字符常量：通常用单引号括起来，如'B'、'x'等。字符常量在计算机中以其对应的 ASCII 编码存储。对字符常量进行操作时，系统是按 int 类型进行处理的。

所有的 ASCII 编码都可以用反斜杠（\）加数字（八进制或十六进制数值）来表示。例如，

字符'a'的 ASCII 编码是 97（十进制），那么'\141'（八进制）即表示字符'a'。C 语言中也定义了用反斜杠加一些字母来表示不能显示的字符，如换行符'\n'、换页符'\f'、回车符'\r'等，这些字符称为转义字符，因为反斜杠后面的字符已不是原来的字符含义了。表 2-2 列举了部分转义字符及含义。

表 2-2　部分转义字符及含义

转 义 字 符	含　义	ASCII 码值（十进制）
\a	响铃（BEL）	007
\b	退格（BS），将当前位置移到前一列	008
\f	换页（FF），将当前位置移到下页开头	012
\n	换行（LF），将当前位置移到下一行开头	010
\r	回车（CR），将当前位置移到本行开头	013
\t	水平制表（HT）（跳到下一个 TAB 位置）	009
\v	垂直制表（VT）	011
\\	代表一个反斜线字符''\'	092
\'	代表一个单引号（撇号）字符	039
\"	代表一个双引号字符	034
\0	空字符（NULL）	000

3. 变量

程序设计语言离不开变量，变量是程序中数据的符号标识和载体。在 C 语言中，变量必须先声明，再使用。声明变量是为了告诉编译器在程序中用了哪些变量，以及这些变量的数据类型。这样编译器就知道如何给变量分配存储区以及分配多大空间，也决定了变量的取值范围和操作方式。

声明变量的语法格式如下：

```
数据类型 变量名;
```

例如：

```
int data;
char ch;
float rate;
```

也可以是如下形式：

```
double x,y;
```

在一个代码行定义多个同一数据类型的变量时，变量名用逗号隔开。

变量声明后没有初始值，因此要为其赋予一个初值。在 C 语言中，为变量赋值的操作符是等号（=）。赋值语句格式如下：

```
变量名=表达式;
```

例如：

```
data=10;
```

```
ch='a';
x=y+1;
```

为变量赋值的执行过程如下：先计算等号右侧的表达式，然后将计算结果存放到等号左侧的变量中。程序设计语言中的变量和数学中的变量含义不同，数学中的变量表示未知数，而程序设计语言中的变量代表保存数据的存储单元。例如：x=x+3，在数学上是错误的，而在程序设计语言中，则表示把 x 的值加 3，再保存到 x 中。

在赋值过程中，要注意等号两边的数据类型是否一致。如果不一致，一般以等号左侧的变量类型为准，即执行时将表达式的计算结果转换为左侧变量的类型，保存在存储单元中。

2.2.6 运算符与表达式

C 语言的运算符很丰富，可以分为算术运算符、关系运算符、逻辑运算符等几种。表达式就是用运算符将操作数连接起来的式子。C 语言的操作数包括常量、变量、函数值等。

1. 算术运算符

算术运算符用于各种数值运算，包括 5 个二元运算符：加（+）、减（–）、乘（*）、除（/）、求余（%）；2 个一元运算符：自增（++）、自减（--）。

使用二元运算符的运算需要两个操作数，可以是常量，也可以是变量。例如，34+23、23.4–32、54.3*3、80.1/4、100%34。

如果定义如下变量并赋值：

```
int x;
float y;
x=30;
y=53.64;
```

那么 x+y、x*y、x/23.5 都是有效的表达式。

对于加（+）、减（–）、乘（*）、除（/）运算，如果两个操作数的数据类型不相同，C 语言会按照占用字节数少向占用字节数多的数据类型进行自动转换。例如，int 类型与 float 类型数据进行运算，系统会先把 int 类型的数据转换为 float 类型，然后进行运算。

需要注意的两点是，对于除（/）运算，如果两个操作数的数据类型都是整型，则结果也是整型，如 1/2 结果为 0，而不是 0.5；对于求余（%）运算，操作数必须是整型，其结果也是整型。

使用自增（++）、自减（--）这两个一元运算符的运算只需要一个操作数，一般用于整型变量的加 1、减 1 操作。例如，对于上面定义过的 x 变量，执行 x++，则 x 的值加 1，变为 31。自增（++）、自减（--）运算符与其他运算符不同，它们可以置于变量的前面，也可以置于变量的后面。位置不同运算方法也不一样，例如对于上述 x、y 变量，表达式(x++)+y 是 x 先与 y 相加，然后 x 再加 1，表达式结果为 83.64；而表达式(++x)+y 是 x 先加 1，然后再与 y 相加，结果为 84.64。

C 语言允许 char 类型的变量或常量参与各种运算，运算时将其视为一个整型数值，该值为字符的 ASCII 编码。如果定义如下变量并赋值：

```
char ch1,ch2;
ch1='A';
ch2=ch1+1;
```

'A'的 ASCII 编码为 65，ch1+1 的值为 66，是'B'的 ASCII 编码，那么 ch2 的值为'B'。

在 C 语言中，当一个表达式包含多个运算符时，每个运算符的计算顺序是不同的，这取决于运算符的优先级和结合性，这一特点和数学运算类似。优先级高者先进行计算，优先级相同时根据结合性确定计算顺序，具有左结合性的运算符先左后右，具有右结合性的运算符先右后左。C 语言中算术运算符的优先级和结合性见表 2-3。

表 2-3　算术运算符的优先级和结合性

运　算　符	优　先　级	结　合　性	运　算　符	优　先　级	结　合　性
++、--	1	右结合	+、-	3	左结合
*、/、%	2	左结合			

虽然 C 语言中的算术表达式与数学运算类似，但是书写方式略有不同：

（1）表达式中乘号（*）不允许省略，如 2a 必须写成 2*a。

（2）分数必须写在一行，如 $\frac{3}{4}$ 必须写成 3/4。

（3）表达式允许使用圆括号，表示运算符的运算先后顺序。

2. 关系运算符

关系运算符用于比较运算，包括 6 个运算符：大于（>）、小于（<）、大于等于（>=）、小于等于（<=）、等于（==）和不等于（!=）。这 6 个关系运算符运算结果为逻辑值：1 或 0，如果关系运算的结果为真，则值为 1；反之，值为 0。等于（==）和不等于（!=）这两个运算符的优先级要低于其余 4 个运算符。

例如，判断一个整数 a 是否为偶数的关系表达式可表示为 a%2==0，当 a 的值为 10 时，10%2 与 0 相等，表达式结果为 1，表示 a 是偶数；当 a 的值为 11 时，11%2 与 0 不相等，表达式结果为 0，表示 a 是奇数。

3. 逻辑运算符

逻辑运算符用于逻辑运算，包括 3 个运算符：非（!）、与（&&）、或（||），优先级依次降低。逻辑运算的结果均为逻辑值 1 或 0，运算规则见表 2-4。

表 2-4　逻辑运算符的运算规则

操作数 a	操作数 b	a&&b	a||b	!a
0	0	0	0	1
0	非 0	0	1	1
非 0	0	0	1	0
非 0	非 0	1	1	0

如果声明如下变量并赋值：

```
int a=3, b=5;
```

```
float c=10.5;
```

那么(a-b)>0 的值为 0，(a>0) && (b<c)的值为 1。

在运算表达式中，算术运算符、关系运算符和逻辑运算符的优先级是依次降低的，也就是说，在计算表达式时，先进行算术运算，然后是关系运算，最后进行逻辑运算。在表达式比较复杂时，适当地运用括号，可以更好地表示表达式的运算顺序。

4. 强制类型转换

前面提到在不同类型的数据进行运算时，系统会自动进行类型转换。当自动类型转换不能实现目的时，可以进行强制类型转换，将一个表达式转换成所需要的类型。

强制类型转换的一般形式为：

```
(类型名) (表达式)
```

例如：

```
int a=3,b;
float c,d;
c=a/2;              /*3/2 的值为 1, c 为 float 类型, c 的值为 1.0*/
d=(float)a/2;       /*将 a 的值转换成 float 类型, 变为 3.0, d 的值为 1.5*/
b=(int)d+a;         /*将 d 的值转换成 int 类型, 变为 1,  b 的值为 4*/
```

当占用字节数多的数据类型转换为占用字节数少的数据类型时，将会丢失一部分数据。例如，float 类型转换为 int 类型时，将会丢失小数部分。

需要注意的是，无论是强制转换还是自动转换，都是临时性转换，并不改变变量的类型，也不改变变量在其他表达式中的值。

2.2.7 基本的输入/输出

在程序语言中有许多预先定义好的库函数，用来实现特定的功能。C 语言中数据的输入/输出就是由函数来完成的。scanf()为标准输入函数，按照指定格式从键盘上接收数据并存储到指定变量中；printf()为标准输出函数，按照指定格式将数据显示到屏幕上。getchar()和 putchar()分别是单字符输入函数和单字符输出函数。这些函数原型是在头文件 stdio.h 中，因此在调用它们之前，需要利用编译预处理命令#include 将这个头文件嵌入程序中。

1. 标准输入函数scanf()

函数 scanf()的一般调用格式为：

```
scanf ("<格式控制字符串>",地址列表)
```

格式控制字符串是由格式说明符和普通字符组成的字符序列。格式说明符由“%”后跟格式字符组成，说明输入数据的数据类型、形式等。地址列表给出了由若干个地址组成的列表，一般是变量的地址。格式说明符和地址列表在数量、类型和位置上要一一对应。例如：

```
int x;
float y;
scanf("%d%f",&x, &y);
```

其中，"%d%f"是格式控制字符串，%d 和%f 是格式说明符，说明要输入的数据类型分别为 int 和 float 类型。此外，还有%lf 表示要输入一个 double 类型，%c 表示要输入一个 char 类型，%s 表示要输入一个字符串。&是地址符，&x 表示变量 x 的存储地址。

当程序执行到 scanf("%d%f",&x, &y);这条语句时，系统会等待用户的键盘输入。此时，用户通过键盘输入两个数据，第一个是整型数值，第二个是实型数值，每个数值之间用空格或换行符分隔，最后按【Enter】键表示输入结束。例如：

```
23 5.6
```

用户输入以后，系统会将 23 存入变量 x 中，将 5.6 存入变量 y 中。

2. 标准输出函数printf()

函数 printf()的一般调用格式为：

```
printf("<格式控制字符串>",输出列表)
```

printf()函数的格式说明符与 scanf()函数基本一致，不过 printf()函数有一些附加格式说明符，可用于修饰格式说明符，格式为：%m 和%m.n。例如，%.2f 中的“.2”表示输出 2 位小数；%.2s 则表示只输出字符串的前两个字符；%-10.2f 表示该变量一共占 10 位，包括整数部分、小数点和小数点后的位数，且小数点后只能保留 2 位，“-”表示采用左对齐方式。

在 printf()函数中的格式控制字符串中还可以包含普通字符，在显示中起到提示作用。例如：

```
printf("￥%d can exchange $%.2f\n",rmb,dollar);
```

其中，"￥%d can exchange $%.2f"是格式控制字符串，%d 和%.2f 是格式说明符，用来分别控制变量 rmb 和 dollar 的输出格式；其余是普通字符，会被原样输出；\n 表示换行符。

printf()函数的输出参数也要和格式说明符一一对应。在上述语句中，rmb 是整型变量，对应格式说明符%d；dollar 是浮点型变量，对应格式说明符“%.2f”。程序在输出时，会在%d 和%.2f 的位置显示变量 rmb 和 dollar 的值，且 dollar 值保留 2 位小数。

在函数 scanf()和 printf()中常用的格式说明符见表 2-5。

表 2-5 常用的格式说明符

格式说明符	功能说明	格式说明符	功能说明
%d	输入或输出十进制整数	%lf	输入或输出 double 类型
%o	输入或输出八进制整数	%c	输入或输出单个字符
%x	输入或输出十六进制整数	%s	输入或输出字符串
%f	输入或输出 float 类型		

3. 单字符输入/输出函数getchar()、putchar()

单字符输入函数 getchar()的一般调用格式为：

```
getchar();
```

getchar()函数为单个字符的输入函数，通常把输入的字符赋值给一个字符变量，构成赋值语句。例如：

```
ch=getchar();
```

在执行到该语句时，程序会等待用户的键盘输入。用户输入的字符被存放在缓冲区中，直到用户按【Enter】键。用户按【Enter】键后，getchar()函数会从缓冲区中读入一个字符，返回字符的ASCII编码，并将用户输入的字符回显到屏幕。如果用户在按【Enter】键之前输入了不止一个字符，则其他字符会保留在缓冲区中，等待后续的getchar()函数读取。例如，导例2.2.2中连续输入5个字符：hello，分别被5个getchar()语句读取。字符型变量ch用来保存该字符的ASCII编码，如果没有立刻将getchar()返回的结果进行保存或处理，用户输入的字符将会丢失。

单字符输出函数putchar()的一般调用格式为：

```
putchar(ch);
```

其中，ch可以是一个字符变量或者常量，也可以是一个ASCII码值(不大于255的整数)。例如：

```
putchar('T');        /*输出一个字符 T，是一个字符常量*/
putchar(100);        /*输出一个字符 d，是一个字符常量*/
putchar('\n');       /*输出一个转义字符，即换行符*/
```

2.3　基本控制结构——顺序结构

语句是构造C程序的最基本单位，程序运行的过程也就是语句执行的过程，语句执行的次序称为流程控制。C程序有3种控制结构：顺序结构、分支结构和循环结构。顺序结构是指按照语句的书写顺序依次执行；分支结构是指通过对特定条件的判断，选择执行一个分支；循环结构是指在给定条件下，重复执行某段程序，直到条件不满足为止。

本节通过几个典型问题的解析，介绍顺序结构的思想和实现方法。

2.3.1　导例：计算圆的周长和面积

1. 问题描述

从键盘输入圆的半径，计算圆的周长和面积。

2. 问题分析

定义3个float型变量，分别用于存储半径、周长和面积，然后根据圆的周长公式perimeter=2*π*r，面积公式area=π*r*r进行计算。

3. 算法描述

上述问题求解过程以算法的形式描述为：

(1) 声明3个floar变量r、perimeter和area。

(2) 从键盘输入半径r。

（3）利用公式 perimeter=2*π*r 计算周长。

（4）利用公式 area=π*r*r 计算面积。

（5）屏幕输出周长 perimeter 和面积 area。

上述算法的流程图描述如图 2-4 所示。

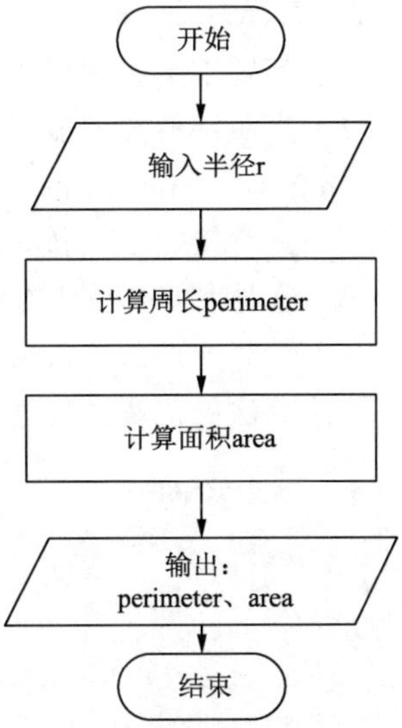

图 2-4 计算圆的周长和面积的算法流程图

4. 程序实现

```
#include <stdio.h>
#define PI 3.14
int main()
{
   float r,perimeter,area;
   printf("Enter radius:");
   scanf("%f", &r);
   perimeter=2* PI*r;
   area= PI*r*r;
   printf("Perimeter=%.2f,Area=%.2f\n",
perimeter,area);
   return 0;
}
```

5. 运行结果

```
Enter radius:3
Perimeter=18.84,Area=28.26
```

6. 程序分析

程序中使用宏定义#define 预先设置 PI 的值为 3.14，在预处理时，编译系统将程序中所有出现 PI 的地方全部用 3.14 替换，然后对置换后的源文件进行编译。这样做的好处是如果需要修改 PI 的精度只需要修改宏定义中的 3.14 即可，而程序中其他的位置都不需要做任何改变。

程序中计算周长和面积时，公式的书写方式为 perimeter = 2*PI*r 和 area =PI*r*r，这与数学公式不同，代表乘积关系的“*”不能省略，否则会出现编译错误。

此例是典型的顺序结构，程序执行的过程是严格按照语句的书写顺利进行的。

2.3.2 导例：逆序输出

1. 问题描述

将连续输入的 3 个数字字符组成 1 个逆序的三位整数并输出。例如，连续输入 3 个数字字符 234，程序运行后输出 1 个逆序的三位数 432。

2. 问题分析

问题涉及将数字字符转换成对应的整数，然后经过运算，得到一个逆序的整数并输出。本题通过减去字符零'0'的方法将数字字符转换成对应整数，然后将 3 个整数分别乘以 1、10、100 再累加，组成 1 个逆序的三位整数。

3. 算法描述

上述问题求解过程以算法的形式描述为：

（1）声明字符类型变量 ch1、ch2 和 ch3，定义整数类型变量 d1、d2、d3、inver。

（2）连续接收 3 个数字字符，分别赋值给 ch1,ch2 和 ch3。

（3）分别计算对应的整数：d1=ch1-'0'，d2=ch2-'0'，d3=ch3-'0'。

（4）计算逆序数：inver=d3*100+d2*10+d1，并输出结果。

上述算法的流程图描述如图 2-5 所示。

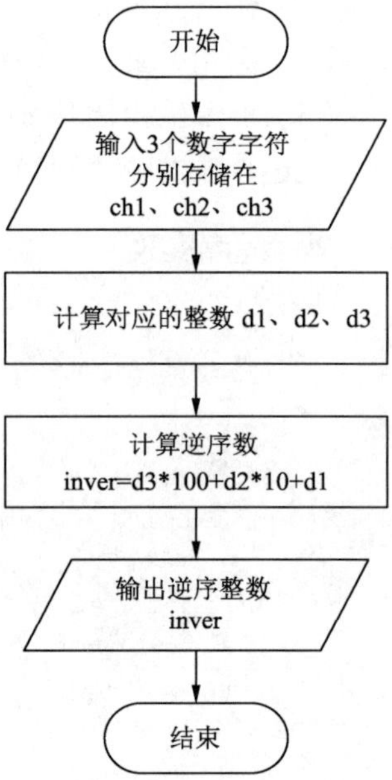

图 2-5　逆序数流程图

4. 程序实现

```
#include <stdio.h>
 int main()
{
   char ch1,ch2,ch3;     /*声明 3 个字符变量*/
   int d1,d2,d3;         /*声明 3 个整形变量*/
   int inver;            /*整型变量，存放逆序数*/
   printf("please input 3 characters:");
   ch1=getchar();
   ch2=getchar();
   ch3=getchar();        /*分别输入 3 个数字字符 */
   d1=ch1-'0';
   d2=ch2-'0';
   d3=ch3-'0';           /*分别计算 3 个数字字符对应的整数 */
   inver=d3*100+d2*10+d1;         /*计算逆序数*/
   printf("The inverse number is %d\n",inver);/*调用 printf()函数输出结果*/
}
```

5. 运行结果

```
please input 3 characters:235
The inverse number is 532
```

6. 程序分析

程序中是通过 3 个输入函数 getchar()连续从键盘上接收用户输入的 3 个数字字符并分别赋值给字符变量 ch1、ch2、ch3，然后通过减去字符零'0'的方法将数字字符转换成对应的整数并分别存储在 3 个整型变量 d1、d2、d3 中，最后将 3 个整数分别乘以合适的权重 1、10、100 再进行累加，从而组成了 1 个逆序的三位整数。

思考一下，如果将问题修改为输入一个三位的整数，然后逆序输出这个三位数，代码将如何修改？参考代码如下：

```
#include <stdio.h>
 int main()
{
   int num,d1,d2,d3;
   int inver;                      /*整型变量，存放逆序数*/
   scanf("%d",&num);               /*输入一个三位整数*/
   d1=num/100;
```

```
    d2=num/10%10;
    d3=num%10;                    /*分别计算各个位数上的数字 */
    inver=d3*100+d2*10+d1;        /*计算逆序数*/
    printf("The inverse number is %d\n",inver);
}
```

进一步思考，如果输入的整数位数不确定，如何实现逆序输出？对此问题的解决需要用到 2.5 节循环结构的知识。

2.3.3 赋值语句、函数调用语句

顺序结构是最简单、最常用的基本结构，是指按照语句的书写顺序依次执行每条语句的结构。语句通常由表达式和分号组成。表达式可以是算术表达式、关系表达式、逻辑表达式、赋值表达式，以及函数调用表达式。

1. 赋值语句

赋值语句是最常用的语句，由赋值表达式和分号组成。赋值号“=”左侧是一个变量，右侧是一个表达式。

例如，y=2*x+3；先取 x 的值乘以 2，然后加 3，最后赋值给变量 y。

2. 函数调用语句

函数调用语句由函数调用表达式和分号组成，一般形式为：

```
函数名（参数列表）;
```

3. 空语句

空语句仅由一个分号构成，是什么也不执行的语句。在程序中空语句通常用来作为空循环体。

4. 复合语句

把多条语句用一对大括号“{}”括起来组成的语句称为复合语句。在程序中复合语句作为单条语句存在。

2.4　基本控制结构——分支结构

分支结构是结构化程序设计的基本控制结构之一。根据是否满足给定的条件，从两个或多个选择中选择一个操作执行。在 C 语言中使用 if...else、switch 语句实现分支结构。本节通过几个典型问题的解析，介绍分支结构的思想和实现方法。

2.4.1 导例：考核通过了吗

1. 问题描述

在本导例中，输出三项考核成绩，输出考核结果 1（表示通过）或 0（表示不通过）。本导例利用分支语句通过成绩判定单项考核和综合考核是否通过，并输出“通过”或“不通过”。

2. 问题分析

假如考核通过标准线是 60 分，将考核成绩与 60 进行比较，即可判定该项考核是否通过。如果每项考核成绩都大于等于 60 分，则判定综合考核通过；否则不通过。

3. 算法描述

上述问题求解过程以算法的形式描述为：

（1）接收用户输入的三项考核成绩，存入成绩变量 score1、score2、score3 中。

（2）将各项成绩与 60 进行比较，输出“通过”或“不通过”。

上述算法的流程图描述如图 2-6 所示。

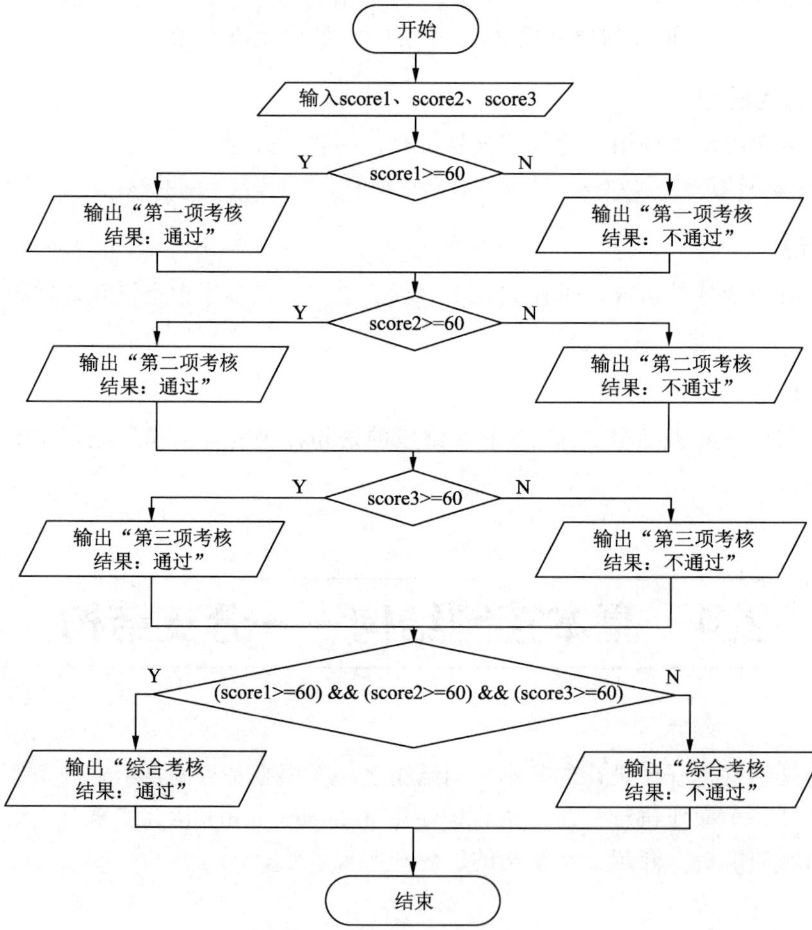

图 2-6 考核结果判断流程图

4. 程序实现

```
#include <stdio.h>
 int main()
{
   /*定义各项考核成绩变量*/
   int score1;
   int score2;
   int score3;
   /*输入考核成绩*/
   printf("请输入三项考核成绩: ");
   scanf("%d%d%d",&score1,&score2,&score3);
   /*输出考核结果*/
   if(score1>=60)
       printf("第一项考核结果: 通过\n");
   else
       printf("第一项考核结果: 不通过\n");
   if(score2>=60)
       printf("第二项考核结果: 通过\n");
   else
       printf("第二项考核结果: 不通过\n");
   if(score3>=60)
       printf("第三项考核结果: 通过\n");
   else
       printf("第三项考核结果: 不通过\n");
   if((score1>=60)&&(score2>=60)&&(score3>=60))
       printf("综合考核结果: 通过\n");
   else
       printf("综合考核结果: 不通过\n");
}
```

5. 运行结果

```
请输入三项考核成绩: 58 82 78
第一项考核结果: 不通过
第二项考核结果: 通过
第三项考核结果: 通过
综合考核结果: 不通过
```

6. 程序分析

本导例是典型的双分支结构，使用 if...else 语句实现双分支结构。程序中 if 后面括号里的条件表达式 score1>=60 是关系表达式，如果表达式的值为 1，则输出通过；如果表达式的值为 0，则输出不通过。

程序中最后一个 if...else 语句中的条件表达式(score1>=60)&&(score2>=60)&&(score3>=60)是逻辑表达式，仍然是通过判断表达式的值执行相应的操作。如果表达式的值为 1，则输出通过；如果表达式的值为 0，则输出不通过。

if...else 语句中的条件表达式可以是关系表达式、逻辑表达式，也可以是常量、变量或者算术表达式。如果表达式的值为非 0，则执行 if 后面相应的语句；如果表达式的值为 0，则执行 else 后面相应的语句。

2.4.2 导例：今年是闰年吗

1. 问题描述

从键盘输入年份信息，判断是否为闰年。

2. 问题分析

如果年份能够满足下述任意一个条件，就是闰年；如果两个条件都不满足，就不是闰年。

条件一：能被 4 整除且不能被 100 整除。

条件二：能被 400 整除。

3. 算法描述

上述问题求解过程以算法的形式描述为：

（1）输入年份信息保存于整型变量 year 中。

（2）判断条件：能被 4 整除且不能被 100 整除或能被 400 整除，如果条件成立，则输出 YES。

（3）否则，输出 NO。

上述算法的流程图描述如图 2-7 所示。

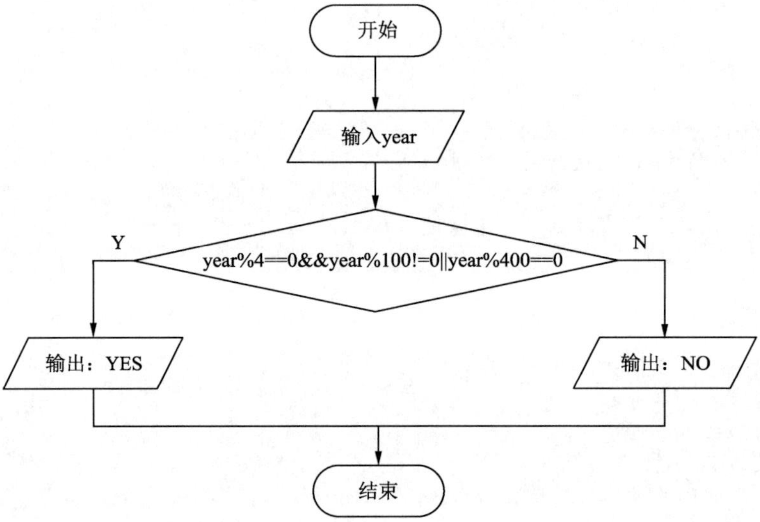

图 2-7　判断闰年的算法流程图

4. 程序实现

```
#include <stdio.h>
 int main()
{
   int year;
   printf("Enter year:");
   scanf("%d", &year);
   if(year%4==0&&year%100!=0||year%400==0)    /*闰年的条件*/
      printf("YES\n");
```

```
    else
      printf("NO\n");
    return 0;
}
```

5. 运行结果

```
Enter year:1992
YES
Enter year:2013
NO
```

6. 程序分析

C 语言中两个整数相除，得到的结果也是整数，因此程序中判断年份能否被 4 整除的条件转换为年份除以 4 得到的余数是否为 0。

本导例是典型的双分支结构，根据闰年的条件，判断输入的年份是否是闰年，并输出相应的结果。程序中使用 if...else 语句实现双分支结构。

2.4.3　导例：求解一元二次方程

1. 问题描述

从键盘输入一元二次方程 $ax^2+bx+c=0$ 的 3 个系数 a、b、c（默认 a 不为 0），编程计算该方程的解并输出。

2. 问题分析

根据判别式 b^2-4ac 的值不同，一元二次方程的解可分为以下 3 种情况：

（1）$b^2-4ac>0$，方程有 2 个实数解，分别为 $x=\dfrac{-b\pm\sqrt{b^2-4ac}}{2a}$。

（2）$b^2-4ac=0$，方程只有 1 个实数解，为 $x=-\dfrac{b}{2a}$。

（3）$b^2-4ac<0$，方程没有实数解。

3. 算法描述

上述排序过程以算法的形式描述为：

（1）输入一元二次方程的 3 个参数 a、b、c（其中 a 不为 0）。

（2）计算判别式 b×b-4*a*c，并将结果存在变量 s 中。

（3）根据判别式的值进行判断：

- 如果 s>0，输出方程的 2 个实数解。
- 如果 s=0，输出方程的唯一解。
- 否则（即 s<0），输出没有实数解。

上述算法的流程图描述如图 2-8 所示。

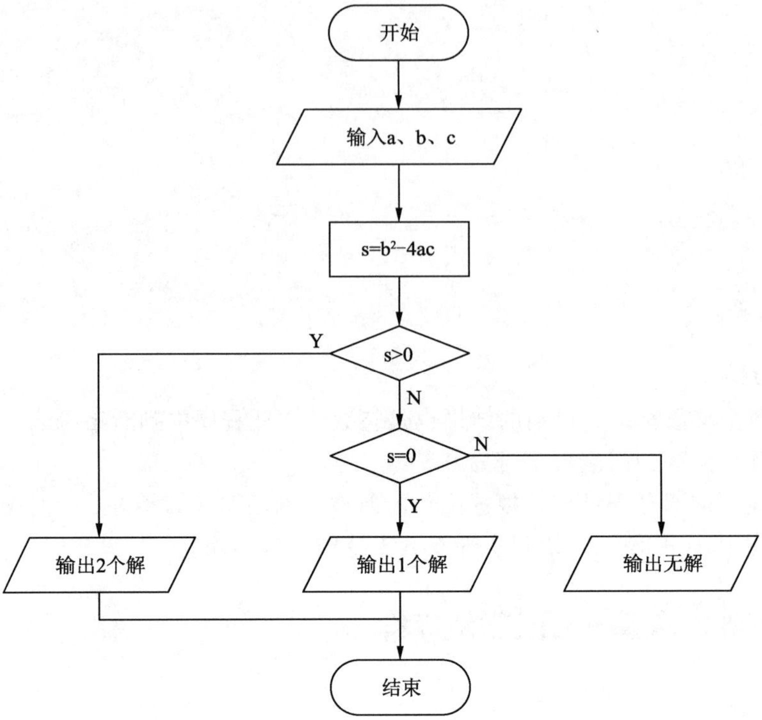

图 2-8　求解一元二次方程的算法流程图

4．程序实现

实现上述算法的 C 语言程序为：

```
#include <stdio.h>
#include <math.h>
int main()
{
    int a, b, c, s;
    double x1,x2;
    printf("Enter 3 integers:");
    scanf("%d%d%d", &a, &b, &c);
    s=b*b-4*a*c;
    if(s>0)
    {
        x1=(-b+sqrt(s))/(2*a);
        x2=(-b-sqrt(s))/(2*a);
        printf("x1=%lf, x2=%lf\n", x1,x2);
    }
    else if(s==0)
    {
        x1=x2=(-b)/(2.0*a);
        printf("x=%lf\n", x1);
    }
    else
        printf("No solution\n");
```

```
    return 0;
}
```

5. 运行结果（执行三次）

```
Enter 3 integers:2 5 3
x1=-1.000000, x2=-1.500000
Enter 3 integers:2 4 2
x=-1.000000
Enter 3 integers:1 2 2
No solution
```

6. 程序分析

计算平方根 $\sqrt{b^2-4ac}$，使用数学函数 sqrt(b*b-4*a*c)实现，使用 sqrt()之前，需要用预编译命令#include 包含数学函数头文件 math.h。

根据判别式计算结果的不同，分别输出两个解、一个解或没有实数解，这是典型的多分支选择结构，程序中使用 else if 语句实现。

多分支结构还可使用 switch 语句或 if...else 语句的嵌套来实现。

2.4.4　导例：计算存款利息

1. 问题描述

银行对整存整取存款期限不同对应的存款利率也不同，从键盘输入存款本金和存期，计算到期时的利息及利息与本金的和。

当前整存整取年息利率：

一年：1.60%。

二年：1.70%。

三年：2.15%。

五年：1.80%。

2. 问题分析

本导例需要根据不同的存款期限决定存款利率，使用 switch 语句实现多分支选择结构。

3. 算法描述

上述问题求解过程以算法形式描述为：

（1）从键盘输入存款本金和存期。

（2）根据存款期限的不同，按照不同的利率计算利息。

（3）输出利息和本息合计。

上述算法的流程图描述如图 2-9 所示。

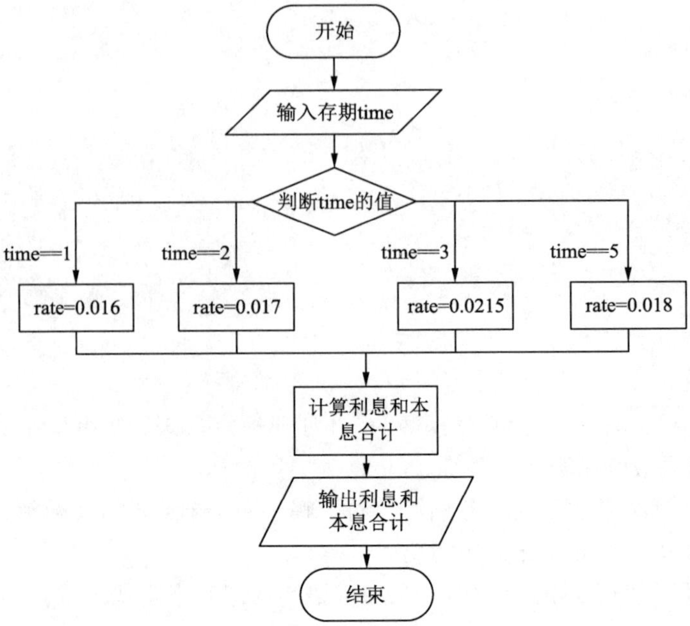

图 2-9　计算存款利息的算法流程图

4. 程序实现

```
#include <stdio.h>
int main()
{
    double money, rate, rest, total;
    int time;
    printf("输入本金:");
    scanf("%lf",&money);
    printf("输入存期:");
    scanf("%d",&time);

    switch(time){
        case 1: rate=0.016; break;
        case 2: rate=0.017; break;
        case 3: rate=0.0215; break;
        case 5: rate=0.018; break;
        default: rate=0;
    }
    rest=money*rate*time;
    total=money+rest;
    printf("到期利息: %.2f\n",rest);
    printf("本息合计: %.2f\n",total);
    return 0;
}
```

5. 运行结果

```
输入本金: 1000
输入存期: 2
到期利息: 34.00
本息合计: 1034.00
```

6. 程序分析

根据用户输入存款期限的不同，使用不同的利率计算利息，这是典型的多分支选择结构，程序中使用 switch 多分支语句实现。

switch 语句的语法细节可参考第 2.4.6 节中的内容。

2.4.5　if语句

if 语句可以有不同的形式：单分支语句、双分支语句、多分支语句。

1. 单分支语句

单分支 if 语句的一般语法形式：

```
if (条件表达式)
    语句 1;
```

执行过程：首先计算条件表达式的值，如果值为非 0（逻辑真），表示条件成立，则执行语句 1；否则，什么也不做。

语法形式中，语句 1 规定必须是一条语句，不过这条语句可以是一条复合语句。例如：

```
if(x>=0){
   y=1;
   printf("非负数");
}
```

上述 if 语句是一条由两条语句组成的复合语句。当 x>=0 时，执行 y=1;和 printf("非负数");这两条语句。这里注意大括号不能少，否则当 x>=0 时，只会执行 y=1;这一条语句，而 printf("非负数");这条语句则成为 if 语句之后的语句，不论 x 是何值，都会执行。

单分支 if 语句的执行流程图如图 2-10 所示。

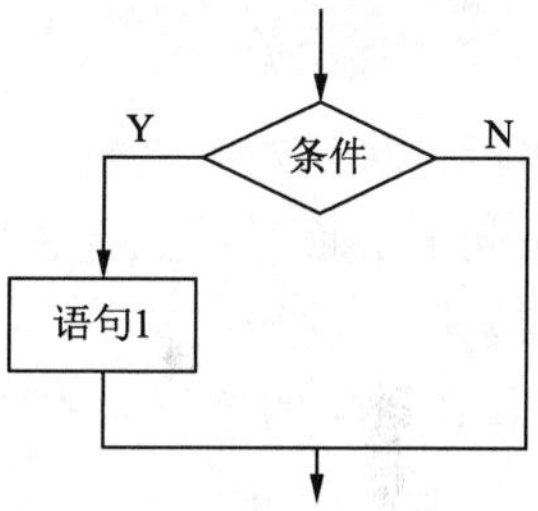

图 2-10　单分支 if 语句的执行流程图

2. 双分支语句

双分支 if...else 语句的一般语法形式：

```
if (条件表达式)
   语句 1;
else
   语句 2;
```

执行过程：首先计算条件表达式的值，如果值为非 0（逻辑真），表示条件成立，则执行语句 1；否则，即表达式值为 0（逻辑假），条件不成立，则执行语句 2。

同样，语句 1 和语句 2 语法规定必须是一条语句，不过这条语句可以是一条复合语句。例如：

```
if(x>=0){
   y=1;
   printf("非负数");
}else{
   y=-1;
```

```
    printf("负数");
  }
```

上述 if...else 语句中，if 和 else 中的语句分别是一条由两条语句组成的复合语句。当 x>=0 时，执行 y=1;和 printf("非负数");这两条语句；否则执行 y=-1;和 printf("负数");这两条语句。这里注意大括号不能少，如果 if 语句没有大括号，会出现语法错误，else 之前的语句是 printf("负数");，系统会认为 else 没有与之匹配的 if；如果 else 语句没有大括号，则当 x<0 时，只会执行 y=-1;这一条语句，printf("负数");这条语句则成为 if...else 语句之后的语句，不论 x 是何值，都会执行。

双分支 if 语句的执行流程图如图 2-11 所示。

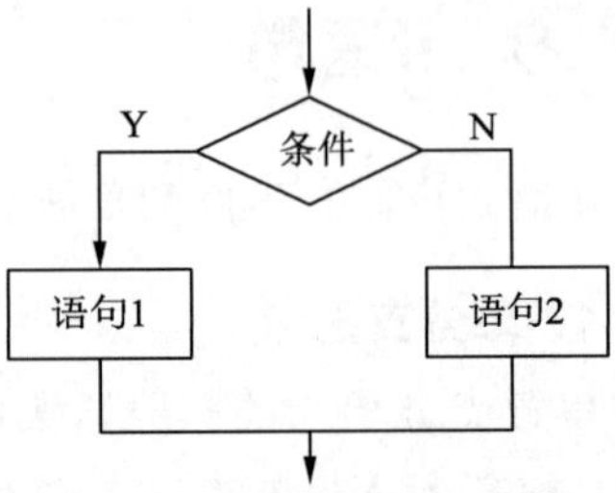

图 2-11　双分支 if 语句的执行流程图

3. 多分支语句

多分支 else if 语句的一般语法形式：

```
if(条件表达式 1)
   语句 1;
else if(条件表达式 2)
   语句 2;
else if(条件表达式 3)
   语句 3;
...
else if(条件表达式 n)
   语句 n;
else
   语句 n+1;
```

执行过程：首先判断条件表达式 1 的值，值为真时，则执行对应的语句 1，然后跳到整个 if 语句的后面继续执行程序；如果表达式 1 的值为假，则继续判断表达式 2 的值，依此类推。如果所有的表达式都不成立，则执行语句 $n+1$，然后继续执行后面的程序。

else if 语句的执行流程如图 2-12 所示。

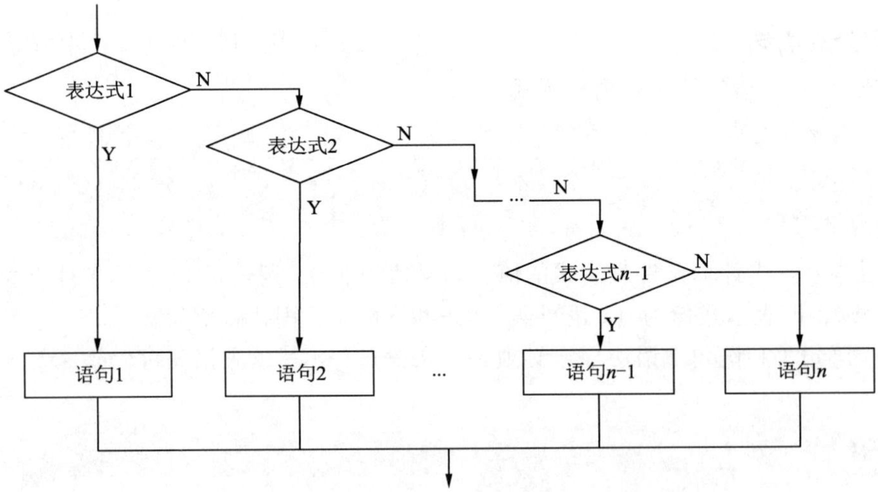

图 2-12　多分支 if 语句的执行流程图

else if 语句本质上是嵌套的分支语句。嵌套分支语句的意思是在分支语句中包含分支语句，例如，图 2-11 中的语句 1 和语句 2 均可以包含分支语句。例如：

```
if(x>=0){
   if(x==0){
       y=0;
       printf("零");
   }
   else{
       y=1;
       printf("非负数");
   }
}else{
   y=-1;
   printf("负数");
}
```

上述语句中，if(x>=0)语句中还包含了一条 if...else 分支语句，当 x>=0 时执行。

2.4.6　switch语句

switch 语句的一般语法形式：

```
switch(表达式){
    case 常量表达式 1: 语句段 1;
    case 常量表达式 2: 语句段 2;
    …
    case 常量表达式 n: 语句段 n;
    default:           语句段 n+1;
}
```

执行过程：先计算表达式的值，将表达式的结果和 case 后面的常量表达式的值进行比较，如果等于某个常量，则执行该 case 语句中的语句段；如果不存在，则等于 case 后的常量，即执行 default 语句中的语句段，实现了根据表达式的计算结果进行多路选择。

switch 语句的执行流程图如图 2-13 所示。

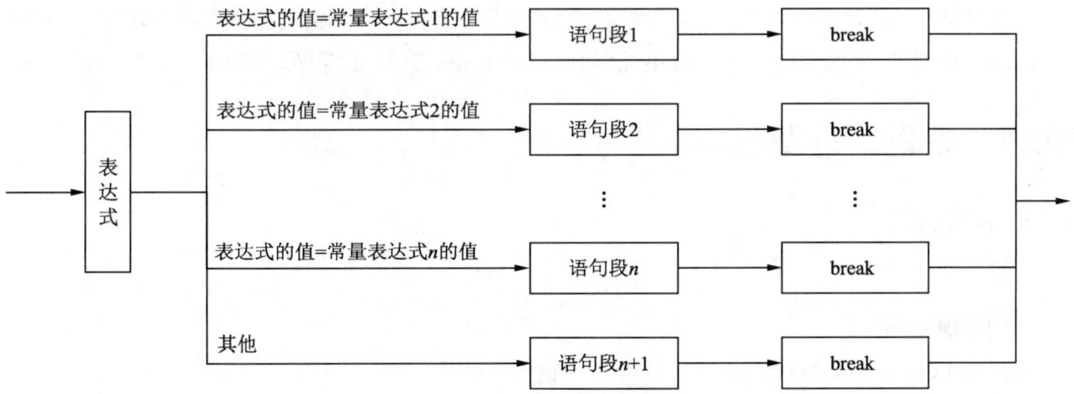

图 2-13　多分支 switch 语句的执行流程图（带 break 语句）

说明：

（1）case 语句中的常量必须是整型常量、字符常量或枚举常量。每个 case 后面的常量表达式必须均不相同，default 分支可以省略。case 后面的语句段可以是多条语句，不必使用大括号。

（2）在执行一个 case 分支后，如果想使流程跳出 switch 结构，即终止 switch 语句的执行，可以在相应的语句后加 break 语句实现。

（3）如果在 case 分支的语句序列的最后没有放置 break 语句，则程序执行完这个 case 分支的语句段后，将继续执行下一个 case 分支的语句段。

switch 语句中省略 break 语句，执行流程图如图 2-14 所示。

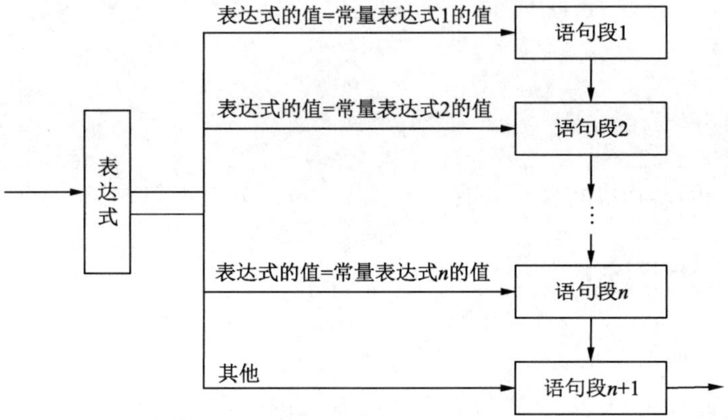

图 2-14　多分支 switch 语句的执行流程图（省略 break 语句）

2.5　基本控制结构——循环结构

循环结构是结构化程序设计的基本控制结构之一。在程序设计中如果要重复执行某些操作，就要使用循环结构。

实现循环结构，需要先确定 2 个循环要素：循环重复执行的条件和每次循环需要重复执行的操作。

C 程序中可以使用 for 语句、while 语句和 do...while 语句实现循环结构。

2.5.1　导例：计算 *n*!

1. 问题描述

键盘输入 *n* 的值，计算 *n*!。

2. 问题分析

$n! = 1\times2\times3\times4\times\cdots\times n$ 计算 *n*!的过程就是求解累乘的过程。

3. 算法描述

上述问题求解过程以算法的形式描述为：

（1）从键盘输入 n 值。

（2）将累乘结果 fact 的初值设为 1。

（3）将计数器 i 的初值设为 1。

（4）判断当前 i 值是否满足条件 i≤n，如果是，则执行步骤（5）；如果否，则直接执行步骤（6）。

（5）执行累乘操作 fact = fact*i，然后将计数器加 1，i= i+1，返回步骤（4）。

（6）输出 fact，即 $n!$的值，程序结束。

上述算法的流程图描述如图 2-15 所示。

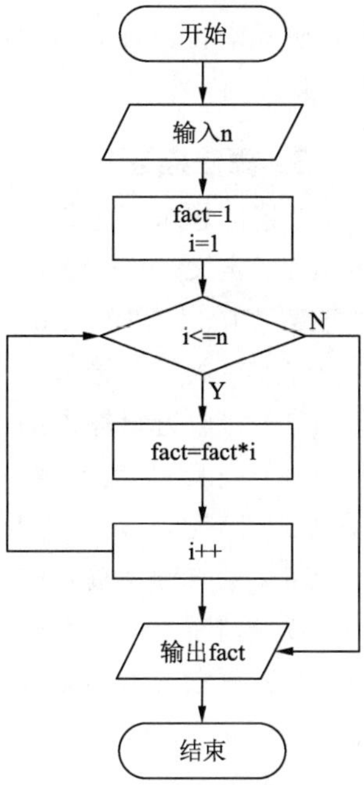

图 2-15　计算 $n!$的算法流程图

4. 程序实现

```
#include <stdio.h>
int main()
{
    int i, n,fact;
    printf("input n:");
    scanf("%d",&n);
    fact=1;
    for(i=1;i<=n;i++)
       fact=fact*i;
    printf("%d!=%d\n",n,fact);
    return 0;
}
```

5. 运行结果

```
input n: 5
5!=120
```

6. 程序分析

求阶乘的值，即累乘的结果，定义变量 fact 用来存储该值，fact 的初值赋值为 1。变量 i 称为循环控制变量，简称循环变量，用来控制循环的执行。

程序中 for 语句的执行过程：先执行循环变量的初始化 i=1，然后判断 i<=n 是否成立；如果成立，则重复执行循环体的内容，即 fact=fact*i;然后执行 i++，再去判断 i<=n 是否成立；如果不成立，退出循环体，执行后续的语句，即 printf("%d! = %d\n", n, fact)，输出程序结果。

注意：本例中将阶乘的结果存储在 int 类型变量 fact 中，由于 int 类型变量可表示的数值范围有限，当 n>12 时，结果会超出范围，系统将不能显示正确结果。解决的方法是，将 fact 变量定义为 double 类型。

本例需要重复执行相同的乘积操作，是典型的循环结构，使用 for 语句来实现循环。for 语句的语法细节可参考 2.5.5 节。

2.5.2　导例：寻找幸运字符

1. 问题描述

先从键盘输入一个字符作为幸运字符，然后输入一串字符，按【Enter】键结束，在字符串中查找该幸运字符，最后输出查找结果。

2. 问题分析

目前只学习了单字符输入/输出方法，而该问题要求输入多个字符，因此需要多次重复单字符输入语句，直到遇到回车符结束。对于每次输入的字符，要判断是否为幸运字符，如果是，则进行标记。

3. 算法描述

上述问题求解过程以算法的形式描述为：

（1）定义 char 类型变量 lucky 和 ch，分别存储幸运字符和字符串的当前字符；定义 int 类型变量 flag，初值为 0。

（2）接收键盘输入的一个字符，并赋值给 lucky。

（3）接收键盘输入的一个字符，并赋值给 ch。

（4）判断 ch 是否等于回车符，若不等于则执行（5）、（6），若等于则执行（7）。

（5）判断 ch 是否与 lucky 相等，如果相等则 flag 置为 1。

（6）接收键盘输入的下一个字符。

（7）判断 flag 是否等于 1，输出相应结果。

上述算法的流程图描述形式如图 2-16 所示。

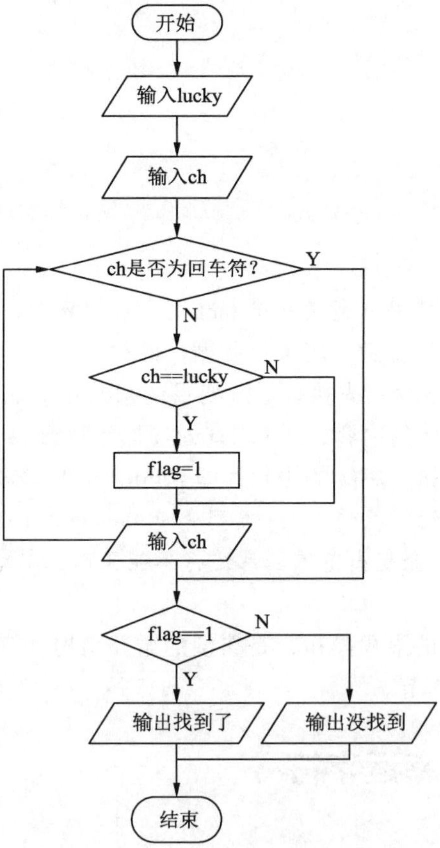

图 2-16　寻找幸运字符的算法流程图

4. 程序实现

```
#include <stdio.h>
int main()
{
   char ch,lucky;
   int flag=0;    /*0 表示未找到，1 表示找到*/
   printf("请输入你的幸运字符：\n");
   lucky=getchar();
   getchar();
   printf("\n 请输入一串字符，以回车结束：\n");
   ch=getchar();
   while(ch!='\n')
   {
        if(ch==lucky){
            flag=1;
        }
        ch=getchar();
   }
   if(flag==1) {
        printf("\n 你的幸运字符找到啦！\n");
   }else{
        printf("\n 抱歉！输入的字符串中没有你的幸运字符！\n");
   }
   return 0;
}
```

5. 运行结果

```
请输入你的幸运字符:
y

请输入一串字符，以回车结束:
Are you happy today?

你的幸运字符找到啦!
```

6. 程序分析

程序中使用 while 语句实现循环结构，语法细节可参考 2.5.6 节。

本例 flag 的值为 0 表示未找到幸运字符，1 表示找到。初值为 0，循环中如果输入字符是幸运字符则 flag 置为 1，循环结束后根据 flag 的值即可判断字符串中是否存在幸运字符。该类变量称为标记变量，常用于标记某种状态，如判断是否是素数、某个数是否存在等，通常需要给定初值，然后在某种情况下改变其值，最后根据其值给出判断结果。

本例中，如果需要得知幸运字符的个数，将语句 flag=1;改为 flag++;即可。

2.5.3　导例：计算π的近似值

1. 问题描述

利用格里高利公式计算 π 的近似值，要求精确到最后一项的绝对值小于 10^{-4}。

2. 问题分析

格里高利公式：

$$\frac{\pi}{4}=1-\frac{1}{3}+\frac{1}{5}-\frac{1}{7}+\cdots$$

从上述公式可以看出，计算 π 值可通过将数列 1、$-\frac{1}{3}$、$\frac{1}{5}$、$-\frac{1}{7}$、……求和再乘以 4 得到。在这个数列中，每个数据项的取值与前一项的符号和该项的序号存在一定的关系。解题的关键是找出通项的表达式，然后循环计算每一个数据项，再将它们累加起来。另外，根据最后一项精度的要求设置循环结束的条件。

3. 算法描述

上述问题求解过程以算法的形式描述为：

（1）序号，符号变量初始化为 1，i=1, flag=1，累加和初始化为 0，sum=0。

（2）计算通项 item，item = flag*1.0/i。

（3）求累加和 sum, sum=sum+item。

（4）求下一个 item 的符号标志 flag 和分母值，flag = −flag; i= i+2。

（5）判断 item 的值是否满足循环条件$|item|\geq 10^{-4}$，如果满足，重复执行（2）～（4）步，如果不满足，退出循环体。

（6）最后计算 pi 值，pi=sum*4，并输出 pi 的值。

上述算法的流程图描述形式如图 2-17 所示。

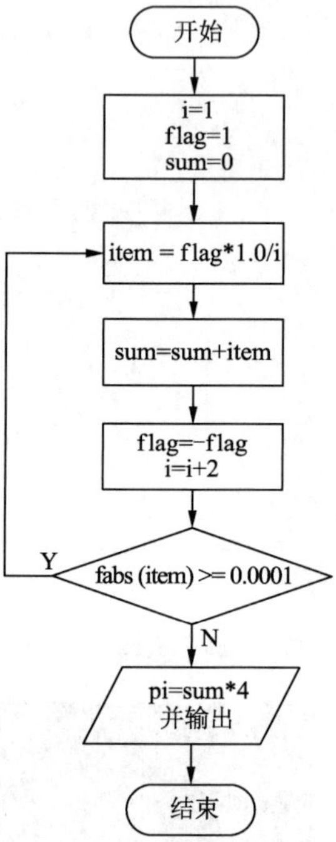

图 2-17　计算 π 的算法流程图

4. 程序实现

```
#include <stdio.h>
#include <math.h>
int main()
{
   double item, sum, pi;
   int flag, i;
   i=1;
   flag=1;
   sum=0;
   do{
      item=flag*1.0/i;
      sum=sum+item;
      flag=-flag;
      i=i+2;
   }while(fabs(item)>=0.0001);
   pi=sum*4;
   printf("pi=%lf\n", pi);
   return 0;
}
```

5. 运行结果

```
pi=3.141793
```

6. 程序分析

计算绝对值|item|，使用数学函数 fabs(item)实现。

程序中使用 do...while 语句实现循环结构，语法细节可参考 2.5.7 节。

2.5.4　导例：数字三角形

1. 问题描述

输入行数 n，输出 n 行的简易数字三角形，如下所示。

```
1
2  1
3  2  1
4  3  2  1
5  4  3  2  1
…
```

2. 问题分析

对于有规律的输出问题，非常适合使用循环结构。问题的关键是找出输出值与行数的关系。

3. 算法描述

上述问题求解过程以算法的形式描述为：

（1）定义变量 n、i、j，分别表示总行数、当前行数、输出数。

（2）输入 n，要求在 1～N 之间，不满足则重复输入。

（3）i 从 1 到 n，重复执行（4）～（5）。

（4）j 从 i 到 1 重复执行，输出 j。

（5）换行。

上述算法的流程图描述形式如图 2-18 所示。

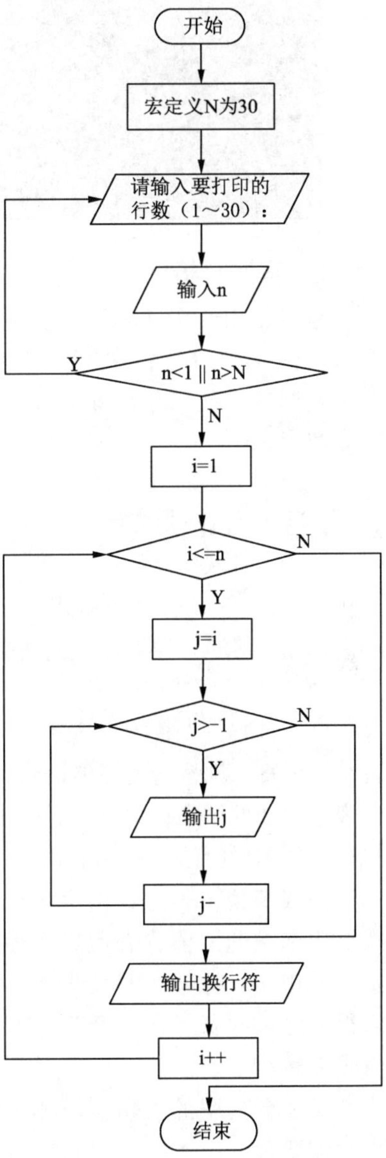

图 2-18　数字三角形的流程图

4. 程序实现

```
#include "stdio.h"
#define N 30                          //行数最大值
int main()
{
   int n;
   int i,j;
   do{
      printf("请输入要打印的行数:");
      scanf("%d",&n);
   }while(n<1 || n>N);
```

```
    for(i=1;i<=n;i++){             //行数从 1 到 n
      for(j=i;j>=1;j--){           //列数从 i 到 1
        printf("%-4d",j);
      }
        printf("\n");              //换行
    }
}
```

5. 运行结果

```
请输入要打印的行数:10
1
2   1
3   2   1
4   3   2   1
5   4   3   2   1
6   5   4   3   2   1
7   6   5   4   3   2   1
8   7   6   5   4   3   2   1
9   8   7   6   5   4   3   2   1
10  9   8   7   6   5   4   3   2   1
```

6. 程序分析

程序使用两个 for 循环实现三角形的输出。外层循环表示行，内层循环输出一行数。行数从 1 到 n，外层循环变量 i 不断加 1；输出值从 i 到 1，内层循环变量 j 不断减 1。

在循环中使用循环称为嵌套循环或者多重循环，在编写嵌套循环时要特别注意循环变量不要混淆。

2.5.5 for语句

for 语句的一般语法形式：

```
for (表达式 1;表达式 2;表达式 3)
   循环体语句
```

执行过程：先执行表达式 1，然后计算表达式 2 的值，如果结果为真，则执行循环体语句，然后执行表达式 3，再去判断表达式 2 的结果；如果表达式 2 的结果为假，则退出循环，执行循环体后面的语句。for 语句的控制流程图如图 2-19 所示。

一般来说，表达式 1 用来给循环控制变量赋初值，表达式 2 用来判断其值，表达式 3 用来改变其值。

使用 for 语句要注意语句的执行顺序，表达式 1 只在进入循环之前执行 1 次，然后表达式 2、循环体语句、表达式 3 将重复执行。

类似分支中的语句，循环体语句语法要求是一条语句。如果需要包含多条语句，则需要用大括号括起来组成复合语句。例如：

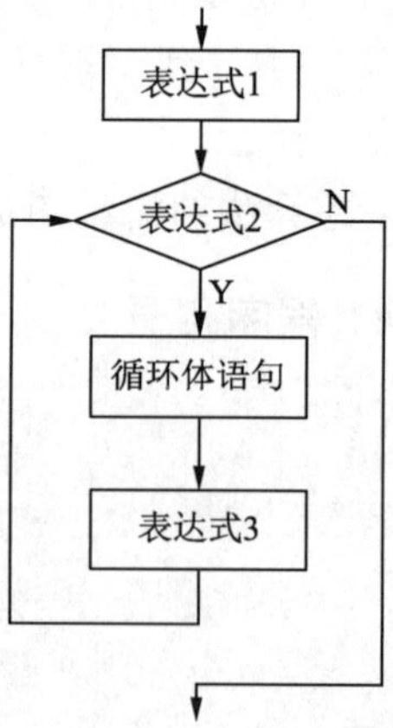

图 2-19　for 语句的控制流程图

```
double area;
for(i=10;i>0;i=i-1)
{
    area=3.14*i*i;
    printf("%2d : %6.2f\n",i,area);
    i=i-1;
}
```

该例 for 语句中包含了三条语句，输出如下：

```
10 : 314.00
 8 : 200.96
 6 : 113.04
 4 :  50.24
 2 :  12.56
```

程序首先执行 i=10;，然后判断 i>0 是否成立，成立则执行循环体中的三条语句，接着执行 for(i=10;i>0;i=i-1)中的 i=i-1，然后继续循环，判断 i>0 是否成立，若不成立，则结束循环，执行 for 的下一条语句。

该例的循环体中的最后一条语句 i=i-1;，也改变了循环变量的值，使得每次循环 i 变为 i-2。该程序可以改为如下形式：

```
double area;
for(i=10;i>0;i=i-2)
{
    area=3.14*i*i;
    printf("%2d : %4.2f\n",i,area);
}
```

2.5.6 while语句

while 语句的一般语法形式：

```
while(表达式)
  循环体语句
```

执行过程：先判断表达式的值是否为真（即非 0），如果结果为真，则重复执行循环体语句，直到条件不再满足为止。因为是先判断循环条件，再执行循环体语句，所以循环体有可能一次也不执行。while 语句的控制流程图如图 2-20 所示。

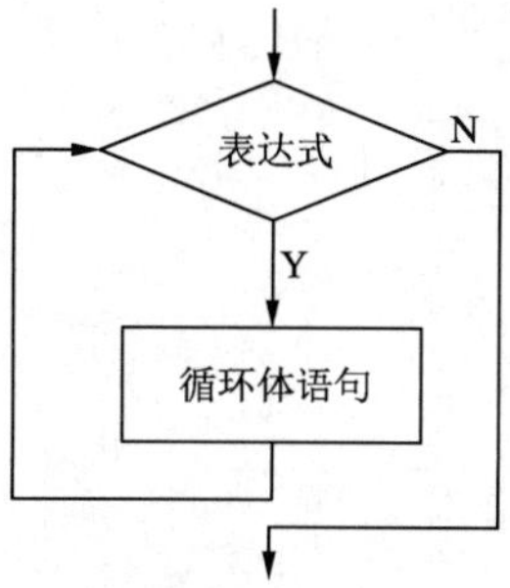

图 2-20　while 语句的控制流程图

while 语句构成简单，只需要一个表达式和一条循环体语句即可，表达式表示循环条件，循环体语句表示要重复执行的操作。值得注意的是，在循环体语句中一定要包含能够是循环条件为假的语句，否则循环将无法结束。

for 语句和 while 语句可以相互转换，如 for 语句改写为 while 语句：

```
表达式 1;
while(表达式 2){
    for 的循环体语句;
    表达式 3;
}
```

2.5.7 do...while语句

do...while 语句的一般语法形式：

```
do{
    循环体语句
} while (表达式)
```

执行过程：先执行一遍循环体语句，再去判断表达式的值是否为真。如果表达式结果为真，重复执行循环体语句；如果表达式为假，程序退出循环体。这种情况下，循环体语句至少执行一遍。do...while 语句的控制流程图如图 2-21 所示。

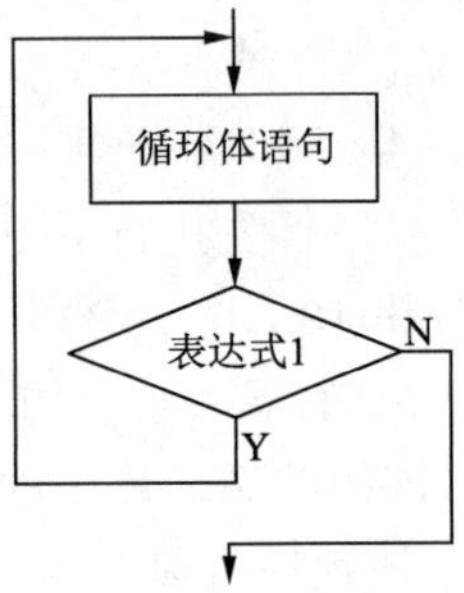

图 2-21 do...while 语句的控制流程图

3 种循环语句比较：

for 和 while 语句都是先判断循环条件，然后再决定是否执行循环体语句；而 do...while 语句是先执行一次循环体语句，再判断是否进行下一次循环。

for 语句通常用于循环次数确定的循环控制结构，当循环次数不确定时，需要通过其他条件控制循环，通常选用 while 或 do...while 语句。如果必须先执行一次循环体，再判断是否进行下一次循环，使用 do...while 语句最合适。

2.5.8 嵌套循环

类似嵌套分支语句，在循环中使用循环称为嵌套循环。2.5.4节使用二重循环实现数字三角形的输出。

```
for(i=1;i<=n;i++){                //行数从 1 到 n
    for(j=i;j>=1;j--){            //列数从 i 到 1
        printf("%-4d",j);
    }
    printf("\n");                 //换行
}
```

执行过程如下：

```
i=1       j=1       输出 1
                    换行
i=2       j=2       输出 2
          j=1       输出 1
                    换行
i=3       j=3       输出 3
          j=2       输出 2
          j=1       输出 1
                    换行
...       ...       ...
i=n       j=n       输出 n
          ...       ...
          j=2       输出 2
          j=1       输出 1
                    换行
```

读者可以使用 2.6.6 节介绍的单步调试工具，观察循环遍历 i、j 的变化，加深对嵌套循环的理解。也可以在每次循环中加一条输出循环变量的语句，通过运行结果观察。例如：

```
for(i=1;i<=n;i++){              //行数从 1 到 n
    printf("i=%d\n",i);         //观察 i 的变化
    for(j=i;j>=1;j--){          //列数从 i 到 1
        printf("%-4d",j);
    }
    printf("\n");               //换行
}
```

通过一重循环可以实现1+2+…+*n*，也可以实现n!，如果求1+2!+3!+…+*n*!则可使用二重嵌套循环实现。程序如下：

```
int i,j;
double item,sum;

sum=0;                          //累加和的初值为 0
for(i=1;i<=n;i++){
    item=1;                     //对于每一个 i，阶乘 item 的初值均为 1
    for(j=1;j<=i;j++){          //求 i!
        item=item*j;
    }
    sum=sum+item;               //把 i!累加到 sum 中
}
```

这里要特别注意语句item=1;的位置，一定要在外层循环之内、内层循环之外，保证每次求阶乘都从1开始连乘。

2.5.9　转向语句：break和continue语句

break 语句可用于 switch 条件分支选择语句中，终止 switch 语句的执行；也可以用于 for、while、do...while 语句中，提前终止并跳出循环控制结构，转而执行循环结束后面的语句。如果是多层的循环嵌套，break 语句只能结束本层循环。

在循环体中，break 语句通常和 if 语句配合使用，表示满足给定条件时，执行 break 语句跳出循环结构，如图 2-22 所示。

continue 语句用于循环体中，作用是跳过本次循环中 continue 后面的语句，继续执行下一次循环，即回到循环头部，执行下一次循环条件的判断，如图 2-23 所示。

continue 语句只结束本次循环，并不跳出循环体，而 break 语句是跳出并结束整个循环控制结构。

break 命令在循环结构中的用法示例：

```
while(表达式 1)
{
   语句 1;
   if(表达式 2)
       break;
   语句 2;
}
```

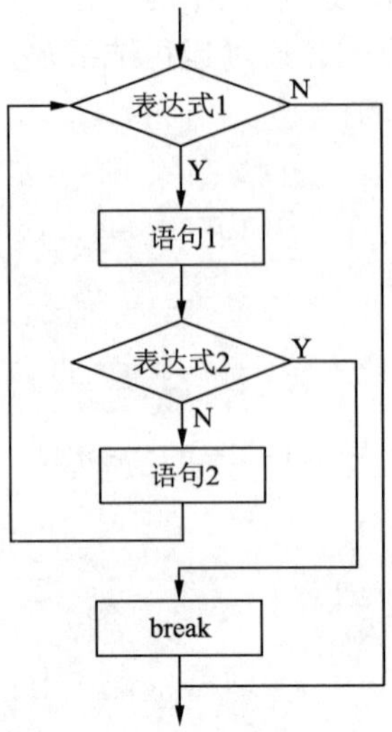

图 2-22 while 结构中 break 的作用

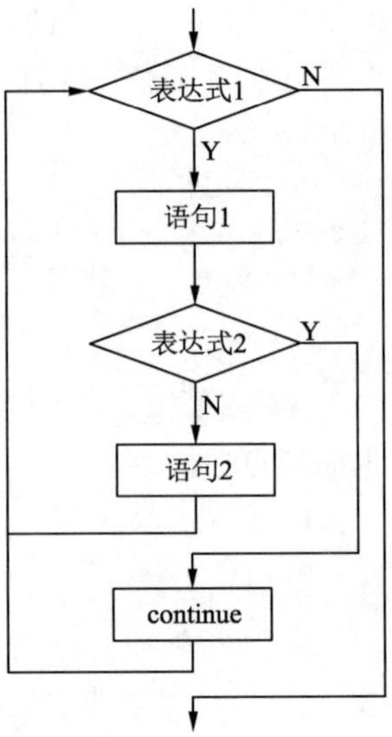

图 2-23 while 结构中 continue 的作用

continue 命令在循环结构中的用法示例：

```
while(表达式 1)
{
   语句 1;
   if(表达式 2)
      continue;
   语句 2;
}
```

例如：

```
for(x=1; x<=10;x++)
{
   if(x==5)
      break;
   printf("%4d",x);
}
printf("\n 循环结束时 x=%d。\n", x);
```

上述使用 break 程序段的运行结果为：

```
1   2   3   4
循环结束时 x=5。
```

将 break 改为 continue：

```
for(x=1; x<=10; x++)
{
   if(x==5)
      continue;
   printf("%4d", x);
}
printf("\n 循环结束时 x=%d。\n", x);
```

程序段的运行结果为：

```
1   2   3   4   6   7   8   9  10
循环结束时 x=10。
```

需要注意的是，在 while 循环中使用 continue 语句时，容易出现循环无法结束的情况。例如，将上述 for 语句改为如下 while 语句时：

```
x=1;
while(x<=10)
{
    if(x==5)
        continue;
    printf("%4d",x);
    x++;
}
```

程序段运行到 x 等于 5 后将不会有任何输出，程序也无法结束。原因是，根据 while 语句执行循序，执行完一次循环体语句之后，将判断 x<=10 是否成立，成立则再次进入循环体。当程序运行到 x 等于 5 时，continue 将跳过 printf("%4d", x);和 x++;语句，x 不会再变化，x<=10 永远成立，程序则进入无限循环中。出现这种情况只能强行结束程序。

2.6 综合案例

2.6.1 导例：可以构成三角形吗

1. 问题描述

先输入一个正整数 n，再输入 n 组三条边的边长，分别判断它们能否构成三角形，若能则指出是何种三角形。

2. 问题分析

首先使用循环结构，重复输入 n 组给定三条边的边长，在循环体中首先判断是否满足条件：任意两边之和大于第三边，能满足条件则构成三角形，否则不能构成三角形。在能构成三角形的情况下，如果三边相等，则是等边三角形；如果只有两边相等，则是等腰三角形。可以看出这是一个多重判断问题，需要多次运用 if...else 语句来实现。

3. 算法描述

上述问题求解过程以算法的形式描述为：

（1）先输入一个正整数 n，循环变量赋初值为 1。

（2）判断循环条件 i<=n 是否成立，若成立，执行（3），否则程序结束。

（3）输入 3 条边的边长，分别保存于变量 a、b、c 中。

（4）如果(b+c)<=a、(a+c)<=b、(a+b)<=c 三个条件中至少有一个成立，则输出“不能构成三角形”；否则执行（3）。

（5）如果 a!=b、b!=c、a!=c 三个条件同时成立，则输出“可以构成不等边三角形”；否则执行（6）。

（6）如果 a=b 且 b=c，则输出“可以构成等边三角形！”；否则输出“可以构成等腰三角形！”。

（7）执行 i++，返回步骤（2）。

上述算法的流程图描述如图 2-24 所示。

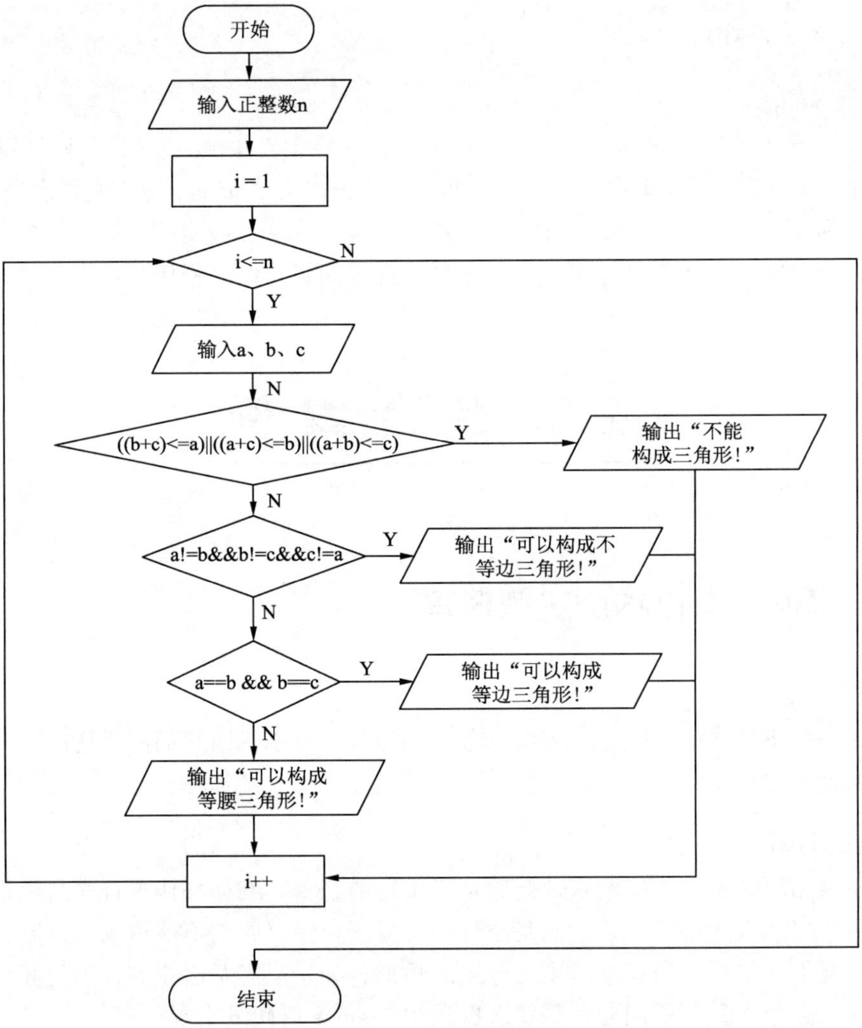

图 2-24　三角形判断的算法流程图

4. 程序实现

```
#include <stdio.h>
int main()
{
    int n,i;
```

```
    float a,b,c;
    printf("请输入一个正整数n:");
    scanf("%d",&n);
    for(i=1;i<=n;i++){
        printf("请输入三条边的值: \n");
        scanf("%f%f%f",&a,&b,&c);
    if(((b+c)<=a)||((a+c)<=b)||((a+b)<=c))
        printf("不能构成三角形!\n");
    else
      if(a!=b&&b!=c&&a!=c)
         printf("可以构成不等边三角形!\n");
    else
      if(a==b&&b==c)
         printf("可以构成等边三角形!\n");
      else
         printf("可以构成等腰三角形!\n");
    }
}
```

5. 运行结果

```
请输入一个正整数n:3
请输入三条边的值:
3 5 6
可以构成不等边三角形!
请输入三条边的值:
5 5 6
可以构成等腰三角形!
请输入三条边的值:
2 3 6
不能构成三角形!
```

6. 程序分析

利用C语言提供的基本运算和if...else条件语句，可以实现各种复杂的选择结构的控制流程。在这个程序中，使用了多个if...else语句，以实现多个条件的判断。实际上，本导例的多重判断也可以通过如下方式实现：

```
if((a<(b+c))&&(b<(a+c))&&(c<(a+b)))
   if(a==b||b==c||a==c)
      if(a==b&&b==c)
         printf("可以构成等边三角形!\n");
      else
         printf("可以构成等腰三角形!\n");
   else
      printf("可以构成不等边三角形!\n");
else printf("不能构成三角形!\n");
```

上述代码中多个if...else语句是嵌套关系，可以看出导例中的代码，要比嵌套if...else语句更易理解。所以，为了提高程序的可读性，建议不要使用嵌套层次过多的语句。

2.6.2　导例：列出小于*n*的全部素数

1. 问题描述

输入一个数值，列出小于它的全部素数。

2. 问题分析

素数指在一个大于 1 的自然数中，除了 1 和自身外，不能被其他自然数整除的数。题目要求列出所有小于 n 的素数，则需要从 2 到 n-1 逐一进行判断，这是一个循环，循环体是判断某个数 m 是否为素数。在判断 m 是否为素数时，也要从小于 m 的所有数（2～m-1）中尝试找出一个可以整除 m 的数，这也是一个循环。从 i=2 开始进行判断，如果 i 可以整除 m，则 m 不是素数，循环结束；否则 i 加 1，继续判断。如果 i=m 表示 m 不能被小于它的任何数整除，可以确定 m 是素数。由分析可知，该问题需要用多重循环来求解。

3. 算法描述

上述问题求解过程以算法的形式描述为：

（1）输入一个数，保存于变量 n 中。

（2）定义变量 m，初值为 2，从 2 到 n-1，重复执行（3）至（5）。

（3）定义变量 i，初值为 2。

（4）如果 m%i!=0 且 i<m，则 i 加 1；否则执行（5）。

（5）如果 i 等于 m，表示 m 不能被 1 和自身外的其他自然数整除，m 是素数，输出结果。

上述算法的流程图描述如图 2-25 所示。

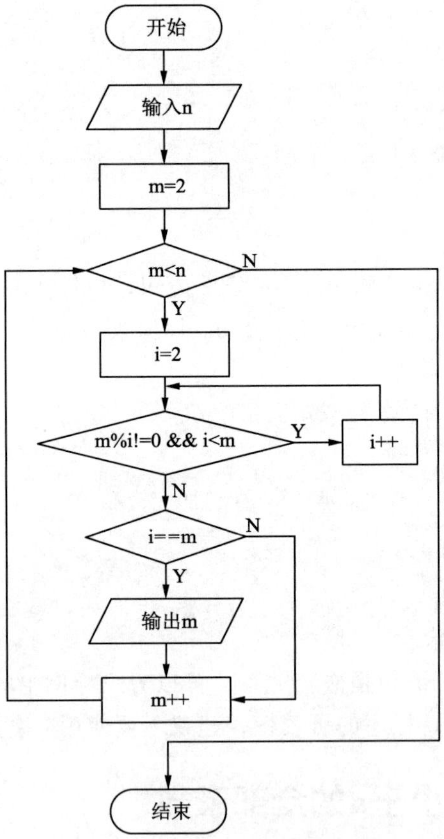

图 2-25　求解素数的算法流程图

4. 程序实现

```
#include <stdio.h>
int main()
{
    int n;
    int m,i;
    printf("请输入一个大于 1 的自然数: \n");
    scanf("%d",&n);
    printf("小于%d 的素数有: \n", n);
    for(m=2;m<n;m++){
        i=2;
        while(m%i!=0 && i<m) i++;
        if(i==m)
            printf("%d\t",m);
    }
    return 0;
}
```

5. 运行结果

```
请输入一个大于 1 的自然数:
25
小于 25 的素数有:
2 3 5 7 11 13 17 19 23
```

6. 程序分析

在这个程序中，循环过程由 for 语句中嵌套 while 语句完成，是二重循环。这不是求解该问题的唯一方法，for 语句、while 语句和 do...while 语句三者只要组成二重循环即可。不过，因为若列出小于 n 的全部素数，需要从 2 到 n-1 逐一进行判断，循环次数是确定的，采用 for 循环语句比较合适。而在判断一个数是否是素数时，只要不满足条件，循环即可结束，循环次数不能确定，采用 while 循环比较合适。

读者可以尝试采用其他方式实现该问题的求解。

2.6.3 导例：诚实族和说谎族

1. 问题描述

诚实族和说谎族来自两个不同的荒岛，诚实族的人永远说真话，而说谎族的人永远说假话。有一天小明遇到来自这两个族的 3 个人，为了调查这 3 个人都是什么族的，小明问了他们一个问题。以下是他们的对话：

问：“你们是什么族？”，第一个人答：“我们之中有两个来自诚实族。”第二个人说：“不要胡说，我们 3 个人中只有一个是诚实族的。”第三个人听了第二个人的话后说：“对，就是只有一个诚实族的。”

请根据他们的回答判断他们分别是哪个族的。

2. 问题分析

这是一道经典的智力题。小明遇到的 3 个人到底来自哪个族，每个人都有两种可能性：

诚实族或说谎族。假如这 3 个人是哪个族分别用 a、b、c 表示，1 代表诚实族，0 代表说谎族，那么根据对话可知：

如果第一个人是诚实族的，那么他说的话就是真的，3 个人中真的有两个来自诚实族的，即 a 值为 1 且 a+b+c 等于 2；如果第一个人是说谎族的，那么他说的话是假的，即 a 为 0 且 a+b+c 不等于 2。用关系表达式表示为：

a&&a+b+c==2 || !a&&a+b+c!=2

同理分析，如果第二个人是诚实族的，那么三人中只有一个来自诚实族的，即 b 为 1 且 a+b+c 等于 1；如果第二个人是说谎族的，那么 b 为 0 且 a+b+c 不等于 1。用关系表达式表示为：

b&&a+b+c==1 || !b&&a+b+c!=1

同样，如果第三个人是诚实族的，那么 c 为 1 且 a+b+c 等于 1；如果第三个人是说谎族的，那么 c 为 0 且 a+b+c 不等于 1。用关系表达式表示为：

c&&a+b+c==1 || !c&&a+b+c!=1

因为这 3 个人不是诚实族就是说谎族，因此上述 3 个关系表达式是同时成立的。a、b、c 这 3 个变量，取值为两种可能：0 或 1，那么有 8 种组合方式，分别对每种组合方式进行判断，判断哪个组合能够使上述 3 个关系表达式同时成立，即可得知这 3 个人分别属于哪个族。

这种列举每种可能性的方法称为穷举法，穷举法在利用计算机求解问题时经常用到。如果变量和取值的可能性达到一定数值，人为穷举就变得不可能，如破解密码。而计算机运算速度非常快，利用穷举法解决这类问题非常合适。

3. 算法描述

上述问题求解过程以算法的形式描述为：

（1）定义整型变量 a、b、c，取值为 0 或 1，表示 3 个人不是诚实族就是说谎族。

（2）列举 a=0、1，b=0、1，c=0、1 的 8 种组合，判断 3 个人的回答是否同时成立。

（3）屏幕输出结果。

上述算法的流程图描述形式如图 2-26 所示。

4. 程序实现

```
#include<stdio.h>
int main()
{
    int a,b,c;                    /*声明 3 个整型变量，分别表示 3 个人属于哪个族，*/
                                  /*1 表示诚实族，0 表示说谎族*/
    for(a=0;a<=1;a++)             /*穷举各种可能性*/
        for(b=0;b<=1;b++)
            for(c=0;c<=1;c++)
                if((a&&a+b+c==2 || !a&&a+b+c!=2)&&
                    (b&&a+b+c==1 || !b&&a+b+c!=1)&&
                    (c&&a+b+c==1 || !c&&a+b+c!=1)) {
                    printf("A is a %s.\n",a?"honest":"liar");
                    printf("B is a %s.\n",b?"honest":"liar");
                    printf("C is a %s.\n",c?"honest":"liar");
                }
    return 0;
}
```

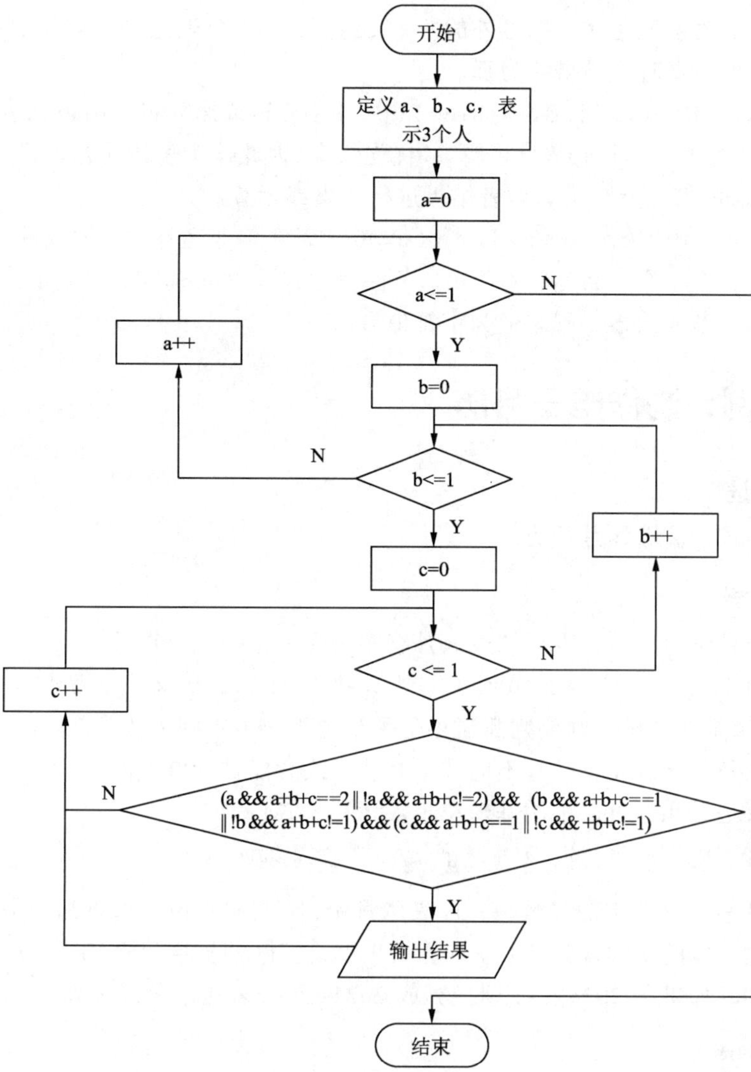

图 2-26 诚实族和说谎族判断的算法流程图

5. 运行结果

```
A is a liar.
B is a liar.
C is a liar.
```

6. 程序分析

程序中用了三重嵌套的 for 循环语句，用于穷举，分别列举 a=0、1，b=0、1，c=0、1 的 8 种组合。循环体内的 if()用来判断问题分析中的 3 个关系表达式是否同时成立，如果成立，则执行 3 条输出语句。

其中判断条件：

```
    (a&&a+b+c==2 || !a&&a+b+c!=2)&&(b&&a+b+c==1 || !b&&a+b+c!=1)&&(c&&a+b+c==1
|| !c&&a+b+c!=1)
```

是一个比较复杂的关系表达式，括号外的两个&&连接了 3 个表达式，&&是逻辑与运算符，两边表达式的值均为真时，结果才为真。

表达式(a && a+b+c==2 || !a && a+b+c!=2)中，||是逻辑或运算符，两边表达式的值只要有一个为真，结果即为真。逻辑与&&比逻辑或||优先级高，因此这个表达式先计算 a && a+b+c==2 和!a && a+b+c!=2 的值，然后再对两者结果进行逻辑或运算。

a && a+b+c==2 中 a 表示 a==1。!a 表示 a==0，!是逻辑非运算符，取反的意思。

在 printf()中，有一个三目运算符(? :)，条件表达式 a?"honest":"liar"表示若 a 为非零，取值为字符串 honest;若 a 为零，则取值为字符串 liar。

2.6.4 导例：制作电子月历

1. 问题描述

输入某年某月，输出该月月历。

2. 问题分析

要输出某个月份的月历，需要知道该月有多少天，第一天是周几。

如果月份为 1、3、5、7、8、10 或 12，则天数为 31 天；如果月份为 4、6、9、11，则天数为 30 天；如果是 2 月份，则要判断当年是否是闰年，闰年则天数为 29 天，否则为 28 天。判断闰年的标准是：能被 4 整除且不能被 100 整除或者能被 400 整除。

确定某一天是周几，可以采用基姆拉尔森计算公式：

```
W=(d+2*m+3*(m+1)/5+y+y/4-y/100+y/400) mod 7
```

在公式中 d 表示日期中的日数+1，m 表示月份，y 表示年份。如果月份是 1 月和 2 月，则应为看成是上一年的 13 月和 14 月。计算结果就是实际的星期，即“1”为星期一，…，“7”为星期日。例如，如果是 2025-1-1 则换算成 2024-13-2 来代入公式计算。

3. 算法描述

定义 4 个变量 year、month、days 和 firstday，存储年份、月份、该月天数和该月第一天周几。

上述问题的求解过程以算法的形式描述为：

（1）输入年份和月份，保存于变量 year 和 month 中。

（2）如果输入的年份小于等于 0 或月份不是 1～12 的值，则输出错误，执行（1）；否则执行（3）。

（3）计算该月天数：

- 如果 month 等于 1、3、5、7、8、10 或 12，则 days=31。
- 如果 month 等于 4、6、9 或 11，则 days=30。
- 如果 month 等于 2，则判断 year 是否是闰年：如果 year 能被 4 整除且不能被 100 整除，或者能被 400 整除，则 days=29；否则 days=28。

（4）计算该月第一天周几：采用基姆拉尔森计算公式，其中 d=2，m=month，y=year。如果 month 为 1 或 2，则 m=m+12，y=y-1。

（5）输出月历：

- 根据 firstday 的值，先确定第 1 日的输出位置。
- 日期减 1 再加上第一天的星期数，模 7 取余则是其他日期的星期数，余 0，则为星期日。

上述算法的流程图描述如图 2-27 所示。

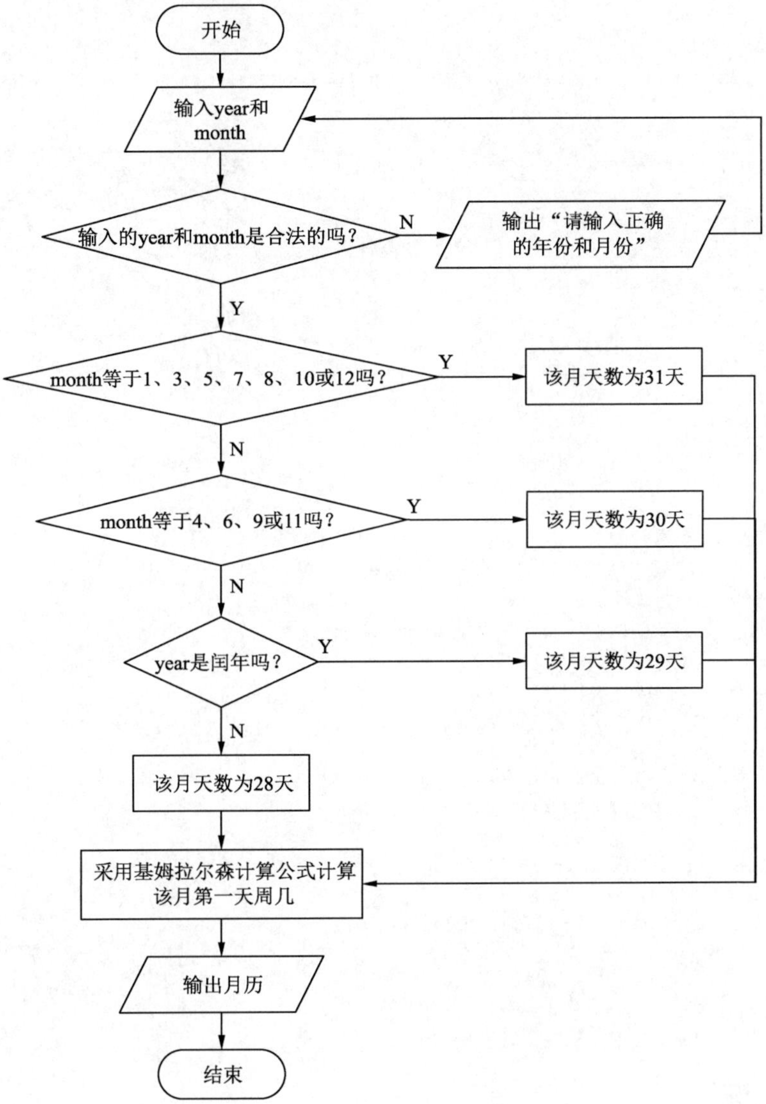

图 2-27　制作电子月历的算法流程图

4. 程序实现

```
#include<stdio.h>
int main()
{
    int year,month,days,firstday;
    int y,m,d;
    int i;
    /*输入年份和月份*/
```

```
    do{
    printf("请输入正确的年份和月份：\n");
        scanf("%d%d",&year,&month);
    }while(year<=0 || month>12 || month<1);
    /*计算该月天数*/
    if(month==1 || month==3 || month==5 || month==7 || month==8 ||
        month==10 || month==12)
        days=31;
    else if(month==4 || month==6 || month==9 || month==11)
        days=30;
    else if(month==2)
        if((year%4==0 && year%100!=0) || (year%400==0))
            days=29;
        else   days=28;
    /*计算该月第一天周几，采用基姆拉尔森计算公式*/
    d=2;
    m=month;
    y=year;
    if(month==1 || month==2){
       m=m+12;
       y=y-1;
    }
    firstday=(d+2*m+3*(m+1)/5+y+y/4-y/100+y/400)%7;
    if(firstday==0) firstday=7;
    /*打印输入月历*/
    printf("\n%d年%d月月历：\n",year,month);
    printf("一\t二\t三\t四\t五\t六\t日\n");
    switch (firstday){   //设置第一天输出位置
        case 7: printf("\t");
        case 6: printf("\t");
        case 5: printf("\t");
        case 4: printf("\t");
        case 3: printf("\t");
        case 2: printf("\t");
    }
    for(i=1; i<=days;i++){   //输出日期
        printf("%2d\t",i);
        if((firstday+i-1)%7==0)
            printf("\n");
    }
    return 0;
}
```

5. 运行结果

6. 程序分析

程序中采用多条件判断语句实现当月天数和第一天周几的计算。难点在于如何输出月历。

在输出月历时，关键是确定第一天的位置。第一天星期数的不同，输出位置也不同，本程序采用了 switch 语句来确定第一天的输出位置。其中，printf 语句“%2d”中的“2”等表示以 2 位的固定位宽输出，右对齐，不足 2 位在前面补空格，超过 2 位则以实际位数输出。

本例的程序代码都在主函数 main()中，其实计算某月天数、某月第一天周几和输出月历三部分可以独立编写成 3 个函数，然后在主函数中调用这 3 个函数即可。这样，函数可以重复使用，也提高了程序易读性。关于函数参见第 4 章。

2.6.5　程序设计风格

如果程序只有一两百行，程序设计风格可能不重要。但是，如果是一个项目组很多人进行的开发工作，或者是经过一段时间，要想正确理解自己和别人的程序，那么养成良好的编程习惯是很重要的。良好的编程风格可以增加程序的可读性，便于理解和后期维护。

1. 标识符应按意取名

例如，表示圆的面积用 area，而不要随意使用如 s 等无意义的单字符。单字符如 i、j、k 等，一般用作循环变量或函数内的局部变量。

2. 适当加空格或空行

添加空格和空行是为了增强程序的可读性，以突出关键字。空行起着分隔程序段落的作用，使得程序的布局更加清晰。一般在每个函数定义结束之后，以及逻辑上不太相关的语句之间使用空行分隔。

3. 不要合并代码

一行代码只做一件事情，这样的代码容易阅读。如果代码行过长，应适当拆分，拆分出的新行要适当缩进，使之排列整齐，便于阅读。

4. 代码要对齐

同一组“{”和“}”应单独占一行，且位于同一列。括号内部代码通常缩进 2 个空格或 4 个空格。

5. 程序应加注释

C 语言的注释符为“/*…*/”和“//”。通常函数类型和作用，以及重要的数据类型的声明、变量、语句段，都应有必要的注释。注释是对代码作用的一种说明，不是文档，但频度要合适，一般不超过程序总行数的 1/4。

总之，程序应该具有清晰的语句结构，不要使程序过于复杂。具有良好设计风格的程序一定是一目了然、赏心悦目的。

2.6.6　程序调试的基本方法

对于编写完成的程序，需要用手工或编译程序等方法进行测试，来修正程序中的语法错误和逻辑错误，这个过程就是程序调试。调试程序主要是验证程序的正确性。程序调试主要有两种方法：静态调试和动态调试。静态调试就是由人工对编写完成的程序进行仔细检查，主要检查程序的语法和逻辑有无错误。一般来说，静态调试可以检查出程序中的很大一部分错误。程序的动态调试，则是在程序编译、连接和运行过程中进行。在程序进行编译和连接时编程环境会给出错误信息提示，这些错误主要是语法规则方面的错误。在此基础上，可以通过设置断点使程序进行单步执行，以便随时观察程序的运行状态，检查程序在设计上的逻辑错误。

在 Dev-C++集成环境中调试一个 C 程序的过程如下：

1. 打开Dev-C++，新建源程序文件

打开编译环境 Dev-C++，依次选择“文件”→“新建”→“源代码”命令，在右侧编辑栏输入程序代码，如图 2-28 所示。该程序的功能是对两个整数进行排序：比较 a 和 b 两个整数的大小，将较小的数赋值给 a，将较大的数赋值给 b。

2. 编译源程序

将编写完成的程序代码保存在 exchange.c 文件中，此时它还是文本形式的。选择“运行”→“编译”命令，编译程序将对代码进行词法和句法分析，发现并报告错误，有错误时编译是不能通过的。若没有错误，则表示编译通过，如图 2-29 所示。一个程序的源代码可以由多个文件组成，编译是将这些源文件进行编译，并与程序中所需的其他库文件，统一生成可执行文件 exchange.exe。该 exe 文件可以在操作系统下直接运行。

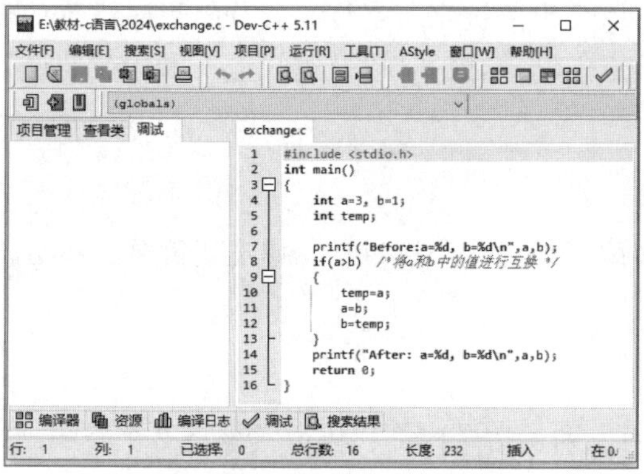

图 2-28　打开 Dev-C++

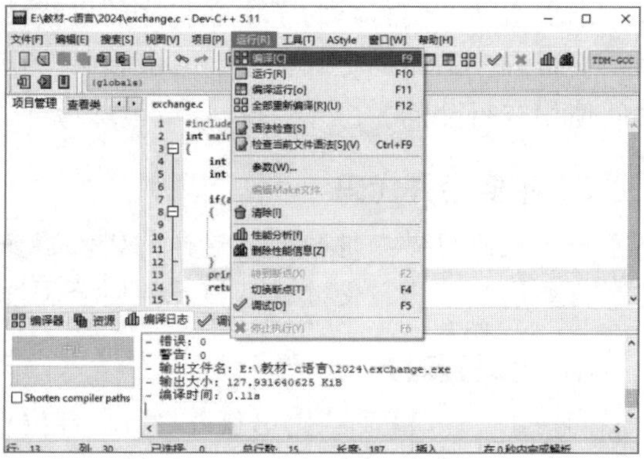

图 2-29　编译源程序

3. 调试运行程序

（1）方法一：直接运行程序。

通过选择“运行”→“运行”（或者使用快捷键【F10】）命令执行程序，并查看程序结果是否正确，如图 2-30 所示。

（2）方法二：单步调试。

首先，设置断点：单击需要设置断点的代码行前端的序号，对应序号上会出现一个对钩，该行将被红色高亮显示，表示该行设置了一个断点，程序将运行到此断点处暂停，如图 2-31 所示。如果需要取消断点，只需再次单击该断点使对钩消失，表示断点取消。

其次，调试运行：选择“运行”→“调试”命令，进行调试，如图 2-32 所示。

此时，程序运行到断点处将暂停，这时会出现一个小箭头，指向即将执行的代码，如图 2-33

所示。

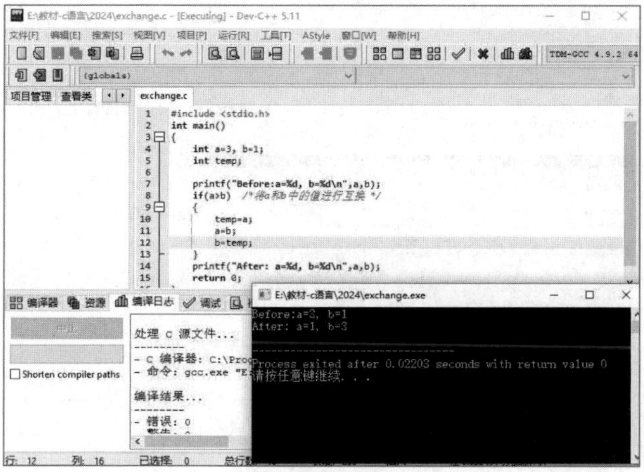

图 2-30 运行程序

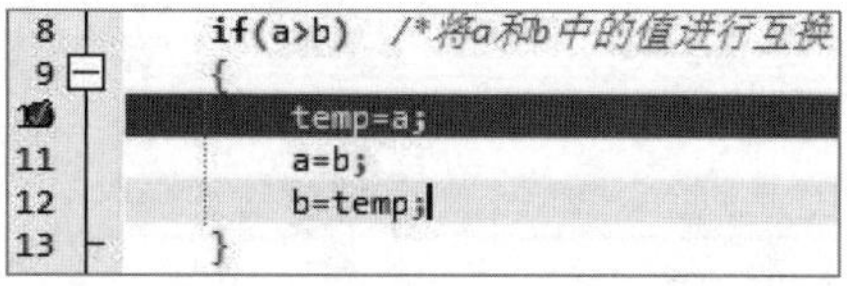

图 2-31 设置断点

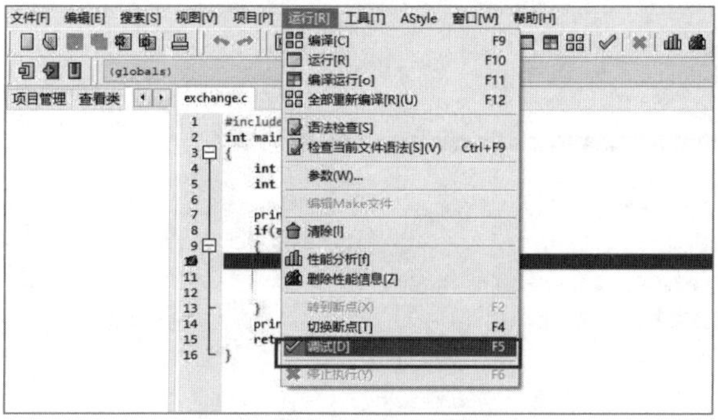

图 2-32 调试运行

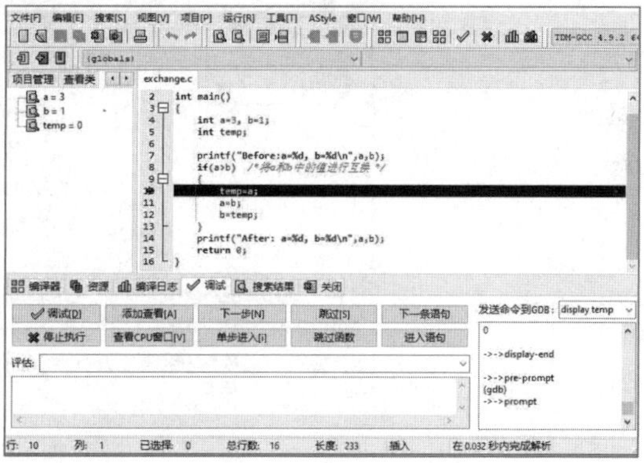

图 2-33 断点处暂停

通过编辑框下方的调试选项可控制程序的执行方式

- 添加变量：通过输入变量名添加想要查看的变量，在编辑区左侧会显示该变量的值以及变量值的变化情况。
- 下一步：运行当前箭头指向的代码，控制编译器向下执行一行语句。
- 跳过：程序继续执行，直到下一个断点处，如果没有下一个断点，则执行到结束。
- 单步进入：功能和“下一步”按钮类似，不同之处在于，如果程序中调用某个自定义函数，则进入该函数内部，单步执行，而“下一步” 按钮不会。
- 停止执行：停止调试程序。

在本例中，单击“添加变量”按钮，在打开的对话框中输入变量名 a（见图 2-34），在观察窗口中会显示该变量的初值。用相同方法添加变量 b 和 c 后，效果如图 2-35 所示。

通过单击“下一步”按钮，程序向下执行一行，执行断点所在的第 10 行，将要执行第 11 行，如图 2-36 所示。注意观察，这时 temp 变量的值发生了变化。多次单击“下一步”按钮，直至程序结束，变量的值如图 2-37 所示。

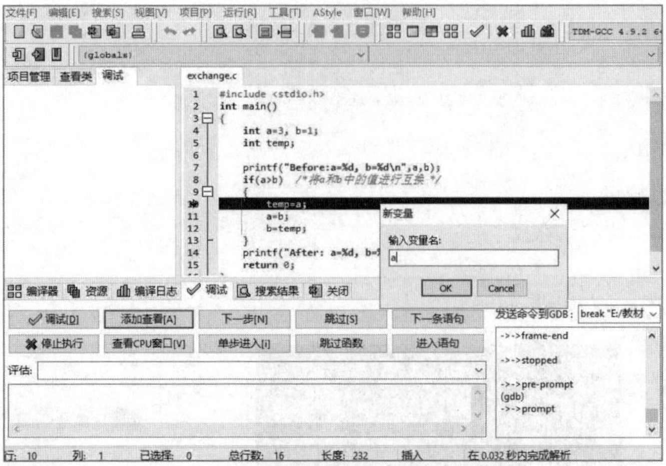

图 2-34　添加变量

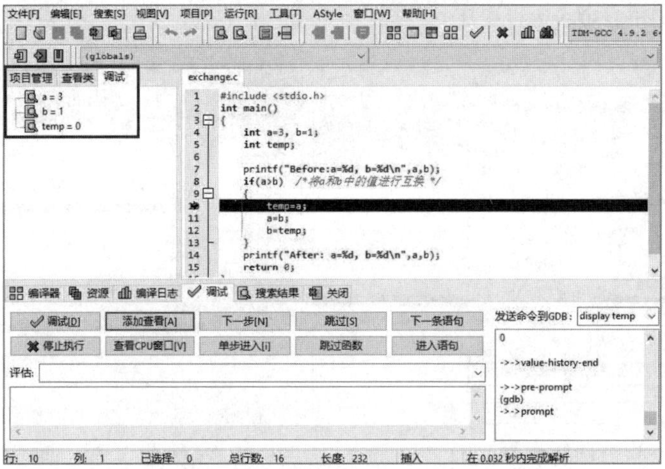

图 2-35　观察窗口中显示变量的初值

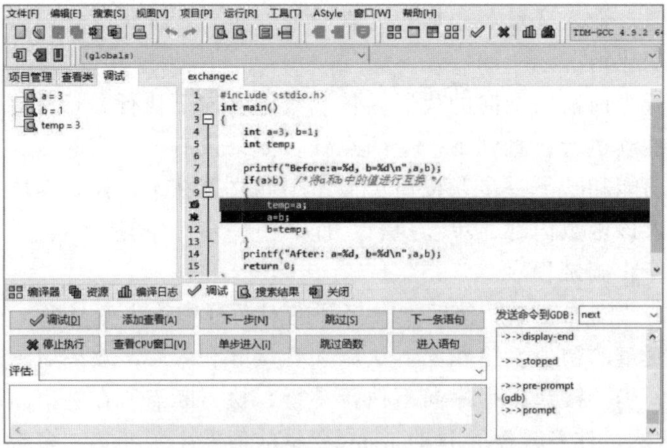

图 2-36　程序向下执行

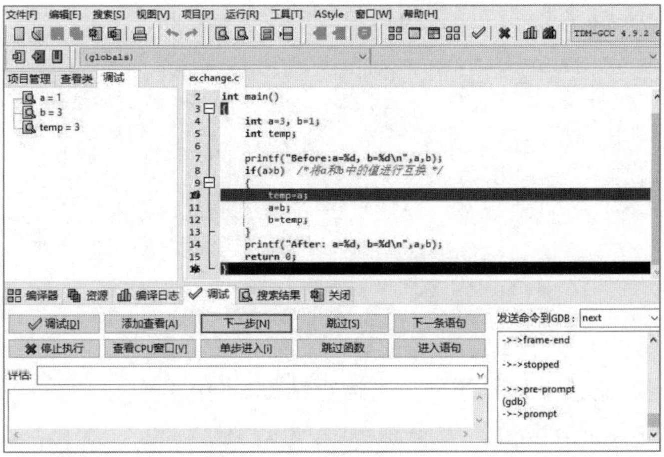

图 2-37　程序执行结束

学习程序设计的基本方法，形成良好的程序设计风格，掌握调试程序的基本技巧，需要大量的上机实践。只有通过实践，才能更加深入地了解计算机中程序运行的工作原理，体会程序设计在计算机求解问题中的重要作用。

习　题

一、程序分析题

1. 阅读下列程序，简述其功能。（易）

```
#include <stdio.h>
int main()
{
    int x;
    printf("please enter an integer:\n");
    scanf("%d",&x);
    printf("%d", (x%3==0 && x%5==0 && x&7==0));
    return 0;
}
```

2. 下列程序的功能是：从键盘输入一个字母ch，判断ch是否为大写字母。请将程序补充完整。（易）

```
#include <stdio.h>
int main()
{
    char ch;
    __________;
    if(____________________)
        printf("ch 为大写字母");
    else
        printf("ch 不是大写字母");
    return 0;
}
```

3. 阅读下列程序，写出运行结果。（中）

```
#include <stdio.h>
int main()
{
    int i,j,k,m;
    i=10;
    j=++i;
    k=i++;
    m=(k++)+(--j);
    printf("%d,%d,%d,%d\n",i,j,k,m);
    return 0;
}
```

4. 阅读下列程序，写出运行结果。（中）

```
#include <stdio.h>
int main()
{
    int x=1,y=-1,z=2;
    if(x<y)
        if (y<0) z--;
    else z++;
    printf("%d\n",z);
    return 0;
}
```

5. 阅读下列程序，回答问题。（中）

```
#include <stdio.h>
int main()
{
    int i,j,x=0;
    for(i=0;i<2;i++){
        x++;
        for(j=0;j<=3;j++){
            if(j%2!=0)  break;
            x++;
        }
        x++;
    }
    printf("x=%d\n",x);
    return 0;
}
```

（1）程序运行的结果是________。

（2）如果将第8行中的break命令替换为continue，程序运行的结果是________。

6. 阅读下列程序，回答问题。（难）

```
#include <stdio.h>
int main()
{
   int  digit=0,letter=0, other=0;
   char ch;

   printf("Enter a line text:");
   while((ch=getchar())!='\n')
```

```
    {
        ch=getchar();
        if((ch>='a'&&ch<='z')||(ch>='A'&&ch<='Z'))
            letter++;
        else if(ch>='0'&&ch<='9')
            digit++;
        else
            other++;
    }
    printf("letter=%d, digit=%d, other=%d\n", letter,
    digit, other);
    return 0;
}
```

（1）如果程序运行时输入：Happy 123!，输出结果是________。

（2）简述程序的主要功能。

二、程序设计题

1. 编写程序，输出一个笑脸。（易）

```
        *****
      *       *
     *  ^   ^  *
     *         *
      * _____ *
        *****
```

2. 编写程序，从键盘输入圆锥体的半径r和高度h，计算该圆锥体的体积并进行输出。要求输出体积时保留3位小数并左对齐。（圆锥体体积计算公式$V=\frac{1}{3}\pi r^2h$）（易）

3. 编写程序，完成以下功能：从键盘输入一个正整数，判断该数的奇偶性，并在屏幕上打印输出。（易）

4. 编写程序，完成以下功能：从键盘输入x的值，计算分段函数y的值。（易）

$$y=\begin{cases}1 & (x>0)\\ 0 & (x=0)\\ -1 & (x<0)\end{cases}$$

5. 编写程序，完成以下功能：求数列1+1/2!+1/3!+1/4!+…前n项的累加和。（中）

6. 编写程序，完成以下功能。从键盘输入形如：操作数运算符操作数，完成加、减、乘、除四则运算。例如，键盘输入3.0+1.2，则屏幕输出为3.0+1.2=4.2。（中）

7. 编写程序，完成以下功能：从键盘输入一行英文语句，将每个单词的首字母改写成大写字母并从屏幕上打印输出。（中）

8. 编写程序，完成以下功能：从键盘输入两个整数，输出这两个整数的最小公倍数和最大公约数。（中）

9. 编写程序，完成以下功能：输出1000以内的所有完全数。完全数是指一个正整数中所有小于该数的因子之和恰好等于该数本身。例如，正整数6=1+2+3，28=1+2+4+7+14等。（难）

三、实践项目

项目1：剪刀石头布

1. 项目类型：设计型、难度易。

2. 项目涉及的知识点、技能点：for循环和分支语句if...else、case的应用。

3. 问题描述：设计一个实现“剪刀石头布”游戏的程序。游戏双方给出剪刀、石头或布，剪刀胜过布，布胜过石头，石头胜过剪刀，五局三胜制。要求：

（1）从键盘输入游戏双方所出数据，输入前要有提示信息。

（2）输出每局和最终胜负结果。

4. 参加人员及分工：1人独立完成。

5. 按照“问题分析、算法描述、程序实现、运行结果、程序分析”5个环节完成该项目。

（1）进行问题分析。

（2）进行算法描述，画出流程图。

（3）给出完整代码。

（4）给出运行结果。

（5）给出程序分析，如程序实现方法，以及有无其他实现方案等。

项目2：四方定理

1. 项目类型：设计型、难度中。

2. 项目涉及的知识点、技能点：嵌套循环和分支语句if...else的应用。

3. 问题描述：数论中有一个著名的“四方定理”，其含义是：所有自然数至多只要用4个数的平方和就可以表示。请编写程序验证此定理。要求：

（1）从键盘任意输入一个自然数。

（2）给出满足四方定理中的至多4个自然数。

4. 参加人员及分工：1人独立完成。

5. 按照“问题分析、算法描述、程序实现、运行结果、程序分析”5个环节完成该项目。

（1）进行问题分析。

（2）进行算法描述，画出流程图。

（3）给出完整代码。

（4）给出运行结果。

（5）给出程序分析，如程序实现方法，以及有无其他实现方案等。

第3章　算 法 初 步

学习目标

- 了解计算机求解问题的基本过程。
- 理解算法的概念。
- 掌握描述算法的主要方法。
- 了解常用算法。

本章通过几个典型的案例问题求解与分析，引出算法的基本概念、特征及算法的描述，使得初学者对算法有初步认识。其中，如何把问题求解的想法变成算法，以及算法在问题求解过程中的作用，是本章学习的重点。

3.1　算法的基本概念

3.1.1　导例：猜猜商品价格

1. 问题描述

某电视节目要求选手竞猜某件商品的价格（为整数），如果猜中商品就归该选手所有，请问如果你是该选手，采用什么样的方法能较快地猜到商品价格？节目中给定商品价格范围为1～1 000元，每次会提示选中猜测价格是否偏高或偏低。

2. 问题分析

第一种方法：从 1 元开始猜，再 2、4、5……元，依此类推，直到猜中为止。

第二种方法：随机猜测商品价格，直到猜中为止。这种方法最好的情况可能 1 次就猜中，最坏的情况可能得猜 1 000 次，最后一次才猜中。

第三种方法：首先猜是否为 500 元，如果提示偏高再猜价格为 250（1～500 的中间值），否则猜价格为 750（500～1 000 的中间值），依此类推。每次猜测价格为价格区间的中间值，最终猜中价格。

3. 算法描述

将上述第一种方法以算法的形式描述为：

（1）确定价格区间[low, high]。

（2）猜测价格 guess_price=low。

（3）比较 guess_price 与实际价格 right_price 是否相等，如果相等则 guess_price 为正确价格。

（4）如果不等，则 guess_price=guess_price+1，回到步骤（3）。

将上述第三种方法以算法的形式描述为：

（1）确定价格区间[low, high]。

（2）猜测价格 guess_price=(low+high)/2。

（3）比较 guess_price 与实际价格 right_price 的大小，如果相等则 guess_price 为正确价格。

（4）如果 guess_price>right_price，则 high=guess_price，回到步骤（2）。

（5）如果 guess_price<right_price，则 low=guess_price，回到步骤（2）。

4. 算法分析

假设价格为 875 元：

（1）第一种方法：需要猜测 875 次才能猜中（从 1 元猜到 875 元）。

（2）第二种方法：最好情况 1 次猜中，最坏情况需要猜测 875 次。

（3）第三种方法：3 次即可猜中。方法如下：

- 首先猜测价格为 500 元，得到提示价格偏低。
- 再猜测价格为 750 元，得到提示价格偏低。
- 接着猜测价格为 875 元，猜测正确。

由此可见，采用第三种方法要好于第一种和第二种方法。

3.1.2 导例：过河游戏

1. 问题描述

有一个智力游戏：狼、羊和白菜过河游戏。在一河岸有狼、羊和白菜，农夫要将它们渡过河去，但由于他的船太小，每次只能载一样东西。并且，当农夫不在时，狼会把羊吃掉，而羊又会把白菜吃掉。问农夫如何将它们从河的右岸安全渡过河的左岸？

2. 问题分析

有若干种情形：

（1）农夫先带狼过河：羊会吃掉白菜，不可行。

（2）农夫先带白菜过河：狼会吃掉羊，不可行。

（3）农夫先带羊过河：

- 农夫先带羊过河到左岸，然后农夫将船划回右岸。
- 农夫带白菜过河到左岸，然后将羊带回到右岸。
- 农夫带狼过河到左岸，然后农夫将船划回右岸。
- 农夫带羊过河到左岸。

为了描述方便，人、狼、羊、菜在右岸时用 1 表示，在左岸时用 0 表示。刚开始都在右岸可用 1111 表示，最后全部渡过左岸用 0000 表示。

这样这个过河的游戏就转换为把 1111 转换成 0000 的过程。下面来一一列举各种可能的方法：

（1）第一次渡河，1、0 的状态转换有如下几种情形：

- 1111→0111（即右岸为狼、羊、菜，显然不符合规则）。
- 1111→0011（即人带狼到左岸，羊、菜在右岸，不符合规则）。
- 1111→0101（狼、菜在右岸，符合规则）。
- 1111→0110（狼、羊在右岸，不符合规则）。

所以第一次渡河，只有一种方案，即 1111→0101。

（2）第二次渡河，当前状态为 0101：

- 0101→1101（人回右岸，状态符合规则）。
- 0101→1111（又回到了初始状态，这种方案没有意义）。

所以第二次渡河的方案为 0101→1101。

（3）第三次渡河，当前状态为 1101：

- 1101→0101（0101 状态回到了第二次渡河的状态，不选择）。
- 1101→0001（人、狼、羊都在左岸，符合规则）。
- 1101→0100（人、羊、菜都在左岸，符合规则）

第三次渡河方案有两种选择：1101→0001 或 1101→0100。

（4）第四次渡河，先选择状态为 0001 的情况：

- 0001→1001（人返回右岸，狼羊在左岸不符合规则）。
- 0001→1101（人、狼、菜在右岸，符合规则，但又回到了第 3 次渡河的状态，没有意义）。
- 0001→1011（人、羊、菜在右岸，符合规则）。

第四次渡河方案为 0001→1011。

（5）第五次渡河：状态为 1011：

- 1011→0011（羊、菜右岸，不符合规则）。
- 1011→0001（0001 为第四次渡河的状态，不选择这种方案）。
- 1011→0010（人狼菜在右岸，符合规则）。

所以第五次渡河方案为 1011→0010。

（6）第六次渡河，当前状态为 0010：

- 0010→1010（人、羊在右岸，符合规则）。
- 0010→1110（人、狼、羊在右岸，符合规则）。
- 0010→1011（回到了第五次渡河的状态，不选择）。

所以第六次渡河的方案有：0010→1010、0010→1110。

（7）第七次渡河，先选择状态为 1010 的情况：

- 1010→0010（人、狼、菜在左岸，符合规则）。
- 1010→0000（人、狼、羊菜都在左岸，完成渡河）。

到第七次渡河，就能实现全部渡过河的目标，第一次到第七次渡河状态的转换过程为：1111→0101→1101→0001→1011→0010→1010→0000。

即渡河方案为：

- 农夫先带羊过河到左岸（1111→0101）。
- 农夫回到右岸（0101→1101）。
- 农夫带狼到左岸（1101→0001）。
- 农夫带羊到右岸（0001→1011）。
- 农夫带菜过河到左岸（1011→0010）。
- 然后农夫将船划回右岸（0010→1010）
- 农夫带羊过河到左岸（1010→0000）。

3. 算法分析

上述解决问题的过程就是确定算法的过程，即解决问题的方法。在这个过程中，将位于左岸、右岸用数字 1、0 来表示，就把问题转化为每种状态 0、1 之间的变化，同时考虑规则要求，这样就很轻松地求解这个问题。

在第三次渡河方案中，有两种可行的情形，前面只选择了其中一种方案进行分析。读者可以自行对选择另一种方案的状态变化进行分析。

3.1.3 算法定义与基本特征

导例 3.1.1 和导例 3.1.2 解决问题的步骤其实就是算法。

算法是一个有穷规则的集合，其中的规则规定了解决某一特定类型问题的一个运算序列。通俗地说，算法规定了任务执行或问题求解的一系列步骤。

算法可以是进行数值运算的算法，如求一个方程的解、求一个函数的运算结果等；也可以是进行非数值的计算，例如在海量网页中进行搜索的方法、网上购物的过程等。但是不管是哪种算法，都具有相同的算法特征：

（1）有穷性：一个算法在执行若干步之后必须结束。

（2）确定性：算法的每个步骤都要确切地定义，即算法中所有执行的动作不能有歧义性。

（3）输入：算法有零个或多个输入，即在算法开始之前，对算法给出初值。

（4）输出：算法有一个或多个输出，即与输入有某个特定关系的量，也就是算法的最终结果。

（5）能行性：算法中执行的运算和操作必须是能够精确进行的；根据算法的每个步骤要

求进行操作，就能得到正确的结果。另外，算法必须在有限时间内完成。

对于同一个问题，可能用不同的方法来求解，程序员可根据算法的可读性、效率等进行取舍。对于复杂的程序设计，往往需要高效的算法来实现。高效的算法一般具有确定性、逻辑性和有穷性等特性。

3.1.4 算法设计的基本过程

算法设计的基本过程如下：

（1）分析问题：算法设计的第一步就是定义和理解要解决的问题。如果不理解要解决的问题是什么，就无法告诉计算机如何去解决这个问题，这个阶段称为分析阶段。分析阶段主要明确问题的输入，也就是要处理的数据；问题的输出，也就是希望的结果；并明确解决问题需要什么条件，问题分析是算法设计的关键。

（2）设计方案：一旦明确了要做什么，那么如何去做呢？这就是设计解决问题的逻辑步骤的过程，在这个过程中就是要找到解决问题的办法，即最有效的程序。Pascal 之父、结构化程序设计的先驱 Niklaus Wirth（沃斯）在著名的“算法 + 数据结构 = 程序”一书中，提出了程序是由算法和数据结构共同组成的。在程序设计中既要重视算法的技巧，又要有合适的数据结构来支撑。算法是研究解决问题的步骤和方法，是控制数据的运行过程，因此需要有效地组织数据，为了存储、组织数据就产生了数据结构。数据结构用于研究数据与数据之间的逻辑关系，是计算机科学研究的核心对象，有兴趣的同学可参考相关书目。通过数据结构设计，可以把握求解问题中的数据组织方式，即数据之间的逻辑关系；通过算法设计，可以得到正确解决特定问题的步骤和方法。

（3）编码和调试阶段：实现算法就是将算法写成程序，将每一个算法步骤转化为编程语言的一条或多条语句。然后，通过程序的编译和运行，输入测试数据，查看输出的结果来检测算法设计和程序设计的准确性。

分析和设计对找到一种好的解决问题的方案来说是十分重要的，这也是用计算机解决问题最关键的部分。

3.1.5 算法的评价标准

导例 3.1.1 中提出了几种方法来猜商品的价格，最终都能达到目标，但是正如 3.1.1“算法分析”部分所述，不同的方法执行的操作次数是不一样的，有的很快，有的可能需要很长时间。不同算法可能具有不同的效率，确定一个算法是否有效，一般从五方面来评价：

（1）正确性：算法的正确性是评价一个算法优劣的最重要的标准。如果一个算法对其每一个输入实例，都能输出正确的结果并停止，则称它是正确的。一个正确的算法解决了给定的计算问题；不正确的算法对于某些输入来说，可能根本不会停止，或者停止时给出的不是预计的结果。

（2）时间复杂度：算法的时间复杂度是指执行算法所需要的时间。一般来说，计算机算法是问题规模 n 的函数 $f(n)$，算法的时间复杂度也因此记作：

$$T(n)=O(f(n))$$

因此，问题的规模 n 越大，算法执行时间的增长率与 $f(n)$ 的增长率正相关，称作渐进时间复杂度。

（3）空间复杂度：算法的空间复杂度是指算法需要消耗的内存空间。其计算和表示方法与时间复杂度类似，一般都用复杂度的渐近性来表示。同时间复杂度相比，空间复杂度的分析要简单得多。

（4）可读性：算法的可读性是指一个算法可供人们阅读的容易程度。

（5）健壮性：指一个算法对不合理数据输入的反应能力和处理能力，也称为容错性。

对于一个问题，一旦给定某种算法并且（与某种方式）确定其正确性，那么重要的一步就是确定该算法需要多少诸如时间或空间等资源量的问题。当用计算机解决一个问题时，一般都存在多种不同的算法，对于复杂问题就需要设计能够有效利用时间和空间的算法。

3.2 算法的描述

3.2.1 导例：生活中的流程

1. 问题描述

在日常生活中处理任何事情其实都要按照一定的步骤来进行，对于下面几个场景请将步骤以框图的形式描述出来。

（1）早上起床到准备出门上班的流程。

（2）选择上班交通工具的流程。

（3）上班路上等 123 路公交车的流程。

2. 问题分析

仔细分析这些生活场景的每一个步骤，用框图表示处理的步骤，用箭头表示处理的先后顺序。

（1）早上起床到准备出门上班的流程：

一般早上起床的流程为：先起床，然后穿衣，再刷牙、洗脸，最后吃早饭。这个过程中几个步骤是按上述的先后顺序完成的。

（2）选择上班交通工具的流程：

假设早上 8 点上班，坐公交车上班需要 50 分钟，出租车上班需要 30 分钟。根据早上起床的时间，如果比较晚可能会迟到，可以选择出租车出行；如果比较早，可以选择坐公交车出行。

（3）上班路上等 123 路公交车的流程：

在公交车站等公交车时，如果等到一辆公交车，先看看是否为 123 路，如果是，就上车；如果不是继续等下一辆，直到等到 123 路为止。

3. 问题实现

根据上述分析过程，用框图表示处理的步骤，用箭头表示每一步的顺序。

（1）早上起床到准备出门上班的流程，如图 3-1（a）所示。

（2）选择上班交通工具的流程，如图 3-1（b）所示。

（3）上班路上等 123 路公交车的流程图，如图 3-1（c）所示。

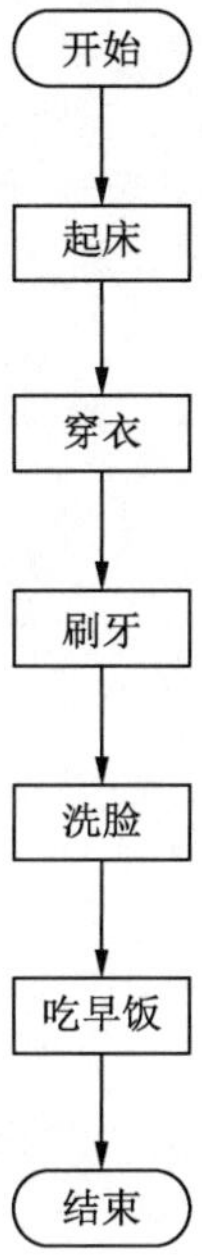

（a）起床到准备出门上班的流程图

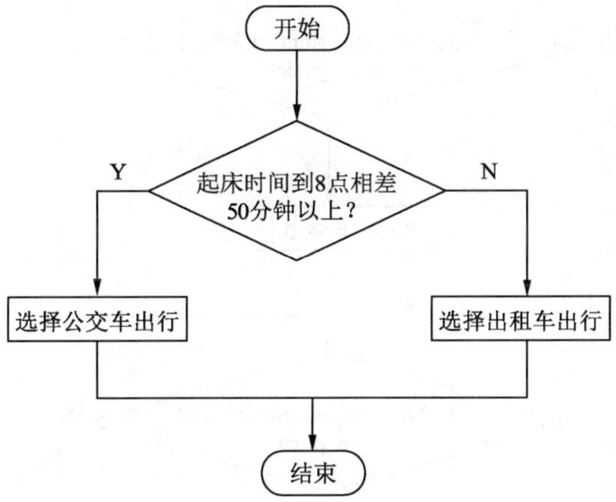

（b）选择交通工具的流程图

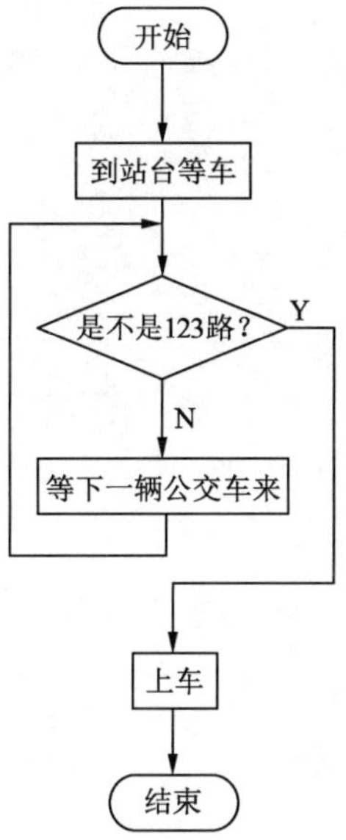

（c）等公交车的流程图

图 3-1　场景流程图

从顶部顺着箭头执行下一个步骤，当有多种情况选择时，用菱形块表示。

3.2.2　导例：猜猜商品价格的流程图

1. 问题描述

将 3.1.1 导例：猜猜商品价格中分析解决问题的步骤，用流程图的形式描述出来。

2. 问题分析

导例 3.1.1 中描述了电视节目猜商品价格的几种方法，将第三种方法的描述过程以框图的形式表示出来，比较直观易懂。

3. 问题实现

用框图描述如图 3-2 所示。

4. 流程图分析

在图 3-2 中，将导例 3.1.1 的算法描述以框图的形式描述出来。其中带箭头的线表示算法的流程，矩形框表示每一步的处理方法，菱形框表示条件（有两个分支，其中标有 Y 的表示满足条件时的情况，标有 N 表示不满足条件的情况）。算法的开始和结束以圆角矩形表示。

读流程图时从“开始”顺着箭头方向读取每一个步骤，一直到“结束”为止。

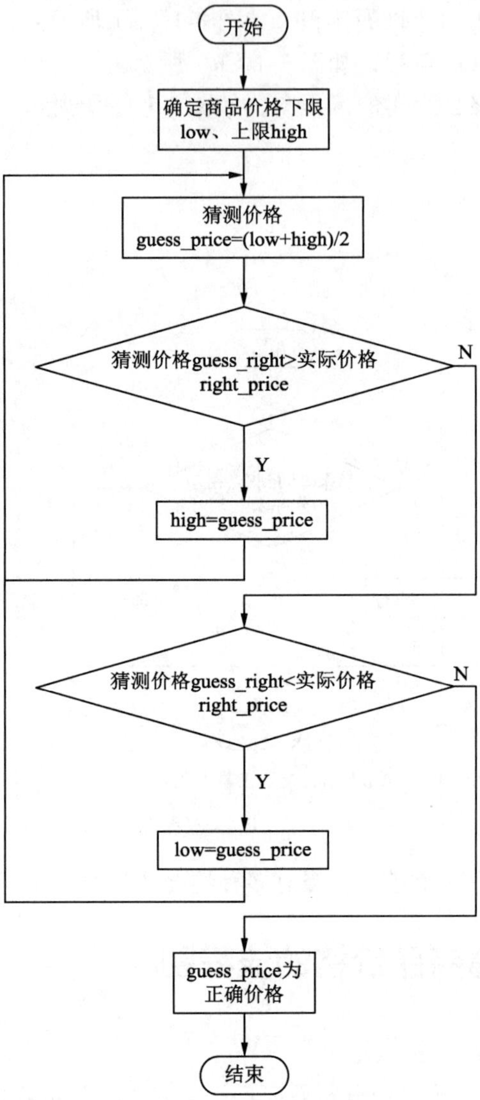

图 3-2　猜商品价格流程图

3.2.3　算法的描述

对待解的问题，确定解决的算法以后，很重要的一部分就是要将算法的步骤清晰地描述出来。常用的算法描述方法有 3 种：自然语言、流程图、伪代码。

1. 自然语言

自然语言就是用人类的语言叙述算法步骤的方法。用自然语言来描述，比较易懂，但当步骤很多时用自然语言描述起来就不太方便。

导例 3.1.1 的“算法描述”就是采用的自然语言，其中描述的分支与循环结构读起来不是太直观清晰。

2. 流程图

流程图是用框图的形式表示各种操作步骤的方法。导例 3.2.2 中图 3-2 就是用流程图的方式描述，与导例 3.1.1 中用自然语言描述的算法相比，直观形象。下面介绍流程图中常用的符号，如图 3-3 所示。

（1）起止框：特征是圆角矩形，表示算法的开始和结束，是任何流程不可缺少的。

（2）处理框：特征是方角矩形，表示赋值和计算等，算法中要处理的数据或计算可分别写在不同的处理框内。

（3）判断框：特征是菱形，用在当算法要求对两个不同的结果进行判断时，根据给定的条件是否成立决定下一步的操作。

（4）流程线：特征是带有方向箭头的线，用以连接程序框，直观地表示算法的流程，任意两个程序框之间都存在流程线。

（5）输入/输出框：特征是平行四边形，表示算法中输入和输出的信息，可放在任何需要输入、输出的位置。

（6）连接点：特征是圆圈，为跨页或跨区域流程的跳转标记。

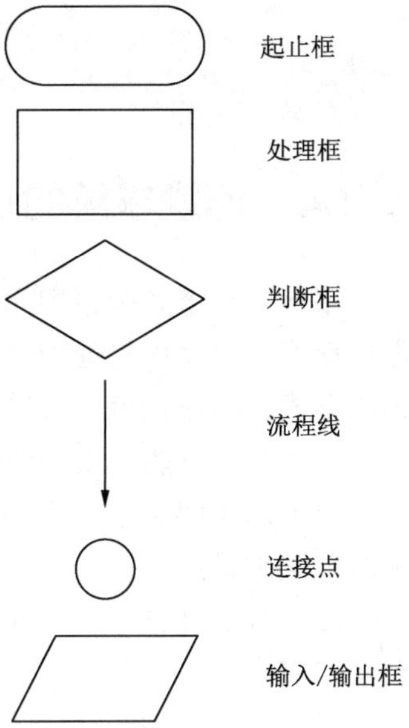

图 3-3 常用的流程图符号

另外，在框图内可以加上说明的文字、算式等，也是每个框图不可缺少的内容。

在用流程图描述算法步骤时，要注意一定的画法规则：

（1）用标准的框图符号。

（2）框图一般从上到下、从左到右顺序画。

（3）大多数程序框图的图形符号只有一个入口和一个出口，判断框是唯一具有超过一个出口的符号，条件结构中要在出口处标明“是”或“否”。

（4）循环结构要注意变量的初始值及循环终止条件。

（5）流程线的箭头表示执行的方向，不可缺少。

（6）在图形符号内的描述语言要简练清晰。

3. 伪代码

如果一个算法步骤已经确定下来，把这个算法清晰地描述出来可以用流程图。但当分析问题设计算法时，算法可能要反复修改，这时算法的步骤是不确定的。在设计过程中想方便地描述算法，可以用伪代码。

伪代码是介于自然语言与程序设计语言之间的文字和符号，它的书写格式很自由，主要用于表达出设计者的思想。例如，3.1.1 节导例猜商品价格，用伪代码描述：

```
begin
    1=>low
    500=>high
    (low+high)/2=>guess_price
```

```
while guess_price!=right_price
{
    If guess_price>right_price
        guess_price=>high
    Else
        guess_price=>low
    (low+high)/2=>guess_price
}
end
```

3.2.4 问题求解的过程

用计算机求解问题即用计算机程序解决问题。一个程序包括两方面的内容：数据与对数据的操作。程序中对处理数据的描述也就是程序要指定用到哪些数据及其相应的数据类型和组织形式。操作也就是计算机要进行处理的步骤，其实就是算法。

用计算机解决一个问题时，实际上就是要确定这两部分：

（1）确定问题中处理的数据，即操作的对象。分析这些操作对象的数据类型，用合适的组织形式来描述。

（2）确定问题处理的流程。计算机处理问题有 3 种基本的流程，即顺序结构、选择结构、循环结构。

对于选择结构来说，关键在于确定其分支的条件，以及满足该条件要进行的操作。

如果确定一个问题的解决方法为循环结构，关键在于确定两方面：循环条件与循环体。任何一个循环结构从这两方面来入手分析，就可以确定解决问题的步骤。

以 3.1.1 节导例为例，解决这个问题，首先分析处理的数据。在这个问题中涉及的数据包括所猜测价格的最低值与最高值、正确价格、猜测价格，这几个数据的类型都是整型；接下来分析问题的控制结构。解决这个问题采用的方法是取价格区间的中间值与正确价格比较，很显然这是一个循环结构，接下来再确定其循环体与循环条件，用流程图描述出来。

3.3 常用算法

3.3.1 导例：古堡算式问题

1. 问题描述

福尔摩斯到某古堡探险，看到门上写着一个奇怪的算式：

ABC * ? = CBA

福尔摩斯对华生说："ABC 应该代表不同的数字，问号也代表某个数字！" 华生："我猜也是！"。但是两人沉默了好久，还是没有算出合适的结果。请帮助福尔摩斯和华生找出 ABC

这个数。

2. 问题分析

在这个问题中 A、B、C 各表示一个数字，“?”表示一个数，ABC 与“?”进行乘法运算满足上述算式。解决这个问题，最简单的方法就是用 0～9 的任何三个数代入 A、B、C，1～9 中的一个数代入“?”，进行乘法运算后判断是否满足算式。其中，A、C 不可能为 0，为 1～9 的任何一个数。

如果随机代入数字，可能会有遗漏，为了避免这种情况，可以采用下面的方法：

首先，假设 A=1、B=0、C=1，对“?”依次尝试 1～9 的每一个数，判断算式 ABC*? 是否等于 CBA。

接着假设 A=1、B=0、C=2，对“?”依次尝试 1～9 的每一个数，判断算式 ABC*? 是否等于 CBA。

再假设 A=1、B=0、C=3……，依此类推假设 A=1、B=0，对 C 依次尝试每一个数，判断算式是否成立。

依次尝试完 C 以后，再假设 A =1、B=1，对 C 依次尝试 1～9 的每一个数，判断算式。

依此类推，假设 A=1，尝试 B 所有可能的数字；再假设 A=2、A=3、……

这种方法实际上就穷举了 A、B、C、“?”所有可能的情况，依次进行判断。

3. 算法描述

对上述问题分析的过程，用算法的形式进行描述为：

（1）定义 4 个变量 a、b、c、d，分别表示 A、B、C、“?”4 个数字。

（2）a 的初值为 1，b 的初值为 0，c 的初值为 1，d 的初值为 1。

（3）a*100+b*10+c 生成数字 ABC，c*100+b*10+a 生成数字 CBA。

（4）判断 ABC*d 是否等于 CBA；如果不相等，则 d 加 1，尝试下一个可能；如果相等就可以确定 ABC 即为正确的数字。

（5）判断 d 是否小于等于 9，如果小于等于 9，从（3）开始再进行判断；如果大于 9，说明 d 的所有可能都尝试完毕，再对 c 进行一下可能数字的尝试。

（6）c 加 1，尝试 c 的下一个可能的数字；d 从 1 开始重新尝试。

（7）判断 c 是否小于等于 9，如果小于等于 9，则从（3）开始再进行判断；如果大于 9，说明 c 的所有可能都尝试完毕，继续 b 的尝试。

（8）b 加 1，尝试 b 的下一个可能的数字；c=1、d=1 开始重新尝试。

（9）判断 b 是否小于等于 9，如果小于等于 9，再从（3）重新开始；如果大于 9，说明 b 的所有可能数字都尝试完毕，继续尝试 a 的下一个可能数字。

（10）a 加 1，尝试 a 的下一个可能的数字；b=0、c=1、d=1 重新开始。

（11）判断 a 是否小于等于 9，如果小于等于 9，再从（3）重新开始；如果大于 9，说明 a 的所有可能数字都尝试完毕，至此所有可能性都尝试完毕。

这个过程用流程图描述如图 3-4 所示。

4. 算法分析

如图 3-4 所示，在这个算法中一共有 4 层循环。第 1 层循环即循环变量为 a 的循环次数为 9 次，第 2 层循环即循环变量为 b 的循环次数为 10 次，第 3 层循环即循环变量为 c 的循环次数为 9 次，第 4 层循环即循环变量为 d 的循环次数为 9 次。4 层循环中判断算式的条件要执行 9*10*9*9 次。

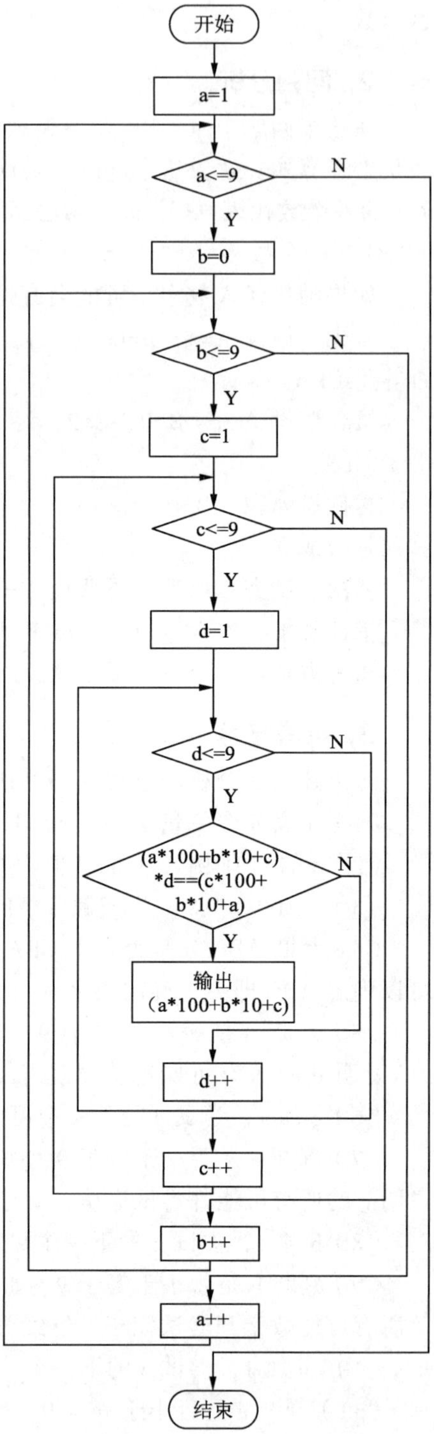

图 3-4　古堡算式流程图

3.3.2　导例：神殿寻宝

1. 问题描述

传说中有一座神殿，里面藏有学好 C 语言的秘籍。这个神殿里有 9 个门，每个门后的房间会有两种情况的其中一种：

情况 1：房间里有一个宝箱，里面有秘籍，打开宝箱可以获得秘籍。

情况 2：房间里有 9 个门，打开任意一扇门进入里面的房间，房间里会继续出现这两种情况中的一种。

进入每扇门后还可以退出这个房间，回到之前的房间。

神殿中有 100 层这样的房间，最后一层的房间里可能有宝箱，可能什么也没有。请问如何找到神殿中的宝箱？

2. 问题分析

根据问题描述，所有的房间具有相同的情形：可能有一个宝箱，可能有 9 个门。如果打开房间有宝箱即找到了该秘籍，如果打开房间仍然有 9 个门则要继续寻找。先讨论简单的情况，假设现在有 3 层房间，每个房间都没有宝箱。

假设第一层房间编号为 1～9，1 号房间内的 9 个房间编号为 11～19，11 号房间内的 9 个房间编号为 111～119；2 号房间内的 9 个房间编号为 21～29，21 号房间内的 9 个房间编号为 221～229；依此类推。

进入大殿后，首先打开 1 号房间，发现里面没有宝箱；则再打开 11 号房间，里面也没有宝箱；继续打开 111 号房间，里面为空；此时返回到 11 号房间，打开 112 号房间里面为空，继续返回到 11 号房间，再进入 113 号房间，如此反复直到从 119 号房间返回到 11 号房间。此时，再从 11 号房间返回到 1 号房间，进入 12 号房间，依次进入 121 号～129 号房间再返回。再依次进入 13～19 房间里的 131～139,141～149…191～199 房间。至此，1 号房间内的所有房间均进入一次，没有宝箱，再返回到大殿，依次进入 2 号～9 号房间，过程与 1 号房间一样。

分析上述过程，可以发现进入房间的处理过程是一样的：查看房间内是否有宝箱，如果有则找到，没有则继续进入房间，重复多次这个过程。

如果为 100 层房间，则进入每个房间的过程，与前面所述过程类似。

3. 算法描述

假设进入 3 层房间，具体流程为：

```
For 门 i=1 to 9
{
    打开门 i;
    For 门 j=1 to 9
    {
        打开门 j;
        For 门 k=1 to 9)
        {
            打开门 k;
            寻宝;
        }
    }
}
```

如果进入 100 层房间，可见要写 100 次循环，这样是不现实的。

从上述过程可知，每次进入房间的处理过程是一样的，这样将进入房间寻宝的过程归纳为：

进入房间的处理过程用“寻宝()”表示：

```
For 门=1 to 9
{
    打开门;
    if(有宝箱)
    {
        找到;
        返回;
    }
    else{
        寻宝();
        返回;
    }
}
```

具体流程如图 3-5 所示。

4. 算法分析

从图 3-5 可以看出，在“寻宝()”流程中如果没有宝箱又执行了“寻宝()”过程，反复执行相同的过程，直到找到宝箱为止。这种自己调用自己的方法，就是递归算法。

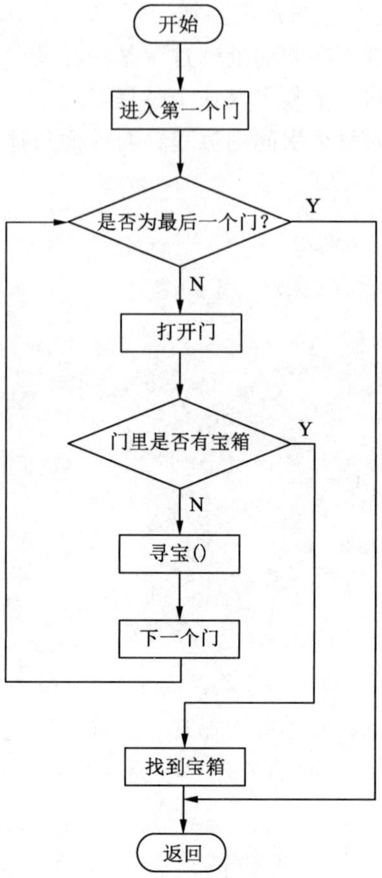

图 3-5　寻宝过程

3.3.3　导例：大臣的旅费

1. 问题描述

很久以前，T 王国空前繁荣。为了更好地管理国家，王国修建了大量的铁路，用于连接首都和王国内的各大城市。

为了节省经费，T 国的大臣们经过思考，制定了一套优秀的修建方案，使得任何一个大城市都能从首都直接或者通过其他大城市间接到达。同时，如果不重复经过大城市，从首都到达每个大城市的方案都是唯一的。

J 是 T 国重要大臣，他巡查于各大城市之间，体察民情。所以，从一个城市马不停蹄地到另一个城市成了 J 最常做的事情。他有一个钱袋，用于存放往来城市间的路费。

聪明的 J 发现，如果不在某个城市停下来修整，在连续行进过程中，他所花的路费与他已走过的距离有关，在走过的第 x km（x 是整数，从 1 开始计数）时，他花费的路费是 $x+10$。也就是说走 1 km 花费 11，走 2 km 要花费 23。

J 大臣想知道：这些城市中他从某一个城市出发，到达另一个城市，所有可能花费的路费中最多是多少？

现在假设该王国有 5 个城市，城市 1 到城市 2 的铁路距离为 3 km，城市 1 到城市 3 的铁路距离为 2 km，城市 2 到城市 4 的铁路距离为 2 km，城市 2 到城市 5 的铁路距离为 7 km。

2. 问题分析

首先将 5 个城市之间的铁路用图 3-6 来表示，其中带箭头的线条表示两个城市之间的铁路，数字表示铁路的长度。

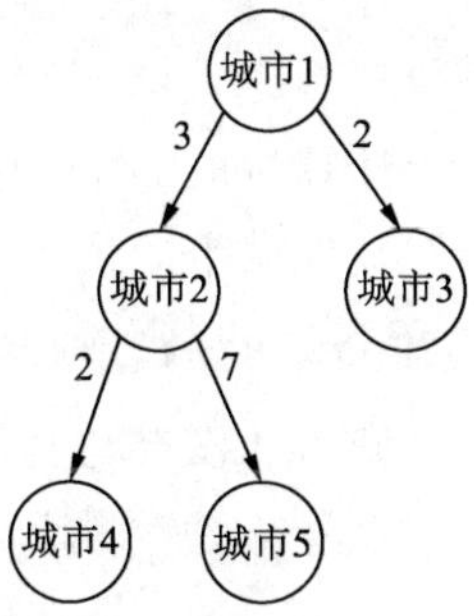

图 3-6 城市铁路关系图

由图 3-6 可以看出：

（1）从城市 1 到城市 2：距离为 3 km。

（2）从城市 1 到城市 3：距离为 2 km。

（3）从城市 1 到城市 4：距离为 3+2=5 km（城市 1→城市 2→城市 4）。

（4）从城市 1 到城市 5：距离为 3+7=10 km（城市 1→城市 2→城市 5）。

（5）从城市 2 到城市 3：距离为 3+2=5 km（城市 2→城市 1→城市 3）。

（6）从城市 2 到城市 4：距离为 2 km。

（7）从城市 2 到城市 5：距离为 7 km。

（8）从城市 3 到城市 4：距离为 2+3+2=7 km（城市 3→城市 2→城市 4）。

（9）从城市 3 到城市 5：距离为 2+3+7=12 km（城市 3→城市 2→城市 5）。

由此可知，距离最远的两个城市为城市 3 与城市 5，距离为 12 km。

从上述过程可以归纳这个问题的求解策略是：列出每条路线，计算出每条路线的总距离，最后得到所有路线中两个城市间的最长距离。

假设现在计算城市 u 到其他城市的最长距离，城市 u 如果有连接到 v 城市的铁路，城市 u 通过城市 v 到达其他城市的最长距离为 u 与 v 的距离加上 v 到其他城市的最长距离。用一个状态 dis（u）表示城市 u 到达其他城市的最大距离，max_dis(u,v)表示从城市 u 经过城市 v 到达其他城市的最大距离，d(u,v)表示 u 到 v 的距离，那么：

```
dis(u)=max(max_dis(u,v1),max_dis(u,v2),…,max_dis(u,vn)) (max 表示取最大值)
max_dis(u,vi)=d(u,vi)+dis(vi)
```

对 u 能直接到达的每一个城市 v，求通过 v 到达其他城市的最大距离。

为了描述方便，城市用 1～5 编号。对两个城市之间的铁路连接状况，可以用一个二维矩阵 d 来表示：

	1	2	3	4	5
1	0	3	2	0	0
2	3	0	0	2	7
3	2	0	0	0	0
4	0	2	0	0	0
5	0	7	0	0	0

d[i,j]表示城市 i 与城市 j 之间的铁路距离。

dis(1)表示城市 1 到其他城市的最大距离，与城市 1 直接相连的城市为 2、3。max_dis(1,2)城市 1 通过城市 2 到达其他城市的最大距离，max_dis(1,3)表示城市 1 通过城市 3 到达其他城市的最大距离：

```
dis(1)=max(max_dis(1,2),max_dis(1,3));                                    (1)
max_dis(1,2)=d[1,2]+dis(2)=d[1,2]+max(max_dis(2,4),max(2,5));             (2)
```

计算 max_dis(2,4)，即城市 2 经过城市 4 的最大距离：max_dis(2,5)即城市 2 经过城市 5 到达其他城市的最大距离。

```
max_dis(2,4)=d[2,4]+dis(4);                                               (3)
```

城市 4 没有与其他城市相连，dis(4)=0，那么式（3）中 max_dis(2,4)= d[2,4]=2。

```
max_dis(2,5)=d[2,5]+dis(5);                                               (4)
```

城市 5 没有与其他城市相连，dis(5)=0，那么公式（4）中 max_dis(2,5)=d[2,5]=7。

式（2）：max_dis(1,2)=d[1,2]+max(2,7)=3+7=10;

max_dis(1,3)=d[1,3]+dis(3);

城市 3 没有与除城市 1 之外的其他城市相连，所以 dis(3)=0; 那么 max_dis(1,3)=d[1,3]=2。

式（1）：dis(1)=max(max_dis(1,2),max_dis(1,3))=max(10,2)=10。

由此可知，城市 1 到达其他某个城市的最大距离为 10 km。

再分别计算城市 2、城市 3、城市 4、城市 5 到达其他某个城市的最大距离，计算方法与上述过程类似。

3. 算法描述

用 d[i][j]表示城市 i、j 之间的铁路距离，visited[i]表示城市 i 是否曾经经过，1 表示经过，0 表示没有经过。

（1）i 表示城市编号，从 1 开始。

（2）maxLen 表示最大距离。

（3）i 是否小于等于城市数，如果是则继续，如果不是则跳转到（7）。

（4）计算 dis(i)，dis(i)为城市 i 到达其他城市的最大距离。

（5）如果 maxLen<dis(i)，maxLen=dis(i)。

（6）编号 i 加 1，跳转到（3）计算下一个城市到达其他城市的最大距离。

（7）结束。

其中 dis(i)的过程如下：

（1）maxLen=0，表示当前阶段 i 到达其他城市的最大距离。

（2）visited[i]表示城市。

（3）j 表示其他城市的编号，从 1 开始。

（4）判断 j 的值小于等于城市数，如果是则继续，如果不是则跳转到（10）。

（5）判断 d[i][j]是否不等于 0（表示城市 i 与 j 有铁路之间相连），并且城市 i 之前没有经过，即 visited[j]值为 0，如果是则继续；如果不是则跳转到（9）。

（6）此时经过城市 j，visited[j]=1。

（7）计算 dis(j)，即城市 j 到其他城市的最大距离。

（8）比较 maxLen 与 d[i][j]+dis(j)的大小，maxLen 等于较大值。

（9）编号 j 加 1，跳转到（4）。

（10）结束。

dis(i)的具体流程如图 3-7 所示。

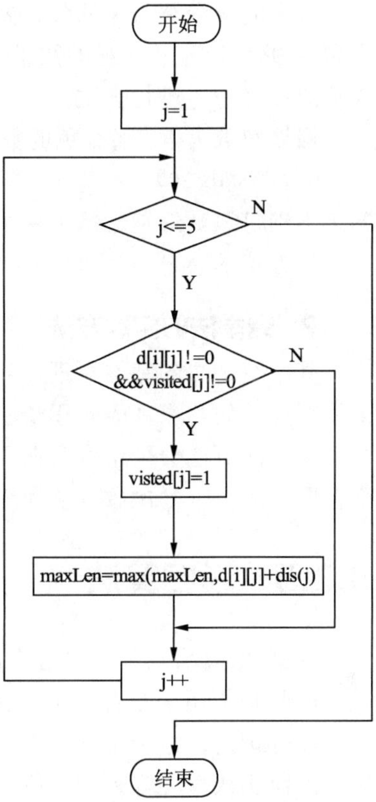

图 3-7 dis(i)流程

4. 算法分析

由图 3-7 可以看出，在计算 dis(i)过程中会反复计算 dis(j)的值。以计算 dis（1）为例：

图中有一个循环结构，执行 5 次，在这 5 次循环中：与城市 1 之间相连的城市为 2、3，当 j=2、3 时才会执行图 3-7 中 dis(2)、dis(3)的运算。dis(2)仍然包含一个循环结构，执行 5 次；dis(3)与此相同。所以，该算法中计算 maxLen 的语句一共执行 5*5*5 次。

3.3.4 穷举法

导例 3.3.1 古堡算式中列出了 A、B、C 的所有可能的数字，依次尝试是否满足条件，从而得到最终的正确结果。这种方法其实就是一种最简单的算法：穷举法。穷举法也称枚举法、列举法。

穷举法主要依赖于计算机的计算能力来穷尽每一种可能性，从而得到求解问题的最终结果。

1. 穷举法的基本思想

穷举法的基本思想就是从所有可能的情况中尝试出正确的答案，一般的过程如下：

（1）列出一种可能的情况，计算结果。

（2）判断结果是否正确，如果不满足要求则跳转到（1）尝试下一种可能；如果满足要求，则该结果为一种正确答案。

用穷举法解题时，就是按照某种方式列举问题答案的过程。针对问题的数据类型而言，常用的列举方法有如下 3 种：

（1）顺序列举：指答案范围内的各种情况很容易与自然数对应甚至就是自然数，可以按自然数的变化顺序去列举。

（2）排列列举：有时答案的数据形式是一组数的排列，列举出所有答案所在范围内的排列。

（3）组合列举：当答案的数据形式为一些元素的组合时，往往需要用组合列举。组合是无序的。

常见的一个穷举问题为鸡兔同笼问题，这个问题最早记载于 1500 年前的《孙子兵法》，这是一个非常有名的问题。鸡兔同笼的原文如下：

今有鸡兔同笼，上有三十五头，下有九十四足，问鸡兔各几只？

这个问题中鸡与兔的数量要满足两个条件：鸡的数量与兔的数量之和为 35，鸡脚与兔脚之和为 94。很显然，鸡的数量不超过 35，兔的数量也不超过 35，这样就可以用穷举法对鸡与兔的数量一一进行尝试。

假设鸡数为 0，那么兔的数量=35-0=35 只，该数量的鸡与兔要满足条件：

0*2+35*4==94

如果不满足，则继续尝试下一个数量。

假设鸡的数量为 i，则兔的数量为 35-i，要满足条件 i*2+(35-i)*4==94，i 从 0 尝试到 35。

2. 穷举法的实现方法

基于穷举法的基本原理，对所有可能性一一尝试判断结果是否正确，实现穷举法时一般采用循环语句和条件语句逐步验证。

穷举法可能会采用多条循环语句，并不是一个高效的算法，在分析问题时尽可能缩小穷举范围，减少穷举次数，从而提高算法的效率。

3.3.5 递归算法

导例 3.3.2 会反复重复寻宝的过程，表达这种不断重复的过程，就是递归算法的思维。

递归是指用函数自身来定义该函数的方法，是程序设计过程中的有效方法。导例 3.3.2 中已经分析过，对于 100 层嵌套的房间，用循环来表示需要写 100 次循环语句，这样是不现实的。而每次循环都是相同或类似的过程，这样就可以简化问题为打开一个门的情况，然后层层执行这个相同的过程。

1. 递归算法的定义

递归算法是一个过程或函数在定义时有直接或间接调用自己的一种方法。通常把一个大型复杂的问题层层转化为一个与原问题相似的规模较小的问题来求解。递归算法用少量的程序代码就能描述出多次重复的计算。这个重复计算的过程不可能无限地执行下去，在递归中就需要确定适当的边界条件，当边界条件不满足时，递归会继续执行；当边界条件满足时，递归就停止再返回。

例如：求 Fibonacci 数列问题。Fibonacci 数列为 1、1、2、3、5、8、13……即数列的某一项等于其前两项数之和。

这个问题可以定义为 fib(i)=fib(i−1)+fib(i−2)，其中 fib(0)=1,fib(1)=1。

这种定义的形式就是递归，fib(i)的计算过程中又用到了 fib(i−1)与 fib(i−2)的计算过程。

假设计算 fib（5），计算过程如图 3-8 所示，其中实线箭头表示调用的过程，虚线箭头表示计算结果返回的过程。

由图 3-8 可知，fib(i)的递归过程遇到 fib(2)与 fib(1)时停止递归，返回到上一级计算。

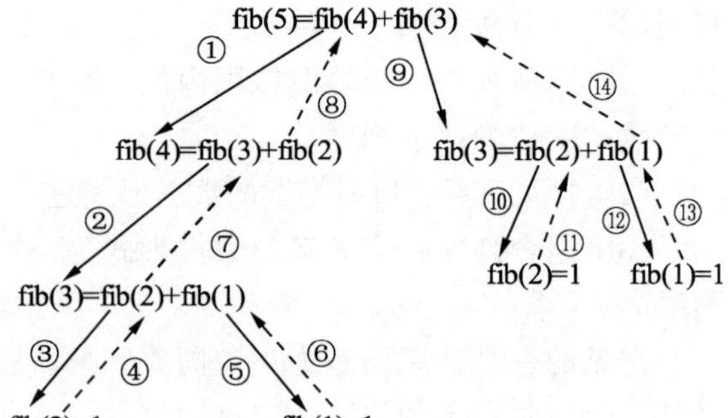

图 3-8　fib(5)的递归计算过程

2. 递归算法的特点

递归算法是一种直接或者间接地调用自身算法的过程。在计算机编写程序中，递归算法对解决一大类问题是十分有效的，它往往使算法的描述简洁而且易于理解。

递归算法解决问题的特点：

（1）递归就是在过程或函数中调用自身。

（2）在使用递归策略时，必须有一个明确的递归结束条件，称为递归出口。

（3）递归算法解题通常显得很简洁，但递归算法解题的运行效率较低，所以一般不提倡用递归算法设计程序。

（4）在递归调用过程中，系统为每一层的返回点、局部量等开辟了栈来存储。递归次数过多容易造成栈溢出等，所以一般不提倡用递归算法设计程序。

3.3.6 动态规划法

导例 3.3.3 的解决方法就是动态规划算法。在这个算法中，dis(i)的计算过程中递归调用了 dis(j)，dis(i)的解由 dis(j)的解推出。

动态规划算法通常基于一个递推公式及一个或多个初始状态。当前子问题的解将由上一次子问题的解推出。其基本思想是将待求解的问题分解为若干个子问题（阶段），按顺序求解子阶段，前一子问题的解，为后一子问题的求解提供了有用的信息。在求解任一子问题时，列出各种可能的局部解，通过决策保留那些有可能达到最优的局部解，丢弃其他局部解。依次解决各子问题，最后一个子问题就是初始问题的解。

动态规划所处理的问题是一个多阶段决策问题，一般由初始状态开始，通过对中间阶段决策的选择，达到结束状态。这些决策形成了一个决策序列，同时确定了完成整个过程的一条活动路线(通常是求最优的活动路线)。动态规划的设计都有一定的模式，一般要经历以下几个步骤：

初始状态→|决策 1|→|决策 2|→…→|决策 n|→结束状态

（1）划分阶段：按照问题的时间或空间特征，把问题分为若干个阶段。在划分阶段时，注意划分后的阶段一定要是有序的或者是可排序的，否则问题就无法求解。

（2）确定状态和状态变量：将问题发展到各个阶段时所处于的各种客观情况用不同的状态表示出来。当然，状态的选择要满足无后效性。

导例 3.3.3 中用一个状态 dis（u）表示城市 u 到达其他城市的最大距离，max_dis(u,v)表示从城市 u 经过城市 v 到达其他城市的最大距离，d(u,v)表示 u 到 v 的距离。

（3）确定决策并写出状态转移方程：因为决策和状态转移有着天然的联系，状态转移就是根据上一阶段的状态和决策来导出本阶段的状态。所以，如果确定了决策，状态转移方程就可写出。但事实上常常是反过来做，根据相邻两个阶段状态之间的关系来确定决策方法和状态转移方程。

导例 3.3.3 中，定义状态转移的过程如下：

```
dis(u)=max(max_dis(u,v1),max_dis(u,v2),…,max_dis(u,vn)) (max 表示取最大值)
max_dis(u,vi)=d(u,vi)+dis(vi)
```

（4）寻找边界条件：给出的状态转移方程是一个递推式，需要一个递推的终止条件或边界条件。一般来说，只要解决问题的阶段、状态和状态转移决策确定了，就可以写出状态转移方程（包括边界条件）。

实际应用中可以按以下几个简化的步骤进行设计：

（1）分析最优解的性质，并刻画其结构特征。

（2）递归地定义最优解。

（3）以自底向上或自顶向下的记忆化方式（备忘录法）计算出最优值。

（4）根据计算最优值时得到的信息，构造问题的最优解。

习　题

1. 用穷举法找到100以内的素数，请画出流程图。（易）

2. 将5个苹果放入x个篮子里，发现必有一个篮子的苹果数不少于3个，问篮子数最多为几个？请画出流程图。（易）

3. A、B、C、D、E五人夜间合伙捕鱼，凌晨时都疲倦不堪，各自在河边的树丛中找地方睡着了。日上三竿，A第一个醒来，他将鱼分作五份，把多余的一条扔回河中，拿自己的一份回家去了。B第二个醒来，也将鱼分作五份，扔掉多余的一条，拿走自己的一份，接着C、D、E依次醒来，也都按同样的办法分鱼，问五人至少合伙捕了多少条鱼？请画出流程图。（中）

4. 汉诺塔问题：设有3个塔座，依次命名为x、y、z。有n个直径不同的圆盘，由小到大依次编号为1，2，…，n。开始时，它们全部按递减的次序插在塔座上。现要求按下列规则把n个圆盘按次序插放在z塔座上。（难）

（1）每次只能移动一个圆盘。

（2）圆盘可以从任一个塔座上移到另一个塔座上。

（3）任何时刻都不能把一个较大的圆盘压在较小的圆盘上。

（4）将算法用自然语言或流程图描述出来。

5. 0/1背包问题：有不同价值、不同重量的物品n件，求从这n件物品中选取一部分物品的选择方案，使选中物品的总重量不超过指定的限制重量，但选中物品的价值之和最大。请画出流程图。（难）

第4章 函数

学习目标

- 理解函数在程序设计中的作用和地位。
- 掌握函数的定义、原型声明和调用方法。
- 熟练掌握函数的参数传递与返回值。
- 理解局部变量、全局变量、静态变量和变量的作用域。
- 掌握递归函数的编写技术。
- 理解和掌握结构设计和模块化程序设计方法。
- 了解地址和指针的概念，了解地址做函数参数的特点和作用。

本章首先通过两个简单的使用库函数的C程序实例解析，使得初学者对库函数的应用有简单的认识；然后，通过自定义函数的定义、声明和调用方法的学习，理解函数的参数和返回值；通过两个实例的学习掌握递归函数的编写方法，对局部变量、全局变量与变量的作用域、生存周期有更好的理解；最后，通过两个综合实例的学习加深对程序主体框架、结构化程序设计的基本特征、划分模块的基本原则的了解，更好地掌握程序设计技能。

4.1 库 函 数

通常，我们要求解的问题非常复杂，而相应的程序也非常庞大；实际编程中，有些程序需要几万、几百万甚至是几千万行的代码。编写这样一些非常大的程序时，通常会把这些程序分割成相对独立而又便于管理和阅读的小程序，这些小程序就是函数。函数就是一段可以重复调用的、功能相对独立完整的程序段，是一个完成特定工作的独立程序模块，是模块化程序设计方法的实现基础。函数通常也称过程或例程。

在前面章节中已经介绍过，C 语言程序是由函数组成的，最简单的 C 语言程序仅由一个 main()函数构成。实际上 C 语言程序是由一个 main()函数和零个或多个其他函数组成。这些函数可以分布在不同的文件中，每个文件称为一个可编译的单元，可分别进行编译，然后再和库函数的代码等连接在一起形成可执行程序。main()函数是 C 语言程序执行的起点，仅由系统调用。其他的函数可以是库函数（也称标准库函数）或用户自已定义的函数，由 main()函数直接调用或间接调用。可以说，C 语言程序的全部工作都是由各种各样的函数完成的。

图 4-1 所示为 main()函数采用层次式管理方式与被调用函数的关系。一个函数可以被函数调用，也可以调用函数。

使用函数有很多优点：（1）可以避免反复书写相同的代码，特别是对于被多次调用的函数；（2）通过使用函数，将代码分成函数模块，编写程序及跟踪程序所进行的操作会很容易，也更容易理解。

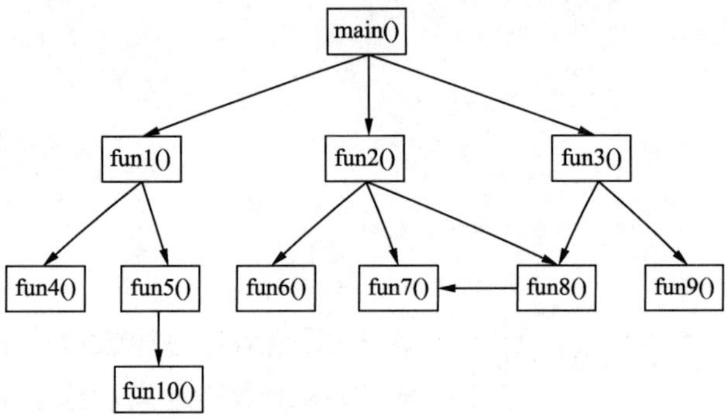

图 4-1　调用与被调用函数的层次关系

函数有库函数和自定义函数两种。库函数是 C 语言编译系统、操作系统或其他系统为方便用户编程而预先定义的，可以在任何程序中使用的公共函数。之前学习过的 scanf()、printf()等都是库函数。还有很多第三方函数库，如微积分运算、数据库、图形界面等。有些函数库能够免费获得和使用，而有些则需要购买。

库函数按照功能不同存在于不同的库文件中，每个库的库函数都集中在一个头文件中加以说明，一般放在系统的 include 目录下以.h 为扩展名的头文件中。用户不需要定义，也不需要程序中作类型说明，只需要在调用函数前用#include<头文件名>，程序中包含该函数所在的头文件，就可以在程序中直接调用相关函数。例如，使用数学函数 sqrt(x)，应在程序中包含头文件 math.h；使用输入/输出函数 scanf()、printf()时，应在程序中包含头文件 stdio.h 等。

自定义函数是根据问题的特殊需求而设计的。C 语言程序设计的核心之一就是自定义函数，每一个函数具有独立的功能，程序通过函数的组合构成一个个模块，各模块之间的协调工作可以完成复杂的程序功能。

本节通过下面两个案例的解析，介绍库函数的使用方法。

4.1.1　导例：平方根表

编写程序时，经常会用到一些数学函数。C 语言提供了很多数学函数，方便编程者直接使用。要使用这些数学函数，需要在程序文件头加入语句#include <math.h>。

1. 问题描述

输出 100 以内整数的平方根表，要求每行输出 10 个。

2. 问题分析

方案 1：用牛顿迭代算法，先给出一个猜测值，用连续逼近方法求出平方根；首先设要求解的数为 y，它的平方根为 x，令 x=y；然后进入一个循环，不断地令 x=(x+y/x)/2，就是令 x 等于 x 和 y/x 的平均值，这样迭代多次后就可以得到 y 的平方根 x 的近似值，迭代次数越多，结果越精确。程序片段如下：

```
x=y;
for(int i=0;i<1000;i++)
    x=(x+y/x)/2;
```

方案 2：C 语言提供了一个库函数 sqrt()，使用时直接调用该库函数就可以计算出平方根值。第 1 行输出 0～9 的平方根，第 2 行输出 10～19 的平方根，依此类推。

直接调用库函数比使用方案 1 更方便，更准确，而且不需要测试库函数实现功能的正确性。

3. 算法描述

将上述方案 2 的过程以算法的形式描述为：

（1）输入 2 个整数并分别保存于整型变量 m、n 中。

（2）输出平方根表时，要注意格式。首先输出表头，输出 0～9 的整数。

（3）按照格式要求输出平方根表，m 为行数 0～9，n 为列数 0～9，则表内对应第 m 行第 n 列的表值为 sqrt(m*10+n)，每行 10 个。

上述算法的流程描述如图 4-2 所示。

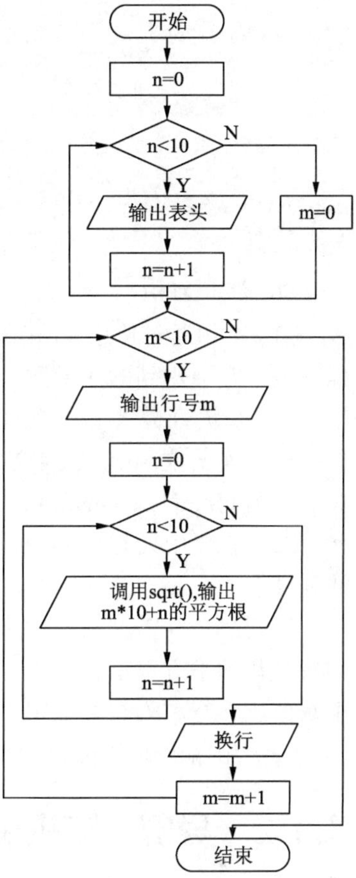

图 4-2 输出平方根表流程

4. 程序实现

实现上述算法的 C 语言程序为：

```
#include <stdio.h>
#include <math.h>
int main()
{
   int m,n;
   printf(" ");
   for(n=0;n<10;n++)
      printf("%7d", n);           //输出表头
   printf("\n");
   for(m=0;m<10;m++)
   {
      printf("%d",m);
      for(n=0;n<10;n++)
      printf("%7.2f" ,sqrt(m*10+n));        //调用库函数 sqrt()
      printf("\n");
   }
      return 0;
}
```

5. 运行结果

```
        0      1      2      3      4      5      6      7      8      9
0    0.00   1.00   1.41   1.73   2.00   2.24   2.45   2.65   2.83   3.00
1    3.16   3.32   3.46   3.61   3.74   3.87   4.00   4.12   4.24   4.36
2    4.47   4.58   4.69   4.80   4.90   5.00   5.10   5.20   5.29   5.39
3    5.48   5.57   5.66   5.74   5.83   5.92   6.00   6.08   6.16   6.24
4    6.32   6.40   6.48   6.56   6.63   6.71   6.78   6.86   6.93   7.00
5    7.07   7.14   7.21   7.28   7.35   7.42   7.48   7.55   7.62   7.68
6    7.75   7.81   7.87   7.94   8.00   8.06   8.12   8.19   8.25   8.31
7    8.37   8.43   8.49   8.54   8.60   8.66   8.72   8.77   8.83   8.89
8    8.94   9.00   9.06   9.11   9.17   9.22   9.27   9.33   9.38   9.43
9    9.49   9.54   9.59   9.64   9.70   9.75   9.80   9.85   9.90   9.95
```

6. 程序分析

（1）本例通过使用 sqrt()函数说明 C 语言程序使用库函数的方法。数学函数在编写程序过程中是经常会用到的库函数。在对 0～99 的 100 个整数求平方根过程中，最主要的操作是求平方根。C 语言提供了一个库函数 sqrt()函数：给定一个数，调用该函数能直接计算出该数的平方根。库函数 sqrt()原型放在文件 math.h 文件中，若在程序中使用该函数，就需要在程序头加上语句#include<math.h>。

（2）程序中语句段 for(n=0;n<10;n++)是输出表头，输出列号：0～9；表头表示出 0～9 列的列号。

语句 printf("%d",m)实现每行输出平方根前输出所在表头的行号 m。程序要求输出 0～99 的每个数的平方根值，因为求平方根操作是重复计算，所以采用 for 语句。每个需要计算的整数由所在行和列位置确定：m*10+n，所以用 for 语句的嵌套分别控制行和列。

（3）用输出函数 printf("%7.2f")控制输出的值为保留 2 位小数的实数。

4.1.2 导例：随机生成一张扑克牌

编写程序时，经常会采用一些随机数运行程序，来模拟实际问题中出现的随机状况。C 语言函数库中提供了相应的库函数来产生随机数，主要有两个库函数：srand()和 rand()，前者对随机数的产生进行初始化，后者会随机产生一个 0 到最大值之间的整数，它们的原型声明在头文件 stdlib.h 中。

1. 问题描述

随机生成一个 1～54 之间的数，输出对应的一张扑克牌的花色和面值。

2. 问题分析

每张扑克牌有两个属性：一个是花色，一个是面值。花色是红桃、方块、梅花和黑桃。面值是 A、2～10、J、Q、K。使用系统提供的随机函数，生成 1～54 之间的数，在随机产生数是 1～13 时花色对应 spade（黑桃）、14～26 时对应 heart（红桃）、27～39 时对应 club（梅花）、40～52 时对应 diamond（方块），53 时对应 red joker（大王），54 时对应 black joker（小王）。例如，随机数 1 为黑桃 A，随机数 2 为黑桃 2，随机数 39 为 CK（梅花 K）。

方案 1：可以通过键盘随意输入 1～54 之间的数。

方案 2：通过 C 语言提供的随机函数，生成随机数。

方案 1 必须每次都要从键盘输入，如果需要多个随机数，容易输入错误，而且输入的数据容易重复，不随机。

3. 算法描述

将上述方案 2 的过程以算法的形式描述为：

（1）随机生成 1 个整数并保存于整型变量 card 中。

（2）定义花色保存于变量 suit 中，面值保存于 rank 中。

（3）根据 card 值判别扑克牌的花色和面值。

① card 值为 53 时对应 red joker，54 时对应 black joker。

② 用 switch 语句判别花色，card 值先做整除 13 保存于变量 suit 中，suit 值等于 0 或 1 时输出 spade，等于 2 时输出 heart、等于 3 时输出 club、等于 4 时输出 diamond。

③ 用 switch 语句判别面值，card 值先做模 13 处理保存于变量 rank 中，rank 为 1 时输出 A，为 2～10 时直接输出对应值，11 时输出 J，12 时输出 Q，0 时输出 K。

上述算法的流程图描述如图 4-3 所示。

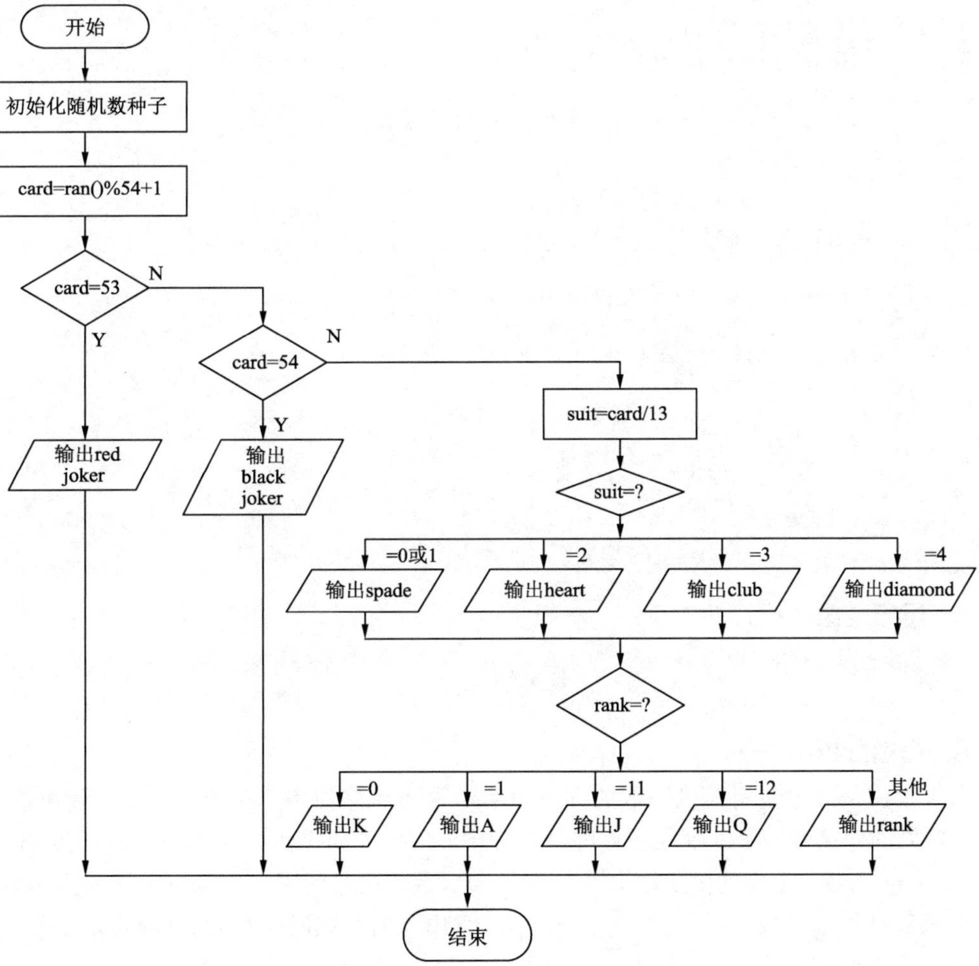

图 4-3 随机生成一张扑克牌流程图

4. 程序实现

实现上述算法的C语言程序为：

```
#include <stdio.h>                //使用库函数printf()、scanf()和符号常量NULL
#include<stdlib.h>                //使用库函数rand()和srand()
#include<time.h>                  //使用库函数time()
int main()
{
   int card, suit,rank;
   srand((unsigned)time(NULL));       //初始化随机种子为当前系统时间
   card=rand()%54+1;                  //随机产生1~54之间的数
   if(card==53)
      printf("red joker");            //大王
   else if(card==54)
      printf("black joker");          //小王
   else
   {
     suit=(card-1)/13;                //花色
     switch(suit)
     {
       case 0:printf("spade  ");break;          //黑桃
       case 1:printf("heart  ");break;          //红桃
       case 2:printf("club  ");break;           //梅花
       case 3:printf("diamond  ");break;        //方块

     }
     rank=card%13;                              //面值
     switch(rank)
     {
       case 0: printf("K");break;
       case 1: printf("A");break;
       case 11:printf("J");break;
       case 12:printf("Q");break;
       default:printf("%d",rank);break;
     }
     printf("\n");
   }
   return 0;
}
```

5. 运行结果（执行两次）

```
spade  A
club  8
```

6. 程序分析

（1）本例是通过使用随机函数的方法说明C语言程序使用库函数的方法。随机数函数是C语言提供的库函数。随机生成扑克牌的过程中，最主要的操作是使用随机数函数rand()。如果仅用rand()函数，生成的随机数只是一个伪随机数，通过调用标准函数srand()为函数rand()设置随机数种子来实现。语句 srand(time(NULL))用当前系统时间初始化随机数种子，产生的随机数是不同的。库函数rand()和srand()在文件stdlib.h中，(unsigned)time(NULL)在time.h文件中，所以需要在程序头加上#include<stdlib.h>和#include<time.h>语句。详细说明见4.1.4节。

（2）因为 rand()%max 语句将产生 0～(max-1)范围内的随机整数，rand()%54 将产生 0～53 的随机数，所以要产生值为 1～54 需要使用语句 rand()%54+1。

（3）一副扑克牌有 54 张，有不同的花色和面值。可根据随机数函数产生的值分别判断花色和面值。因为 redjoker 和 blackjoker 的特殊性，可先判断。if 语句用于判断值是否为 53，是真则为 redjoker; else if 语句用于判断值是否为 54，是真则为 blackjoker。

（4）程序中第一个 switch 语句判断花色，第二个 swtich 语句判断面值。

4.1.3 库函数使用方法

C 语言规定，所有的函数必须先定义后调用。对于库函数，因为它们的定义已经在 C 语言提供的标准函数库中，所以调用时，需要在程序的前面利用编译预处理命令 include 将相应的函数原型加入程序中。为了便于管理和使用者查询，C 语言函数库将所有的库函数按照不同的功能分成若干个类别，每个类别的函数原型被集中声明在一个扩展名为.h 的头文件中。不同的 C 语言编译系统提供的库函数的数量、名字和功能不完全相同，使用时可查阅帮助。

在使用库函数时，需要在程序中包含该函数所在的头文件。C 语言提供了#include 文件包含预处理命令，将一个头文件包含到源程序文件中。例如，使用 sin()函数，因为该函数在 math.h 内定义，所以在程序头加上#include<math.h>。

#include 指令的一般形式如下：

```
#include<文件名>    或    #include"文件名"
```

其中，文件名可以带路径。如果使用<>，则到系统指定的包含目录查找被包含文件。如果使用“”，则首先在系统当前目录下查找被包含文件，如果没找到再到系统指定的包含目录查找。一般使用<>包含系统定义的头文件，使用“”包含用户自定义的头文件或源程序文件。

在预处理阶段，将该文件的全部内容复制到源程序中#include 指令的位置，形成新的源程序，如图 4-4 所示。

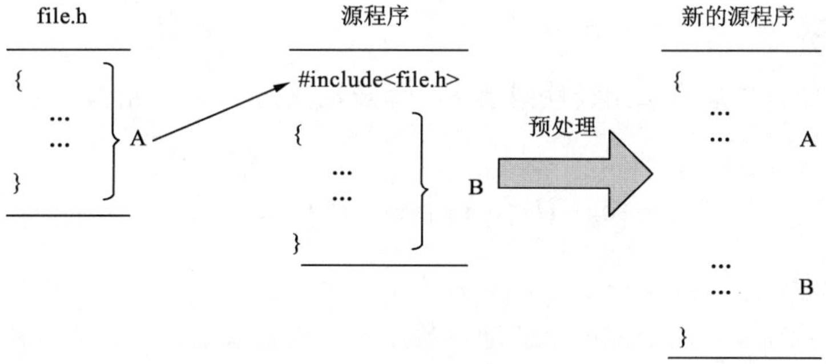

图 4-4 文件包含的预处理过程

头文件一般包含符号常量定义、类型定义及函数原型等。用#include 的指令包含到源程序中，就相当于进行了函数声明，这就是为什么在使用库函数时要包含相应的头文件。使用第三方库函数时，除要包含头文件外，往往还需要一些额外配置，具体情况因库和编译器而异。

4.1.4 常用的库函数

下面是几个常用的函数头文件，它们各自包含的函数类别如下：

（1）math.h：包含与数学相关的函数。

（2）ctype.h：包含与字符处理有关的函数。

（3）string.h：包含与字符串处理有关的函数。

（4）stdio.h：包含与输入/输出有关的函数。

（5）stdlib.h：包含与动态分配存储空间和数值转换有关的函数。

（6）process.h：包含与过程控制有关的函数。

1. 数学函数

在C语言中，使用数学函数需要在源程序中包含头文件 math.h，见表 4-1。

表 4-1　C 语言提供的常用标准数学函数

函　　数	说　　明
double　sin(double x)	计算 sin(x)
double　cos(double x)	计算 cos(x)
double　tan(double x)	计算 tan(x)
Double　exp(double x)	计算 e^x
double　log(double x)	计算 lnx
double　pow(double x，double y)	计算 x^y
double　sqrt(double x)	计算 x 的平方根
double　floor(double x)	计算小于 x 的最大整数
double　ceil(double x)	计算不大于 x 的最小整数
…	…

2. 随机函数

产生随机数的方法通常采用线性同余法，即随机数列 $a_0,a_1,\ldots,a_n$ 满足：

$$\begin{cases} a_0 = \text{seed} \\ a_n = (ba_{n-1}+c) \bmod m \, (n=1,2,\ldots) \end{cases}$$

其中，$b\geqslant 0,c\geqslant 0,m>0,\text{seed}\leqslant m$。seed 称为随机种子，当 b、c 和 m 的值确定后，给定一个随机种子，也就确定了由上式产生的随机数序列。也就是说，如果随机种子相同，则会产生相同的随机数序列。所以，严格地说，随机数只是一定程度上的随机，实际上应该称为伪随机数。

C 语言提供了随机数生成函数 rand()，该函数返回 0～RAND_MAX 的一个随机整数，RAND_MAX 是在头文件 stdlib.h 中定义的符号常量，其值为 32 767。

随机数如果仅用 rand()函数，生成的随机数只是一个伪随机数。连续调用函数 rand()所产生的一系列数看似随机，而实际上每次执行程序时所产生的序列都是相同的一系列数。为了使得每次执行时产生不同的随机数序列，可以通过调用标准函数 srand()为函数 rand()设置随机数种子来实现。例如，可以调用库函数 time()得到当前的系统时间，将当前系统时间作为随机种子。库函数 rand()和 srand()都在头文件 stdlib.h 中，取系统时间函数 time()在头文件 time.h 中。具体的函数原型如下：

（1）int rand()：产生并返回一个随机整数。

（2）void srand(unsigned int seed)：提供用于 rand()函数的随机种子值。

（3）unsigned int time(NULL)：获得当前系统时间，其中 NULL 是在头文件 stdio.h 中定义的符号常量，其 ASCII 码值为 0。

以当前系统时间作为随机种子的函数调用如下：srand(time(NULL));。

语句 srand(time(NULL))用当前系统时间初始化随机数种子，以使每次产生的随机数不相同。time(NULL)返回当前的系统时间，是一个长整数，代表当前距离 1970 年 1 月 1 日 0 时 0 分 0 秒的毫秒数。

采用取模运算，将结果限定在一定范围内，例如，要产生的随机数都小于一个整数 max，则 rand()%max 将产生 0～(max-1)范围内的随机整数。srand((unsigned)time(NULL))在整个函数（或者线程）中应该只使用一次，这样，每个 rand()才能产生真正的随机数。

例如，产生 3 个 0～99 之间的随机数。首先调用 srand(time(NULL))初始化随机种子，然后调用随机函数 rand()产生随机数，由于该随机数是 0～RAND_MAX 的一个整数，则 rand()%100 即可将其映射到 0～99 之间。程序如下：

```
#include <stdio.h>
#include <stdlib.h>
#include <time.h>
main()
{
   int  i,data;
   srand(time(NULL));
   for (i=1;1<4;i++)
   {
       data=1+rand()%100;  //产生[0, 99]之间的随机数，不能省略括号
       printf("第%d 个随机数是%d\n",i,data);
   }
}
```

4.2　自定义函数

C 语言库函数具有方便、高效、可移植等优点，但为了实现不同功能，用户有时需要自己定义函数。

本节通过两个典型问题的解析，介绍自定义函数的定义、声明、调用，并分析函数调用过程。

4.2.1　导例：阶乘累加和$\sum_{i=1}^{n} i!$

1. 问题描述

从键盘输入 1 个整数，计算 1～n 的各个数的阶乘的累加和，即 $1+2!+3!+\cdots+n!$。

2. 问题分析

实现各个数阶乘的累加和，需要先计算每个数的阶乘，然后累加到一起。

方案 1：可用一个 for 语句循环实现。

```
result=1;sum=0;
for(i=1;i<=n;i++)
{
   result=result*i;
   sum+=result;
}
```

方案 2：可用一个函数 factorial()专门计算每个数的阶乘，然后用一个循环语句计算 1～n 的各个阶乘的累加结果。

方案 2 的优点是现在是求阶乘累加，以后因为需要也可以是 n^2、n^3或其他累加。只要调整 fanctorial()函数的功能即可，不会影响到 main()函数或其他函数；而且还可以被其他函数重复调用。而方案 1 必须对主函数进行修改，可能会影响到主函数，增加错误；也不能被其他函数复用。

3. 算法描述

将上述方案 2 的过程以算法的形式描述为：

（1）定义一个函数 factorial()，用于计算某个整数的阶乘。

（2）main()中输入 1 个整数并保存于整型变量 n 中。

（3）将累加和变量 sum 初始化为 0。

（4）从 1 开始，进行 n 次循环处理。

- 调用 factorial()，分别以 1～n 的各个数字为实参。
- 将 factorial()返回结果与 sum 值累加。

（5）输出 sum 值。

上述算法的流程描述如图 4-5 所示。

4. 程序实现

实现上述算法的 C 语言程序为：

```
#include <stdio.h>
double factorial(int i);                          //函数声明
int main(void)
{
    int i,n;
    double sum=0;
```

```
    printf("Enter 1 integers:");
    scanf("%d",&n);
    for(i=1;i<=n;i++ )
    sum=sum+factorial(i);                    //函数调用
    printf("1!+2!+3!+…+%d!=%.0f\n", n,sum);
    return 0;
}
double factorial(int i)                      //函数定义
{
    int j;double result=1;
    for(j=1; j<=i;j++)
    result=result *j;
    return result;
}
```

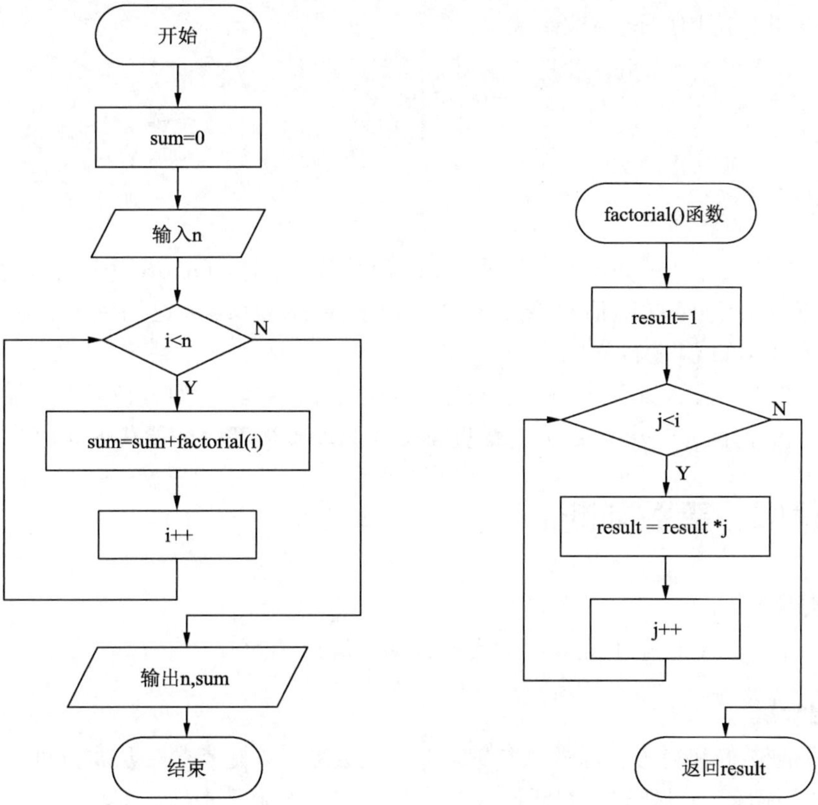

（a）主函数　　（b）factorial()函数

图 4-5　主函数和 factorial()函数流程

5. 运行结果

```
Enter 1 integers:20
1!+2!+3!+…20!=2561327494111820300
```

6. 程序分析

（1）本例通过对阶乘进行累加的操作，介绍了 C 语言自定义函数的定义、声明和调用。

在对1～n个整数阶乘进行累加过程中，最主要的操作是计算每个整数的阶乘，因此自定义一个函数factorial()专门计算阶乘，然后在main()函数用一个for语句计算1～n累加每个整数的阶乘。

（2）语句double factorial(int i);是函数声明，需要指明函数的参数个数、类型，返回值类型，factorial是函数名字，通常定义一个有意义的名字，能反映该函数要做什么；int i中，i是形式参数（简称形参），整型；该函数只有一个形参；double是表明返回值类型是实型；因是函数声明，所以语句后必须有分号。

语句factorial(i);是函数调用，不用指明函数参数类型和返回值类型，只需要提供相应的参数；变量i为实参，通过该函数调用将i中保存的值传递给函数factorial(n)的形参i中。

下面程序是函数定义，函数具体的功能通过函数体来实现，int i是函数形参，类型是int，return result;将result结果返回给主调函数，返回值类型和result变量类型应一致。函数定义和声明、调用应该一致。

```
double factorial(int i)
{  int j;double result=1;
    for (j=1; j<=i;j++)
    result=result *j;
    return  result;
}
```

main()函数调用factorial(i)时，将变量i的值传递给函数factorial(i)，在函数体中通过计算，将该i值的阶乘结果赋值给变量result，最后将result结果返回到main()函数，main()函数将该结果和sum值进行累加。

（3）除此之外，累加和变量sum定义为double型而不是int型，是考虑累加和的结果可能会超出int取值范围，输出double型变量sum时只取整数部分就能获得准确的结果。

4.2.2 导例：素数判断

1. 问题描述

输入m和n（m<n），输出[m,n]中的素数，每行输出10个。

2. 问题分析

素数是只能被1和自身整除的正整数。1不是素数，2是素数。从题目可知，对于[m,n]中每个数需要用循环语句处理，判断该数是否是素数？如果是素数，就输出该数；如果不是素数，就不处理。每行输出10个素数就换行。判断某个数是否是素数可以用一个函数prime()进行判断。

3. 算法描述

将上述过程以算法的形式描述为：

（1）定义一个函数prime()，用于判断某个整数是否为素数。如果是素数，返回1；如果不是素数，返回0。

（2）main()中输入2个整数并分别保存于整型变量m、n中。

（3）循环判断[m,n]中每个数是否是素数。调用函数 prime()，分别将[m,n]中的各个整数实参，传递给 prime()。

（4）运行 prime()。判断结果是否为素数，返回 1 或 0。

（5）main()中如果返回值为 1，则输出该数，计数。如果计数为 10 的倍数，则输出换行符。

上述算法的流程描述形式如图 4-6 所示。

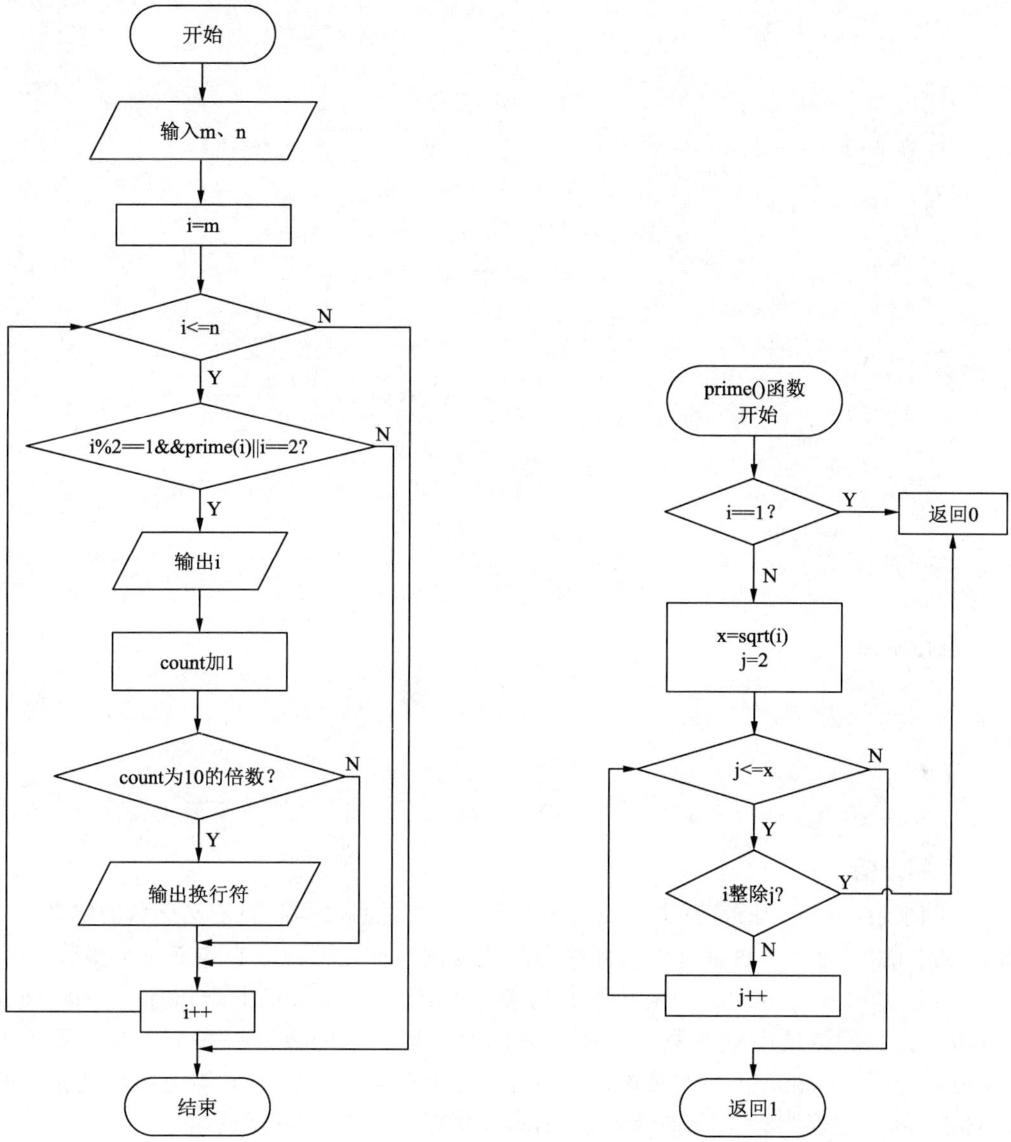

（a）主函数　　（b）prime()函数

图 4-6　主函数和 prime()函数流程

4. 程序实现

实现上述算法的 C 语言程序为：

```
#include <stdio.h>
```

```
#include <math.h>
int main()
{
    int count=0, i,m,n;
    int prime(int i);                               //函数声明
    scanf("%d%d",&m,&n);
    for(i=m;i<=n;i++)
    {
       if(i%2==1&&prime(i)||i==2)                   //函数调用
       {
          printf("%6d",i);
          count++;
          if(count%10==0)
              printf("\n");
       }
    }
    return 0;
}

int prime(int i)                                    //函数定义
{   int j,x;
    if(i==1) return 0;
    x=sqrt (i);
    for(j=2;j<=x;j++)
       if(i%j==0)
          return 0;
    return 1;
}
```

5. 运行结果

```
100 300
   101   103   107   109   113   127   131   137   139   149
   151   157   163   167   173   179   181   191   193   197
   199   211   223   227   229   233   239   241   251   257
   263   269   271   277   281   283   293
```

6. 程序分析

（1）本例继续介绍C语言自定义函数的应用，继续说明C语言自定义函数的定义、声明和调用。在[m,n]中对每个数进行素数判断是最主要的操作。因此，自定义一个函数 prime()专门判断素数。在 int prime(int i)函数中，定义了1个形参；main()中语句 int prime(int i);是函数声明，指明函数的参数个数、类型，返回值类型。该函数只有一个形参；函数声明也可以写成 int prime(int);不用写形参名，只写形参类型。通过循环语句把循环变量 i 通过调用 prime()函数把实参值 i 传递给函数 prime()中的形参值 i 进行操作。

（2）在该程序中，最主要的是函数 prime()的实现。根据形参是否能被整除，判断出是否为素数，返回1或0到主函数 main()中。

（3）本例中，形参和实参都采用相同变量名 i,虽然同名，但意义不同。在不同的函数中，i 的作用域和生存周期不同，函数结束，相应的局部变量就不存在了。形参和实参可以采用不同变量名。

4.2.3 函数的定义、声明和调用

程序设计语言中函数的概念来源于数学中的函数。在数学中可定义 $f(x)=x+1$，其中 x 是自变量，函数 $f(x)$的值取决于 x 的值是多少。在 C 语言中，使用函数前必须先定义该函数，类似于数学中的函数定义；然后再调用该函数，类似于数学函数中计算函数的某个特征值。

C 语言要求函数必须先定义后调用，因此，程序中必须确保函数调用之前完成函数定义，否则编译器没有关于函数的任何信息，不能正确地完成编译工作。

1. 函数的定义

函数定义的基本形式如下：

```
函数类型 函数名（形参表）   /*函数头，没有分号*/
{
    函数实现过程            /*函数体*/
}
```

例如，导例 4.2.1 中的函数定义如下：

```
double factorial(int i)
{
    int j;double result=1;
    for(j=1;j<=i;j++)
    result=result *j;
    return  result ;
}
```

函数的定义包括函数头和函数体两部分。函数头由函数类型、函数名和形参表组成；函数体由函数实现过程和 return 语句组成，是一对大括号内的若干条语句。

函数头中，函数类型是指函数返回值的类型，一般与 return 语句中表达式的类型一致；函数名是一个合法的标识符；形参表中给出函数所有形参的名称和类型。其格式为：

```
类型 1  形参 1,类型 2  形参 2,…,类型 n  形参 n
```

形参表中各个形参之间用逗号分隔，每个形参前面的类型必须分别写明（即使形参类型相同）。函数形参的数量可以是 0～n，即根据具体情况，形参可以没有，可以是 1 个，也可以是多个。

在函数体中，函数的实现过程是由一些完成特定工作的语句来实现的。return 语句中的表达式反映了函数运算的结果，可通过 return 语句结束该函数的运行并将结果返回给主调函数。return 语句只能返回一个值。如果函数产生了多个运算结果，则无法通过 return 语句将它们返回。

如果函数要返回多个运算结果，一般通过以下几种方法：（1）通过全局变量；（2）通过函数参数传递变量地址，在函数中通过这个参数给变量赋值；（3）将要返回的多个结果组成一个结构返回。

有些函数可以不返回任何值，仅仅是执行一个过程。这种类型的函数类型说明为 void，该函数体中的 return 语句后面的表达式是可以省略的。

注意：在定义函数时，如果不说明函数类型，该函数的类型将被默认定义为 int 型。

2. 函数的调用

函数定义只是按照程序逻辑将相关语句组织在一起，要想执行这些语句，就需要执行函数，即函数调用。函数调用指定了被调用函数的名字和调用函数所需的信息。函数在没有被调用前是静止的，此时的形参只是一个符号，其作用相当于占位符，标志着在形参出现的位置应该有一个相应类型的数据。在调用函数时，将实参传递给形参并执行函数定义中所规定的程序过程来实现相应的功能。形参本质上是变量，其初始值在函数调用时才提供，函数在被调用时把实参赋予形参，然后执行函数，函数执行结束后，释放形参的存储空间。

在C语言中，当调用标准库函数时，需要在程序的开始部分用#include 命令包含相应的头文件；当调用自定义函数时，程序中必须有与调用函数相对应的函数定义。

函数调用的一般形式如下：

```
函数名(实参表);          /*实参表与形参表相对应，以分号结束*/
```

其中，实参表列出了传递给该函数的待处理数据，实参的个数、顺序和类型与该函数定义中相对应的形参的个数、顺序和类型相匹配。如果不匹配或不能兼容，则编译器会给出相应的语法错误提示。

注意：即使参数为空，也不能省略括号。

例如，导例 4.2.1 中语句 factorial(i);和导例 4.2.2 中语句 prime(i);就是做函数调用。

函数调用时，被调函数中保护了调用函数的运行环境和返回地址，使得调用函数的状态可以在被调函数运行返回后完全恢复，而且该状态与被调函数无关。

被调函数运行的代码虽是同一个函数的代码体，但由于调用点、调用时状态、返回点的不同，可以看作函数的一个副本，与调用函数的代码无关，所以函数的代码是独立的。

被调函数运行的栈空间独立于调用函数的栈空间，所以与调用函数之间的数据也是无关的。函数之间靠参数传递和返回值来联系，函数看作黑盒。

3. 函数的声明

在程序中调用函数时，如果函数还未定义，即该函数的定义在调用处的后面，这时就需要在调用函数前进行函数声明。声明的目的在于提前告诉编辑器，该函数的函数名是什么、形参有几个、每个形参的类型是什么、返回值类型是什么。编译器遇到调用该函数时，就会根据声明的内容进行语法检查，看调用处是否和定义时一致。如果将主函数放在自定义函数的前面，就需要在函数调用前加上函数声明。

为了避免函数在定义前调用，也可以安排程序顺序，使得每个函数定义都在此函数调用前进行。将主调函数放在被调函数后面，像变量一样先定义后使用。

C 语言程序的典型结构如下：

```
预处理指令
符号常量定义
全局变量定义
函数声明
主函数
自定义函数
```

函数声明的目的主要是说明函数的类型和参数的情况，以保证程序编译时能判断对该函数的调用是否正确并进行相应的编译处理。函数声明的一般格式为：

```
函数类型 函数名（形参表）;                    //以分号结束
double factorial (int n);
    void ball(int x);
```

注意：函数的声明类似于函数定义中函数的首部，不同之处在于其结尾处有分号。

尽管编译器不关心函数原型中形参的名字，但在函数声明时，最好也不要忽略形参的名字，因为形参的名字可以直观地显示每个形参的目的，并且提醒编程人员在函数调用时如何安排实参的顺序。良好的编程习惯是将函数定义中的函数首部复制到函数声明部分，然后在行尾加上分号。

4.2.4 函数调用过程分析

程序执行时从主函数 main()开始执行，如果遇到某个函数调用，主函数被暂停执行，执行被调用的函数；执行完该函数后，将返回主函数，然后从原来暂停的位置继续执行主函数。

函数调用的过程如图 4-7 所示。

（1）设置断点，控制转移：在函数调用处设置断点，将控制转移给被调用函数。

（2）参数传递，函数执行：将实参的值传递给对应的形参，然后执行该函数。

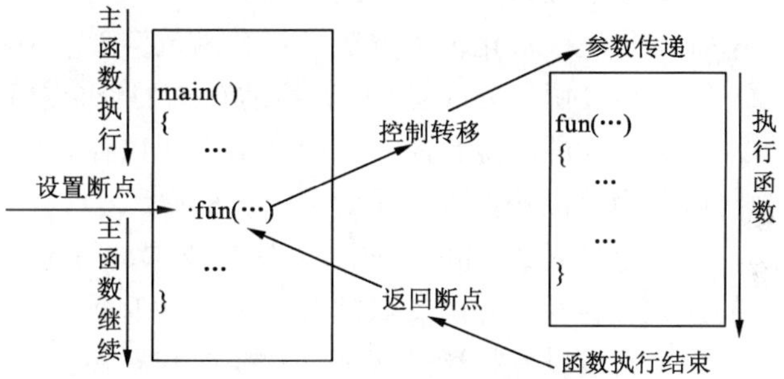

图 4-7　函数调用过程

（3）执行结束，返回断点：函数执行结束，返回到函数调用处。

4.3 函数的参数传递与返回值

在 C 程序中，函数间的调用是以传递参数的方式进行函数内部与外部环境（即调用者）之间进行的数据交换。返回值是通过函数调用后直接返回一个值到主调函数中。

本节通过两个典型问题的解析，介绍函数的参数传递过程和函数返回值的实现。

4.3.1 导例：富翁与骗子

1. 问题描述

一个骗子对富翁说：“你每天只需存入一分钱，第二天存入两分钱，依此类推，以后每天存入的资金是前一天的 2 倍，存期一个月。可以从存入第一天起每天支取 30 万，直到 30 天期满。”富翁同意，签字立约。编写程序计算 30 天后富翁支取了多少钱，存入多少钱？富翁是否亏损，亏损多少？如果获利，获利多少？存入金额大于取现金额的最少天数是多少？

2. 问题分析

这个案例比较典型地说明了指数函数的变化速度。每天存入的资金是前一天的 2 倍，因此第一天存入一分钱，即 2^0 分钱，第二天存入两分钱，即 2^1 分钱，依此类推，第 30 天将需要存入 2^{29} 分钱，而存入的资金总和为（$2^0+2^1+2^2+\cdots+2^{29}$）/100 元钱。而富翁每天取款 30 万元，30 天是 900 万元。

定义两个函数 deposit()、withdraw()分别计算富翁的存入与支取资金。deposit(int day)函数带有一个参数 day 以表示天数，而 withdraw(int count, int day)函数需要两个参数，一个为表示天数的 day，另一个是每日取现的金额 count。

3. 算法描述

将上述过程以算法的形式描述为：

（1）采用模块化设计方法，每个函数实现一项功能，使得程序结构比较清晰。

（2）定义函数 deposit()计算富翁存入的资金总和。

每天存入的资金是前一天的 2 倍，所以存入资金总和为 $2^0+2^1+2^2+\cdots2^{29}$，总和除 100，因为将以分为单位转换为以元为单位，S 最后返回存入的资金总和。

（3）定义函数 withdraw()计算富翁支取的资金总和。因为每天存入 30 万元，根据参数传递的天数，相乘后得出支取的资金总和并返回。

（4）富翁是亏损还是获利，亏损或获利多少？通过比较存入和支取资金大小可得出。

（5）计算存入金额大于取现金额的最少天数，采用穷举法，用 for 语句，从第一天开始比较，如果存入金额大于取现金额就退出 for 循环，此时的循环变量值就是所求的最少天数。

上述算法的流程描述形式如图 4-8 所示。

4. 程序实现

实现上述算法的 C 语言程序如下：

```
#include <stdio.h>
int deposit( int day);
int withdraw(int count, int day);
int main()
{  int i,dep,draw,profit;
   dep=deposit(30);
   draw=withdraw(300000,30);
   printf("30 天存入%d 元钱\n",dep);
   printf("30 天取得%d 元钱\n",draw);
   profit=draw-dep;
   if(profit>0)
      printf("富翁获利%d 元钱\n",profit);
   else
      printf("富翁亏损%d 元钱\n",-profit);
   for(i=1;i<=30;i++)
      if((deposit(i)-withdraw(300000,i))>0)
   {  printf("存入金额大于取现金额的最少天数是%d 天\n",i);
      break;
   }
   return 0;
```

```
}

int deposit( int day)                        //存入资金总和
{
    int i;
    long dep=1,number=1;
    for(i=1;i<day;i++)
    {
        number*=2;
        dep+=number;
    }
  return (dep/100);
}

int withdraw(int count, int day)         //支取资金总和
{
    long draw;
    draw=count*day;
    return draw;
}
```

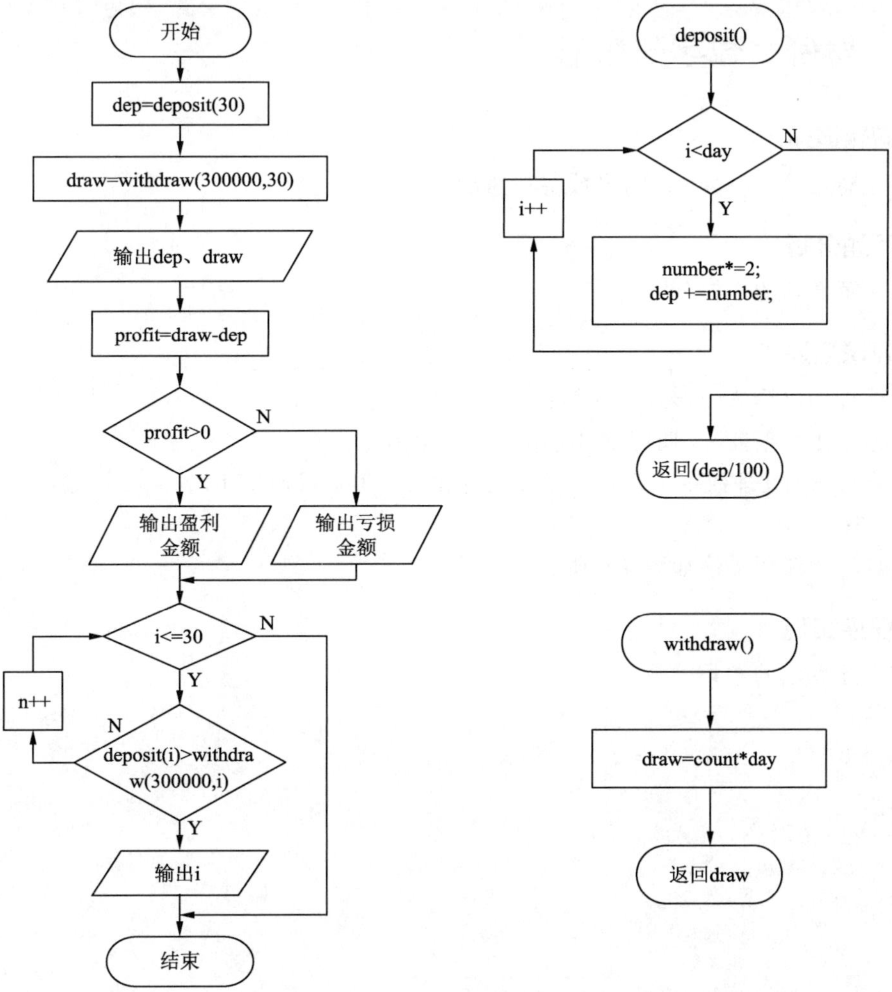

图 4-8 主函数和 deposit()和 withdraw()函数流程

5. 运行结果

```
30天存入10737418元钱
30天取得9000000元钱
富翁亏损1737418元钱
存入金额大于取现金额的最少天数是30天
```

6. 程序分析

（1）本例通过计算富翁和骗子的盈亏情况，说明参数传递过程和返回值。int deposit(int day)中，定义了1个形参day；在main()函数中，通过调用deposit(30); 把30传递给deposit(int day)形参day，计算出dep值，通过return dep/100;语句把结果返回到主函数main()中。而int withdraw(int count, int day)中，定义了2个形参count和day；在main()函数中，通过调用withdraw(300000,30)把300000和30传递给int withdraw(int count, int day)形参count和day，计算出draw值，通过return draw;语句把结果返回到主函数main()中。

（2）在该程序中，main()调用2个函数deposit()和withdraw()分别计算存入资金总和与支出资金总和，根据存入和支出资金值，计算出盈亏值和存入金额大于取现金额的最少天数。

4.3.2 导例：数字三角形

1. 问题描述

从键盘输入一个整数n，输出数字三角形。

2. 问题分析

问题见第2章的2.5.4节。

3. 算法描述

将上述过程以算法的形式描述为：

（1）输入1个整数n，调用Rt()输出数字三角形。

（2）设计Rt()处理数字三角形：第1行输出1，第2行输出1 2，第3行输出1 2 3，第n行输出1 2 3……n。

上述算法的流程描述如图4-9所示。

4. 程序实现

实现上述算法的C语言程序为：

```c
#include <stdio.h>
int main()
{
   int n;
   void Rt(int n);
   scanf("%d",&n);
   Rt(n);
   return 0;
}

void Rt(int n)
```

```
{  int i,j;
   for (i=1;i<=n;i++)
    {
       for (j=1;j<=i;j++)
           printf("%-4d ",j);
       putchar ('\n');
    }
}
```

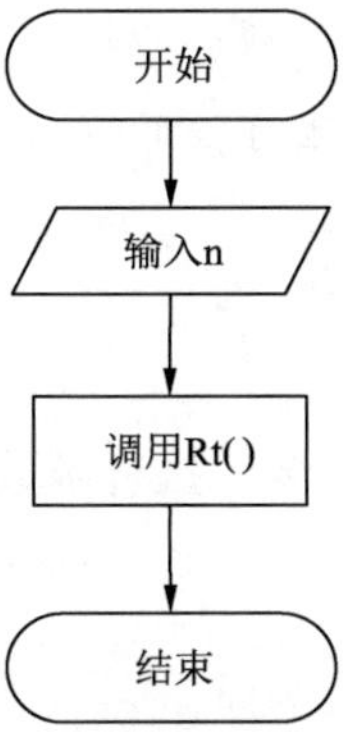

（a）主函数

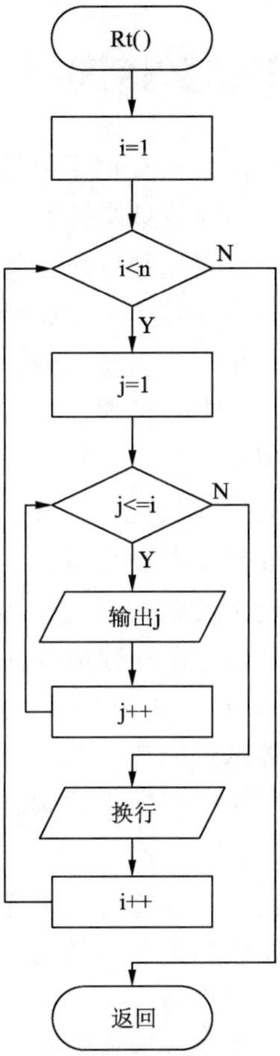

（b）Rt()函数

图 4-9　主函数和 Rt()函数流程

5. 运行结果

```
9
1
1    2
1    2    3
1    2    3    4
1    2    3    4    5
1    2    3    4    5    6
1    2    3    4    5    6    7
1    2    3    4    5    6    7    8
1    2    3    4    5    6    7    8    9
```

6. 程序分析

（1）本例继续介绍C语言自定义函数的应用，主要说明参数传递和返回值。与导例4.3.1不同的是，本例中void Rt(int n)有参数无返回值。void说明函数没有返回值。

（2）数字三角形根据n值不同，输出从1到9的直角三角形，每一行根据行数i不同，每行输出1～i，输出靠左对齐，每个数字占用4位。因为输出操作就在Rt()内完成，不需要返回值，所以函数类型为void。

4.3.3 函数的参数传递

从本质上讲，C语言只提供了一种参数传递方式：值传递方式，即函数调用时将实参的值传递给形参。当实参的值是指针（或地址）时，称为指针传递方式，也称为地址传递方式。采用指针传递方式可以将函数的多个计算结果返回给调用者。

函数定义中的输入参数为形参，函数调用时的输入参数称为实参。形参和实参必须一一对应，即两者的数量相同、类型一致。在程序运行中，遇到函数调用时，将实参的值按顺序依次传给形参，这就是参数传递。

函数的形参必须是变量，用于接收实参传递过来的值。形参的使用方法和普通变量相同；实参可以是常量、变量或表达式，甚至可以是函数，其作用是把常量、变量、表达式或函数的值传递给形参。如果实参是变量，它与所对应的形参是两个不同的变量。实参是主调函数的变量，形参是自定义函数的变量。形参和实参可以同名，也可以不同名。

但无论是何种数据，在进行函数调用时，实参必须是“值有定义的”，而且实参的值与形参是“赋值兼容的”。在调用函数时，实参与形参结合的具体过程如下：

（1）计算实参表达式的值。

（2）将实参的值按赋值转换规则转换成对应形参的数据类型。

（3）为形参分配存储空间。

（4）将类型转换后的实参的值传递给对应的形参变量，然后执行函数。

从函数是否有参数和返回值的角度，可以将函数分为：

- 有参数有返回值函数：

```
int max(int x, int y )
{
   if(x>y) return x;
   else return y;
}
```

- 有参数无返回值函数：

```
void delay(long t)
{
   for(int i=1;i<t;i++);  //延迟一个小的时间片
}
```

- 无参数有返回值函数：

```
int in()
{  int x;
```

```
    scanf("%d",&x);
    return x;
}
```

• 无参数无返回值函数：

```
void hello()
{   printf("helloworld!\n");  }
```

C 语言中，函数的参数传递有两种方式：传值和传地址。

（1）传值：简单地将实参的值复制一份给形参，一旦复制完成，实参与其对应的形参便没有任何关系，这时在函数内对形参的任何改变都不会影响到实参。

（2）传地址：将实参地址传递给形参，在函数内对形参所对应数据的处理实际上就是处理对应的实参。简单地理解，就是此时实参和形参是统一的，对形参的处理就是对对应的实参的处理。

C 语言中，当函数的参数为指针类型或数组类型时，采用传地址的方式，其他类型采用传值方式。

1. 传值方式

传值方式在函数定义时，将形参定义为普通类型（即非指针类型），实参可以是类型与形参内容相同的常量、变量或表达式；在函数调用时，系统为形参分配存储空间，然后将实参的值传递到形参中；调用结束后，系统自动释放形参的存储空间。在参数传递过程中，可将实参的值复制给形参。这种参数传递是单向的，只允许实参把值复制给形参，而形参的值即使在函数中改变了，也不会反过来影响实参值。例如，如下程序：

```
int main()
{
    int u=3,v=5;
    printf("%d%d",u,v);
    change1(u,v);
    printf("%d%d",u,v);
}
void change1(int x,int y)
{
    int temp;
    temp=x;
    x=y;
    y=temp;
}
```

设计如上程序的初衷是希望通过执行 change1()函数，使得变量 u、v 的值进行交换，但调用 change1()函数且执行完毕后，发现没有实现这个效果，u、v 的值并没有改变。

值传递方式的特点是：被调用函数的执行不会反过来影响函数的实参，即在被调用函数中不能对函数的实参进行修改。因此，通常以值传递方式实现函数的输入。

2. 传地址方式

地址传递方式在函数定义时，将形参声明为指针类型，实参可以是基类型与形参相容的指针或变量地址；在函数调用时，系统为形参分配存储空间，并将实参的值（即地址）传递到形参中；在调用结束后，系统自动释放形参的存储空间。地址传递方式的特点是：在被调用函数中可以对实参地址所对应的存储单元进行访问，即可以读取或修改该内存单元的值。因此，可以通过地址传递方式实现函数的输出，即将被调用函数修改的值传递（返回）给调用者。

由于地址传递方式可以在被调用函数中读取或修改实参所指内存单元的值，因此，可以通过地址传递方式实现被调用函数与调用者之间的双向数据传递，即以地址传递方式接收算法的输入，并将计算结果传递给调用者。

例如，如下程序：

```
int main()
{
   int w=3,v=5;
   printf("%d%d",w,v);
   change(&w,&v);
   printf("%d%d",w,v);
}
void change2(int *x,int *y)
{
   int temp;
   temp=*x;
   *x=*y;
   *y=temp;
}
```

前面试图用 change1()函数实现交换两个变量的值，被调用函数完成了交换功能，但不能把交换结果返回给调用者；而 change2()采用指针传递方式交换两个变量的值，被调用函数实质上是在实参指针所指内存单元进行交换操作，因此能够把交换结果传递给调用者。

根据之前所述可知：

（1）如果希望实参的值在被调函数中不发生变化，可以通过传值的方式传递实参。

（2）如果希望实参的值在被调函数中发生变化，可以通过传地址方式传递实参；或者被调函数一次返回多个值，也可以通过传地址方式来返回这些值。

4.3.4　函数的返回值

函数的调用本质上是一个表达式，它将返回特定类型数据的值（即返回值），因此只要该值能出现的位置，就可以使用该函数调用表达式。在定义函数时，由于函数尚未执行，其结果（即返回值）是未知的，但能够确定结果的数据类型，因此，在定义函数时要执行函数的返回值类型。从函数返回值的类型看，有两种类型：一是完成确定的运算，并由运算结果返回给主调函数，称为有返回值的函数；二是完成指定的工作，没有确定的运算结果需要返回给主调函数，称为无返回值的函数。通常用于实现结构化程序设计中的过程模块，函数类型用 void 指定。

1. 有返回值函数

有返回值函数在函数执行结束后向调用者返回一个执行结果，称为函数的返回值。有返回值函数在函数定义时必须说明返回值的类型，在函数体中由 return 语句给出具体的返回值。

有返回值 return 语句的一般形式如下：

```
return 表达式;
```

或

```
    return (表达式);
```

先求解表达式的值，再返回其值。通常表达式的结果类型与函数的返回值类型一致，如果两者不一致，以函数类型为准。

return 语句的作用有两个：一是结束函数的运行；二是带着运算结果（表达式的值）返回主调函数。

例如，比较两个整数的值，并将最大值返回。函数定义如下：

```
int max(int x,int y)
{
   if(x>y) return x;
   else return y;
}
```

2. 无返回值函数

无返回值函数只完成某种特定的处理，函数执行后无须向调用者返回计算结果。无返回值函数在函数定义时必须将返回值的类型说明为 void（即空类型），函数体中的 return 语句只结束函数的执行。

如果函数类型为 void，则函数返回直接用 return 语句，不必跟上一个表达式。无返回值 return 语句的一般形式如下：

```
return ;
```

在函数定义中也可以没有 return 语句，此时函数执行到最后一条语句。

例如：定义函数打印九九乘法表。

打印九九乘法表不需要输入数据，也没有具体的计算结果，因此形参和返回值类型均为空类型。函数定义如下：

```
void table99()
{
    int i,j;
    for(i=1;i<10;i++)
    {
        for(j=1;j<10;j++)
        printf("%d*%d=%3d",j,i,j*i)          /*列号在前，乘法结果左对齐*/
        printf("\n");                        /*第 i 行打印完毕，换行*/
    }
    return ;                                 /*结束函数 table99()的执行*/
}
```

无论函数是否有返回值，都为函数定义指定一个明确的返回值类型，并且函数体中一定要出现对应的 return 语句。如果形参为空，也可将形参指定为 void，以明确该函数为无参函数，如 void table99(void)。

函数体也可以是空的，即函数体中可以没有任何语句，称为空函数。例如：

```
void fun()
{

}
```

使用空函数仅仅是为了“占位”，调用者可以按正常方式对其进行调用，但不执行任何操作。空函数对于较大程序的编写、调试和扩充很有用。对于大型程序来说，不能写出所有函数后再进行调试，对于那些还没有具体内容的函数可以只写出空函数，等到相应函数调试完后或需要扩充函数功能时再补充具体内容。

对于 main()函数中的 return 语句，由于主函数 main()由操作系统调用，main()函数执行结束后要返回到操作系统，则 return 语句结束函数 main()的执行并将返回值传递给操作系统。

4.4 递归函数

一个函数除了可以调用其他函数外，还可以调用自己，这种函数自己调用自己的形式称为函数的递归调用。带有递归调用的函数称为递归函数。

递归调用有直接递归调用和间接递归调用两种形式。直接递归调用即在函数中出现调用函数本身；间接递归调用是指函数中调用了其他函数，而其他函数又调用了本函数。

递归程序的设计思想体现在逐步求精原则，把一个问题分解成若干个子问题。

本节通过两个典型问题的解析，介绍函数递归调用的思想和实现方法。

4.4.1 导例：假币问题（三分法）

1. 问题描述

有 n 个硬币，已知有一个是假币，而且它的重量比真币小，现在有一个天平，问最多需要称几次可以把那个假币找出来？

2. 问题分析

方案 1：采用二分法，即将硬币分成两份。

用 $f(n)$表示当硬币数为 n 时需要称重的次数。

当 n=1 时，不用称即可知道：如果必有假币，只有一枚，即是假币。

当 n=2 时，称 1 次即可知道：重量轻的那个硬币是假的。

当 n=3 时，选出两个用天平称 1 次即可：如果两个硬币相等，第三个硬币是假币；如果两个不等，那么重量轻的那个硬币是假的。

当 n>3 时，如果 n 能被 2 整除，则将硬币分成两份，同样按照前面的称重方法，公式为 $f(n)=1+f(n/2)$。如果 n 不能被 2 整除，那么将它先分成个数相同的两堆，公式为 $f(n)=1+f((n-1)/2)$ 与 $f(n)=1+f(n/2)$结果一样。所以，统一公式为 $f(n)=1+f(n/2)$。

$$
f(n)=\begin{cases}0 & (n=1)\\ 1 & (n=2)\\ 1 & (n=3)\\ 1+f(n/2) & (n>3)\end{cases}
$$

方案 2：采用三分法，即将硬币分成三份。

用 $f(n)$表示当硬币数为 n 时需要称重的次数。

当 n=1 时，不用称即可知道：如果必有假币，只有一枚，即是假币。

当 n=2 时，称 1 次即可知道：重量轻的那个硬币是假的。

当 n=3 时，选出两个用天平称 1 次即可：如果两个硬币相等，第三个硬币是假币；如果两个不等，那么重量轻的那个硬币是假的。

当 n>3 时，如果 n 能被 3 整除，则将硬币分成三份，同样按照前面的称重方法，公式为 $f(n)=1+f(n/3)$。如果 n 不能被 3 整除，那么将它先分成个数相同的两堆，第 3 堆个数比前两堆多一个或少一个，最多可能的个数为 $n/3+1$ 个，公式为 $f(n)=1+f(n/3)$。

$$f(n)=\begin{cases}0 & (n=1)\\ 1 & (n=2)\\ 1 & (n=3)\\ 1+f(n/3) & (n>3)\end{cases}$$

当硬币数量比较大时，与二分法相比，三分法寻找假币需要称重的次数更少，整个实现过程更高效。

3. 算法描述

将上述方案 2 过程以算法的形式描述为：

（1）定义一个整型变量 coin，调用函数 fake(coin)，计算给出的硬币数量通过多少次可以找出假币。

（2）fake(coin)函数按照上述递归公式，设计找出假币的次数。

根据 coin 的值，用 swtich 语句，判断 coin 分别等于 1、2、3 时需要的次数，大于 3 时使用递归，最后得出结果。

上述算法的流程图描述如图 4-10 所示。

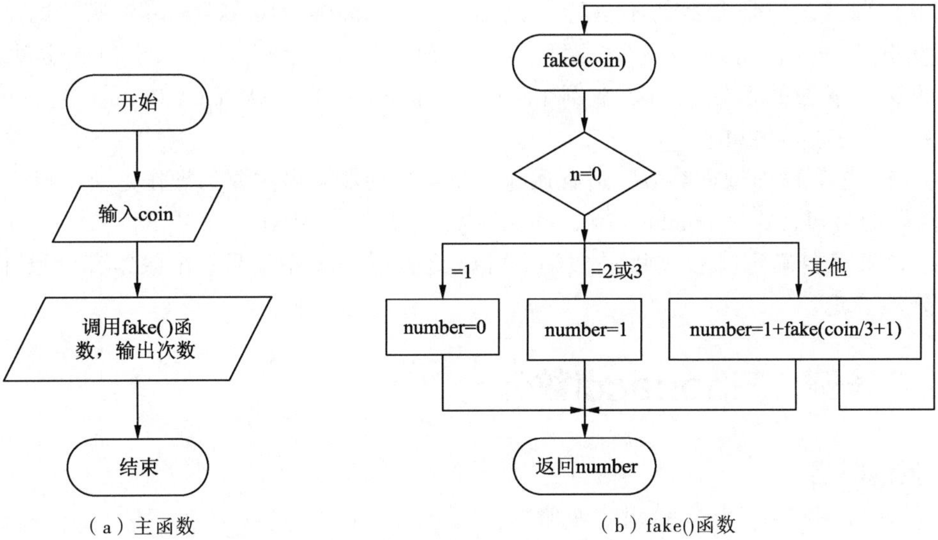

图 4-10 主函数和 fake()函数流程图

4. 程序实现

实现上述算法的C语言程序为：

```
#include <stdio.h>
int fake(int coin);
main()
{
   int coin;
   printf("输入硬币数:");
   scanf("%d",&coin);
   printf("需要称%d次 \n", fake(coin));  //递归函数调用
}
int fake(int coin)
{  int number;
   switch(coin)
   {   case 1: number=0;break;
       case 2: case 3: number=1;break;
       default: number=1+fake(coin/3);
   }
   return number;
}
```

5. 运行结果

```
输入硬币数: 9
需要称2次
输入硬币数: 20
需要称3次
```

6. 程序分析

（1）本例通过挑选假币需要次数的计算，介绍了递归函数的定义和调用操作方法。

递归函数的声明、定义和调用和普通自定义函数一样，只是在函数体实现过程中，会调用函数自己，但是参数值不一样。例如本例，number=1+fake(coin/3)就是调用自己，只是参数不是 coin，而是 coin/3；而且设计递归函数一定要设计递归出口，也就是递归函数终止递归下去的条件，例如本例中 case 1: number=0;break; case 2: case 3: number=1; break;语句就是递归出口。

（2）与挑选假币的过程类似，适合用递归来解决问题；最主要的操作是获得递归公式。

该问题的递归公式为 number=1+fake(coin/3)；递归终结为 n=1、2或3时，f=0，1。

（3）如果需要确定哪枚硬币是假币，可以给假币按顺序编号，用数组存储硬币编号，采用二分法确定。

4.4.2 导例：Fibonacci数列

1. 问题描述

从键盘输入一个整数 *n*，输出斐波那契数列（Fibonacci）的前 *n* 项。要求每行打印10个数后换行。

2. 问题分析

斐波那契数列为 1、1、2、3、5、8、13……即从第三项开始，各项值都等于前两项值之和。斐波那契数列的定义为：

$$f(n)=\begin{cases}1 & (n=0)\\1 & (n=1)\\f(n-1)+f(n-2) & (n>1)\end{cases}$$

方案 1：采用非递归方法，程序片段如下。

```
first=1,second=1;
scanf("%d",&n);
for(i=0;i<n;i++)
{
   result=first+second;
   printf("%.0f",result);
   first=second;
   second=result;
}
```

方案 2：采用递归方法，定义递归函数 fib(k)，获得斐波那契数列的第 k 个数。

3. 算法描述

将上述方案 2 的过程以算法的形式描述为：

（1）定义一个整型变量 value。

（2）调用函数 fib(n)，输出第 n 项值。

（3）fib(n)函数按照上述递归公式，实现递归出第 n 项的值。

当 n=0 或 1 时，表示计算 fib(0)或 fib(1)，直接等于 1；

如果把计算第 n 项值写成函数 fib(n)，那么 fib(n)的实现依赖于 fib(n−1)和 fib(n−2)，依此类推。

上述算法的流程图描述如图 4-11 所示。

4. 程序实现

实现上述算法的 C 语言程序为：

```
#include <stdio.h>
int fib(int k);
main()
{
   int n,value,count=0;
   printf("Enter 1 integers\n:");
   scanf("%d",&value);
   for(n=0;n<value;n++)
   {  printf("%10d",fib(n));
      count++;
      if(count%5==0)
         printf("\n");
   }
}
```

```
int fib(int n)
{  int f;
   if(n==0) f=1;
   else if(n==1) f=1;
   else
      f=fib(n-1)+fib(n-2);
   return f;
}
```

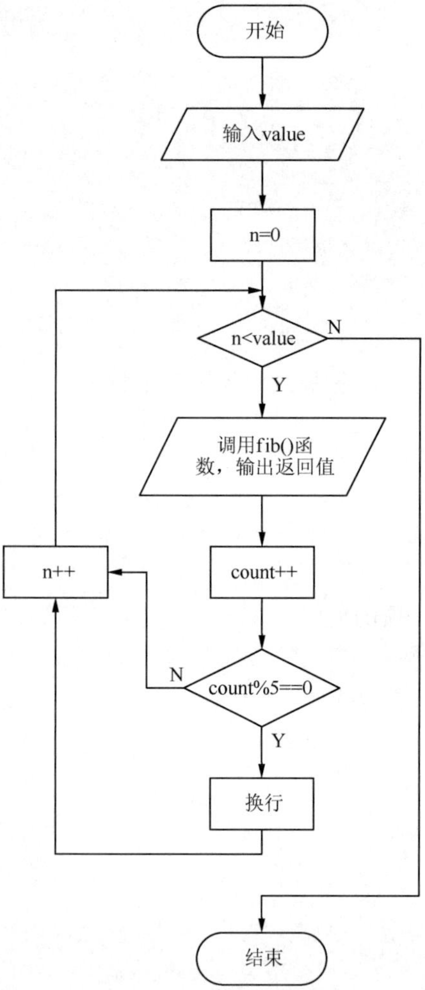

（a）主函数

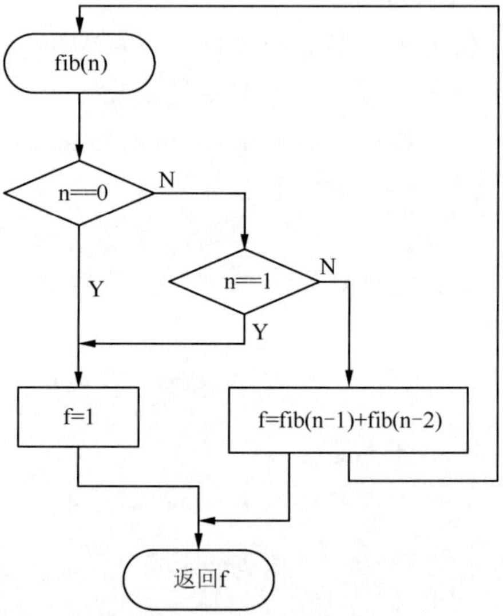

（b）fib()函数

图 4-11　主函数和 fib()函数流程图

5. 运行结果

```
Enter 1 integers: 20
        1        1        2        3        5
        8       13       21       34       55
       89      144      233      377      610
      987     1597     2584     4181     6765
```

6. 程序分析

（1）本例通过对斐波那契数列（Fibonacci）前 n 项的输出操作，介绍了递归函数的定义和调用操作方法。递归函数的声明、定义和调用和普通自定义函数一样，只是在函数体实现过程中调用函数自己，但是参数值不一样。例如本例，f=fib(n−1)+fib(n−2)就是调用自己，只是参数不是 n，而是 n−1 和 n−2；而且设计递归函数一定要设计递归出口，也就是递归函数终止递归下去的条件，例如本例中 if(n==0)f=1;和 else if(n==1)f=1;语句就是递归出口。

当 n=5 时，递归程序的执行过程如图 4-12 所示。

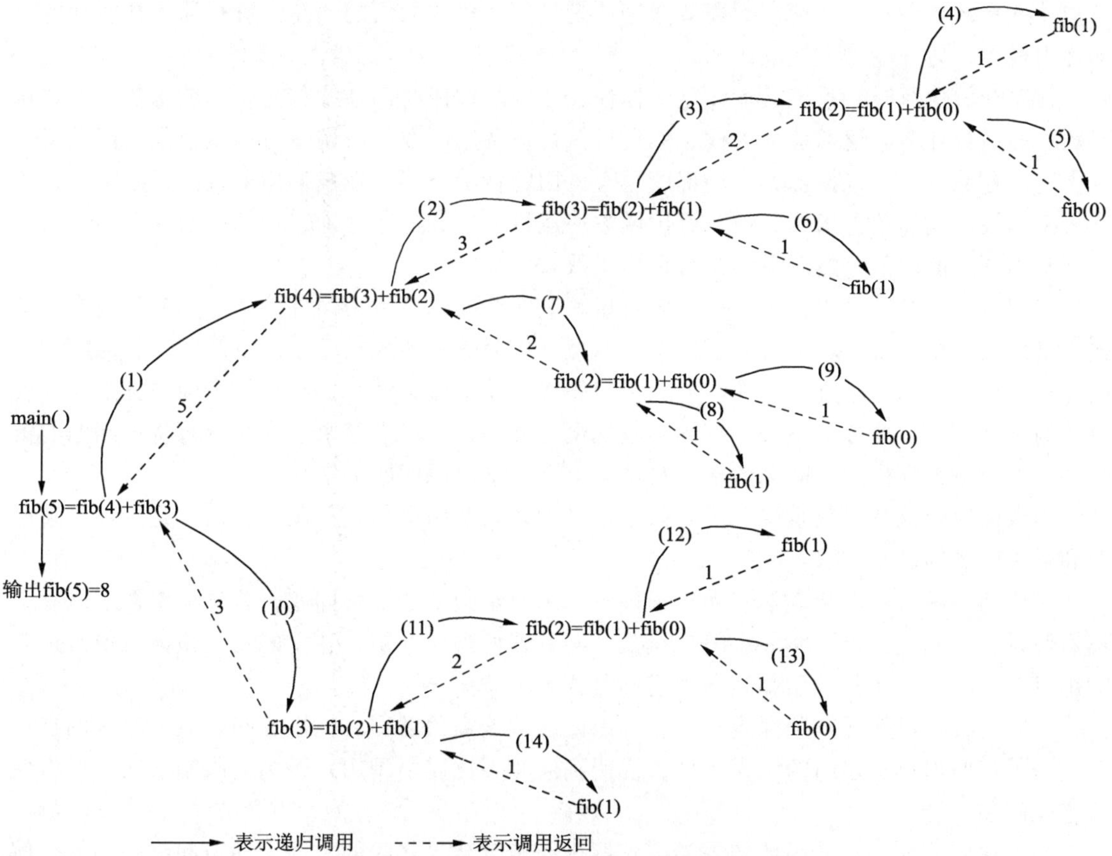

图 4-12　Fibonacci 数列 n=5 的计算过程

（2）对 Fibonacci 数列的显示过程中，最主要的操作是获得 Fibonacci 数列的某一项。因为该数列是有规律的，通过设计一个递归函数来实现；输出前 n 项的所有数列项，可通过一条 for 语句来实现，在输出过程中通过一条 if 语句控制来实现每行显示的数列项个数。

（3）使用递归算法，程序很容易理解，但递归函数在被调用过程需要占用大量内存空间去存储断点信息，而且由于反复调用函数也要花费很多时间，所以效率比较低。如果递归层次比较少，可以考虑递归实现；如果层次多，尽量用非递归解决问题。具体效率分析参见 4.4.4 节。

4.4.3 递归函数的执行过程

函数定义是相互独立的，不允许函数内部定义另一个函数。但函数是可以在执行过程中再调用其他函数，这就是函数的嵌套调用。例如，在函数 A()执行未结束时调用函数 B()，在函数 B()未结束时调用函数 C()。那么函数 C()执行结束后，应该返回到什么位置？是去执行函数 B()？还是执行函数 A()？还是什么都不做？

为了保证函数嵌套调用的正确执行，系统自动设立了工作栈保存返回信息。栈是限定仅仅在一端进行插入（称为入栈、进栈）和删除（出栈）操作的线性序列，即后进先出的数据结构。这意味着最后一个存储到栈的数据项是最先从栈中取出的。允许进行插入和删除的一端称为栈顶，另一端称为栈底。

程序开始执行时，系统自动设立工作栈；在函数调用时，系统首先将当前函数（即调用函数）的运行环境和返回地址进栈，然后再执行被调用函数，所谓运行环境就是本函数运行时占用的存储空间，包括形参、局部变量等占用的存储空间；在被调用函数执行结束后，首先将工作栈的栈顶数据出栈，恢复调用函数的运行环境和返回地址，使相应的形参和局部变量恢复为调用前的值，然后继续执行调用函数。

递归方法的基本思想：将一个难以直接解决的原问题分解为两部分：一部分是规模（即输入量）足够小的子问题，可以直接求解；另一部分是一些规模较小的子问题，子问题的解决方法与原问题的解决方法相同。如果子问题的规模仍然不够小，则再将子问题分解为规模更小的子问题，如此分解下去，直到问题规模足够小，可以直接求解为止，再将子问题的解合并为一个更大规模的子问题的解，自底向上逐步求出原问题的解。

函数的递归就是函数直接调用自己或通过一系列调用语句间接调用自己，是一种描述问题和解决问题的基本方法。

对于递归函数可以从数学归纳法来理解。用数学归纳法证明问题，首先证明初值成立，然后假设 n 时成立，再证明 n+1 时也成立，问题即可得到证明。这里的初值验证就像是递归的出口，从 n 到 n+1 的证明相当于找递归公式。

递归过程不可能无限制地进行下去，因此，从编程角度看，使用递归函数要注意两点：

（1）递归出口：递归的结束条件，说明到何时不再递归调用；否则无限制递归，终将使栈空间溢出。

（2）递归公式：当前函数结果与准备调用的函数结果之间的关系，即原问题是如何分解为子问题的。

很多问题本身就是以递归形式给出的，所以，可以用递归程序求解。例如，阶乘的递归定义：

$$n! = \begin{cases} 1 & (n=0) \\ n*(n-1)! & (n>1) \end{cases} \Longrightarrow \begin{cases} \text{fact}(0)=1 & \rightarrow \text{递归出口} \\ \text{fact}(n)=n*\text{fact}(n-1) & \rightarrow \text{递归公式} \end{cases}$$

设计如上的递归程序求解 n!。

```
#include <stdio.h>
int fun(int n);
```

```
int main()
{
    int n=3,res;
    res=fun(n);
    printf("%d!=%d\n",n,res);
    return 0;
}
int fun(int n)
{
    int fact;
    if(n==0)
        fact=1;
    else
        fact=n*fun(n-1);
    return fact;
}
```

上述程序用图 4-13 描述函数递归调用的运行情况，可直观了解到各调用层次及执行过程。

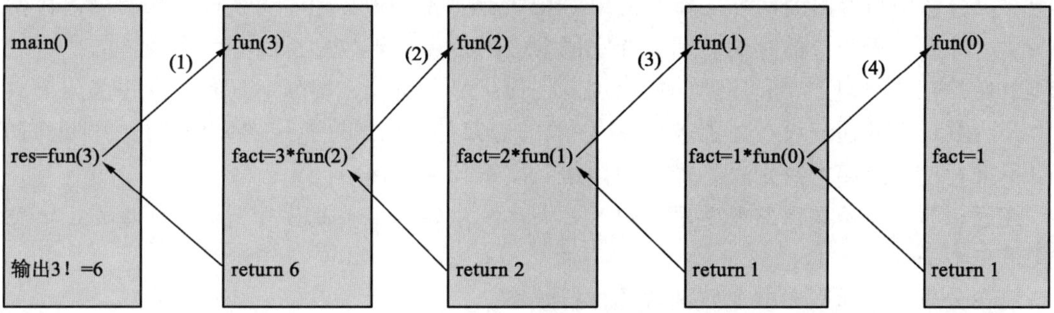

图 4-13　递归函数调用过程

递归程序设计是非常实用的，可以解决一些用其他方法很难解决的问题。但递归程序设计的技巧性比较高，对于一个具体问题，要想归纳出递归公式有时候是很难的。例如，著名的汉诺塔问题。

递归程序的内部执行过程：

在计算机内部，一个函数的递归调用类似于多个函数的嵌套调用，只不过调用函数和被调用函数是同一个函数。为便于理解，可以看成是调用同一个函数的复制。递归调用的内部执行过程如下：

（1）运行开始时，系统设立工作栈来保存每次调用的运行环境，包括形参、局部变量和返回地址。

（2）递归调用前，将调用函数的形参、局部变量以及调用后的返回地址进栈。

（3）调用结束后，将栈顶数据出栈，恢复调用前的运行环境，使相应的形参和局部变量恢复为调用前的值，然后从返回地址指定的位置继续执行调用函数。

上面求 n!程序在递归过程中工作栈的变化情况如图 4-14 所示。变量值写在括号中，返回地址用该语句所在行号表示。

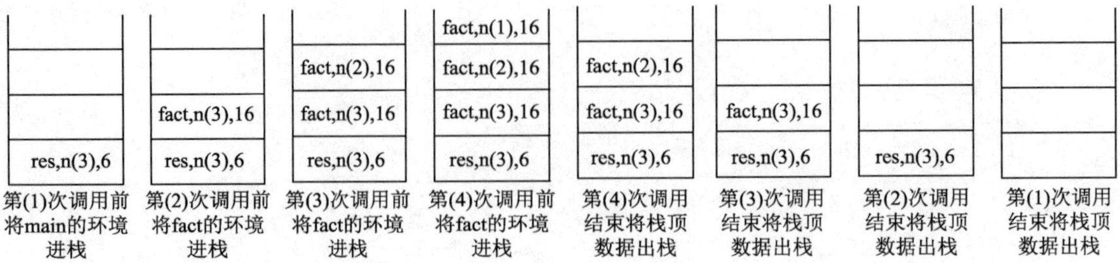

图 4-14　递归过程中工作栈的变化情况

4.4.4　递归函数的效率分析

递归的目的是简化程序设计，使程序易读。现代程序设计的目标主要是可读性好。随着计算机硬件性能的不断提高，程序在更多的场合强调可读性，似乎在鼓励递归设计。但是，递归函数如果很缓慢地逼近到递归结束条件，会使性能大幅下降。递归增加了系统开销，时间上，执行调用与返回的额外工作要占用 CPU 时间。空间上，随着每递归一次，栈内存就多占一块，即要分配相应的存储空间，并完成参数的传递、函数的返回等，在程序的执行效率和所消耗的存储空间上，和非递归相比没有任何优势。所以，实际上只有很少一部分类似于最大公约数计算的递归设计才能被接受。一般的递归都可以通过相应的方法转化为非递归的，所以不推荐使用递归，特别是不推荐使用递归层次较多的递归。

注意：非递归函数虽然效率高，但有时却比较难编程，而且相对来说可读性差，这时还是要用递归函数。

现在分析一下递归和非递归函数的执行效率。

使用 clock()函数获取当前时间信息，通过把当前时间赋给 start；程序运行后，再运行 clock()函数赋给 end，最后输出从 start 到 end 所经过的时间。该函数的原型在 time.h 中。

(double)(end-start)/CLK_TCK 的作用是计算 start 到 end 所经过的时间，用秒表示。

例如，用递归函数和非递归函数求 Fibonacci 数列。

```
//递归版
#include <stdio.h>
#include <time.h>
int fibonacci(int k);
main()
{
   int n,value,count=0;
   clock_t start, end;
   printf("Enter 1 integers\n:");
   scanf("%d",&value);
   start=clock();
   for(n=0;n<value;n++)
   {  printf("%10d",fibonacci(n));
      count++;
      if(count%5==0)
         printf("\n");
```

```
    }
    end=clock();
    printf("The time was: %f\n", (double)(end-start)/CLK_TCK);
}
int fibonacci(int n)
{  int f;
    if(n==0) f=1;
    else if(n==1) f=1;
    else
    f=fibonacci(n-1)+fibonacci(n-2);
    return f;
}

//非递归版
#include <stdio.h>
#include <time.h>
main()
{
    int i,value;
    double result,first=1,second=1;
    clock_t start,end;
    printf("Enter 1 integers\n:");
    scanf("%d",&value);
    start=clock();
    for(i=0; i<value;i++)
    {
        result=first+second;
        printf("%.0f",result);
        first=second;
        second=result;
        if(i%5==0)
            printf("\n");
    }
    end=clock();
    printf("The time was: %f\n", (double)(end-start)/ CLK_TCK);
    return 0;
 }
```

从上面程序可以看出，递归的程序实现看上去确实要比非递归的实现简捷得多，也很好理解。但是有些时候，递归并不是一种很好的解决问题的方法，最常见的一个问题就是深度递归会造成堆栈溢出错误，有时候递归还会导致程序效率下降。这个 Fibonacci 的递归在计算值时，每次递归调用都触发另外两个递归，而这两个递归在调用时每个还要触发另外的两个递归调用，再接下去的调用也是如此，这些递归调用是以几何级数增长的。例如，在递归计算 fibonacci(10)时，fibonacci(3)的值被计算了 21 次。而在递归计算 fibonacci(30)，这个调用的次数是骇人的 31 万左右。非递归程序使用一个简单循环来代替递归，这个非递归的形式虽不如递归简单，也不太符合 Fibonacci 的递归定义，但是，它的效率提高了几十万倍。

所以有时候，需要在效率和程序的可读性和可维护性上做一些取舍。

4.5 局部变量、全局变量与变量作用域

程序中需要定义一些变量，有些变量可以在整个程序中引用，有些变量只能在某个局部范围内（例如函数内部）引用。变量可以引用的范围称为变量的作用域。变量的作用域取决于该变量的定义位置，一般可以将变量作用域分为局部变量和全局变量两种。

本节通过两个典型问题的解析，介绍局部变量和全局变量的定义、作用域、生存期和实现方法。

4.5.1 导例：公园人数统计

1. 问题描述

某公园有两个门 A 和 B，需要统计出某个时间从 A 门和 B 门进出人数和公园总人数。

2. 问题分析

这个案例比较典型地说明了全局变量的应用。公园每天从 A 门和 B 门进出大量的游客，为了掌握游客数量，需要分别掌握 A 门和 B 门游客的数量，并计算出总游客数量。定义 2 个函数 A()、B()分别计算 A 门和 B 门游客的数量。定义 2 个函数 in()、out()分别计算入园和出园游客的人数。定义一个全局变量统计由 A 门和 B 门入园游客的数量。

3. 算法描述

将上述过程以算法的形式描述为：

（1）采用模块化设计方法，每个函数实现一项功能，使得程序结构比较清晰。

（2）main()输入游客信息，从哪个门进出？

（3）A()、B()表示从 A 门或 B 门进出人数。

（4）in()、out()统计入园和出园的人数。

（5）定义全局变量 sum 为公园游客总数。

上述算法的流程描述形式如图 4-15 所示。

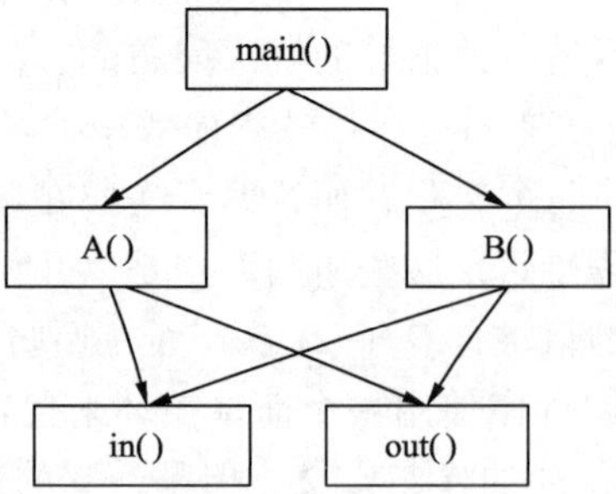

图 4-15　主函数和各模块之间的调用关系

4．程序实现

实现上述算法的C语言程序如下：

```
#include <stdio.h>
int sum=0;                                      /*全局变量*/
int main()
{  char gate;int flag,i,num;                    /*局部变量*/
   void am(int,int);
   void bm(int,int);
   for(i=1;i<=3;i++)
   {
      printf("输入公园a/b门进入/离开人数:");
      scanf("%c%d%d",&gate,&flag,&num);
      if(gate=='a')
         am(flag,num);
      else if(gate=='b')
         bm(flag,num);
      getchar();
   }
   printf("公园总人数是%d人\n",sum);
   return 0;
}

void in(int n)
{  sum+=n;
}
void out(int n)
{  sum-=n;
}

void am(int flag,int num)
{
   if(flag==1)
   {  printf("a门本次进入%d人\n",num);
      in(num);
   }
   else
   { printf("a门本次离开%d人\n",num);
      out(num);
   }
}

void bm(int flag,int num)
{
   if(flag==1)
   { printf("b门本次进入%d人\n",num);
      in(num);
   }
   else
   { printf("b门本次离开%d人\n",num);
      out(num);
   }
}
```

5. 运行结果

```
输入公园 a/b 门进入/离开人数:a 1 10
a 门本次进入 10 人
输入公园 a/b 门进入/离开人数:b 1 20
b 门本次进入 20 人
输入公园 a/b 门进入/离开人数:b 0 15
b 门本次离开 15 人
公园总人数是 15 人
```

6. 程序分析

（1）本例通过统计公园进出园人数，介绍局部变量的作用域和生存周期。局部变量是定义在某个局部范围内的变量，例如函数体内、语句块内等。之前接触到的变量都是局部变量，它们只能作用于定义它的局部范围内。例如，main()函数中的 gate、flag、i、num 变量只能作用于 main()函数中；am()中的变量 num 只能作用于 am()函数中；bm()中的变量 num 只能作用于 bm()函数中。

（2）由于局部变量的作用范围不同，所以它们在不同的函数中是可以同名的。当两者同名时，以对应的函数中的局部变量为准。它们各自的操作不会对其他函数中的同名变量有影响。例如本例中，num 在 main()、am()、bmt()中都有定义，但它们的操作互不影响。

（3）因为需要多次使用入园和出园总人数，所以将这两项功能分别定义成两个函数 in()、out()来实现，对全局变量 sum 进行操作。

4.5.2 局部变量和全局变量

程序中需要定义一些变量，有些变量能够在整个程序中引用，有些变量只能在某个函数内部使用。定义在函数（包括 main()函数）外而不属于任意函数的变量称为全局变量。局部变量是指在某个函数之内或语句块内定义的变量，函数的形参列表中的变量也是局部变量。全局变量的作用范围是从定义开始到程序所在文件的结束，其对作用范围内的所有函数都起作用。全局变量定义的格式与局部变量一样，只是定义的位置不同，可以定义在程序头，也可以定义在两个函数的中间或程序尾部，只要在函数外部即可。

由于全局变量和局部变量的作用范围不同，所以它们是可以同名的。当两者同名时，在对应的函数中全局变量不起作用，函数内以局部变量为准。对于其他不存在同名变量的函数，全局变量依然有效。同样，对于重名的函数局部变量与复合语句中的局部变量，以符合语句为准。

4.5.3 变量的作用域和生存期

变量的作用域和生存期是两个不同的概念。变量的作用域是指变量在哪些代码块中能够访问，变量的生存期是指变量在什么时间段内存在。前者是空间上的可见性，后者是时间上的可见性。

变量从定义开始分配存储单元，到函数结束时存储单元被回收，整个过程称为变量的生存期。一般来说，局部变量的生存期是定义它的函数被执行的周期；而全局变量，由于它和具体函数无关，从程序执行的开始到整个程序的结束，全局变量都有效，对应的存储单元是始终存在的。

在执行 C 语言程序时，函数在被调用之前，其局部变量并未分配相应存储单元，即在内存中是不存在的，只有调用了该函数，内存中才会临时分配相应存储单元。一旦函数运行结束，返回主调函数后，其定义的所有形参和局部变量将不再存在，相应的存储单元也由系统回收。

例如，C 语言程序是从 main()函数开始运行的，随着 main()函数的结束，程序也就结束了；所以，main()函数中定义的变量的生存期跟程序的运行周期一样，但这些变量不是全局变量，只能被 main()函数自己使用，不能被其他函数使用。

1. 局部变量

局部变量在函数内部定义，包括函数参数，它们的有效使用范围被限定在所在的函数内。除了作用于函数的局部变量，C 语言还允许定义作用于复合语句或语句块中的局部变量，其有效使用范围局限于复合语句或语句块内。

（1）函数级局部变量：在函数首部定义的形参、函数体内定义的变量都属于函数级局部变量。由于函数局部变量的作用域仅限于各函数，因此，允许在不同的函数中定义同名变量。它们在内存中占据不同的内存单元，属于不同的作用域，因此互不干扰。例如，4.5.1 节导例中变量 num 是局部变量，其作用域仅限于 am()函数和 bm()函数，在 am()和 bm()中它们虽然名字相同，但是它们代表不同的变量，只能在各自函数中应用。因此，在 in()和 out()函数中引用变量 num 是非法的。

（2）复合语句级局部变量：在复合语句中定义的变量属于复合语句级局部变量，其作用域限于花括号引起的复合语句。如下程序中，变量 t 属于复合语句级局部变量，

```
#include<stdio.h>
int main()
{  int x=2,y=3;
   {  int t;
      t=x; x=y; y=t;        } 局部变量 t 的作用域
   }
   printf("%d",t);          //使用变量 t 超出其作用域，错误
   return 0;
}
```

（3）语句块级局部变量：在语句块中定义的变量属于语句块级局部变量，常见的语句块有循环语句、switch 语句等。

```
#include<stdio.h>
int main()
{  int sum=0;                                  ┐
   for(int i=1; i<100;i++) ┐                   │
   {  sum=sum+i;           } 局部变量 i 的作用域  } 局部变量 sum 的作用域
   }                       ┘                   │
   printf("总和为%d",sum);                      ┘
   return 0;
}
```

如果在定义局部变量时，在类型前面加 static，那么该局部变量的生命周期将会改变，它将在程序运行期间一直在内存中存在，这类局部变量称为静态局部变量。一旦含有静态局部变量的函数被再次调用，则上一次函数调用后，留在静态局部变量中的值仍然会保存，可供本次调用继续使用。

```
#include<stdio.h>
int add();
int main()
{
   int result;
   result=add();
   printf("第一次累加和为%d\n",result);      //result 的值为 45
   result=add();
   printf("第二次累加和为%d\n",result);      //result 的值为 90
   return 0;
}
int add()
{
   static int sum=0;                          //静态变量 sum，初始化只执行一次
   int i;
   for(i=1;i<10;i++)
      sum+=i;
   return sum;
}
```

运行结果：

```
第一次累加和为 45
第二次累加和为 90
```

静态变量 sum 只在函数第一次被调用时赋初值为 0，以后调用都按前一次调用后保留的值使用。当函数第一次调用时，为静态局部变量分配内存单元，赋初值，当函数结束后，静态局部变量的内存单元不被撤销；当函数被再次调用时，不会为静态局部变量分配内存单元，也不再赋初值。但静态变量只能用于所定义的函数，而不能用于其他函数（包括 main()函数）。

上例第一次调用 add()函数后，sum 值的结果是 45，第二次调用后 sum 值从上次保存的值 45 开始参与累加，结果是 90。

如果 sum 前面没有 static，那么它不是静态局部变量，而是普通局部变量，无论调用 add()函数多少次，sum 结果都是 45。

2. 全局变量

全局变量的生存期为整个程序的生存期，其作用域一般为定义处到它所在的文件结束。全局变量不属于任何一个函数，可以被作用域内的所有函数使用。例如，以下程序的全局变量 food 的作用域是整个源程序，main()函数、search()函数、in()函数和 out()函数均可以访问全局变量 food，每次调用 in()函数或 out()函数均是对变量 food 进行操作。

```
#include<stdio.h>
int food=0;merch=0;fresh=0;
void in(){
…
}
void out()
…
}
void am()
{
  …                              全局变量 sum 的作用域
}
void bm()
{
  …
}
int main()
{
  …
}
```

对于全局变量，从原则上说可以被程序中的所有函数使用。但C语言遵循了“先定义后使用”的原则，所以，若全局变量的使用位置先于该全局变量的定义或要使用另一个C源程序里定义的变量时，不能直接使用全局变量，而需要进行外部变量的声明。

外部变量声明格式为：

```
extern 变量名表;
```

外部变量只是起说明作用，告诉C编译器该变量将在后面的代码中定义。它不分配存储单元，存储单元将在变量定义处分配。

全局变量和静态变量一经生成就始终占有内存空间，直到程序执行完毕才释放变量的内存空间，因此可以用来保存需要全程操作的数据。

虽然全局变量可以加强函数之间的数据联系，但由于这些函数依赖于全局变量，使得函数独立性降低。从模块独立性的角度看是不推荐的，因此应尽量避免使用全局变量。

3. 全局变量、局部变量、静态全局变量、静态局部变量的区别

变量根据定义位置的不同，具有不同的作用域，作用域可分为6种：全局作用域、局部作用域、语句作用域、类作用域、命名作用域和文件作用域。

从作用域看：

（1）全局变量具有全局作用域。全局变量只需要在一个源文件中定义，就可以作用于所有的源文件。当然，其他不包括全局变量定义的源文件需要用extern关键字再次声明这个全局变量。

（2）静态局部变量具有局部作用域。它只被初始化一次，自第一次初始化直到程序结束都一直存在，它和全局变量的区别在于全局变量对所有的函数都是可见的，而静态局部变量只对定义自己的函数体始终可见。

（3）局部变量也只有局部作用域，它是自动对象，在程序运行期间不是一直存在，而是

只在函数执行期间存在。函数一次调用结束后，变量就被撤销，其所占用的内存也被收回。

（4）静态全局变量也具有全局作用域，它与全局变量的区别在于如果程序包含多个文件，它作用于定义它的文件，不能作用到其他文件，即被 static 关键字修饰过的变量具有文件作用域。这样即使两个不同的源文件都定义了相同的静态全局变量，它们也是不同的变量。

从分配内存空间看：

（1）全局变量、静态局部变量、静态全局变量都在静态存储区分配空间，而局部变量在栈分配空间。

（2）全局变量本身就是静态存储方式，静态全局变量当然也是静态存储方式。这两者在存储方式上没有什么不同，区别在于非静态全局变量的作用域是整个源程序，当一个源程序由多个源文件组成时，非静态的全局变量在各个源文件中都是有效的。而静态全局变量则限制了其作用域，即只在定义该变量的源文件内有效，在同一源程序的其他源文件中不能使用它。由于静态全局变量的作用域局限于一个源文件内，只能为该源文件内的函数公用，因此可以避免在其他源文件中引起错误。

（3）静态变量会被放在程序的静态数据存储区中，这样可以在下一次调用时保持原来的赋值。这一点是它与堆栈变量和堆变量的区别。

（4）变量用 static 告知编译器，自己仅在变量的作用域范围内可见，这一点是它与全局变量的区别。

从以上分析可以看出，把局部变量改变为静态变量后是改变了它的存储方式，即改变了它的生存期。把全局变量改变为静态变量后是改变了它的作用域，限制了它的使用范围，因此 static 这个说明符在不同的地方起的作用是不同的。

注意：

（1）若全局变量仅在单个文件中访问，则可以将这个变量修改为静态全局变量。

（2）若全局变量仅在单个函数中使用，则可以将这个变量修改为该函数的静态局部变量。

（3）全局变量、静态局部变量、静态全局变量都存放在静态数据存储区。

（4）函数中必须要使用 static 变量的情况：当某函数的返回值为指针类型时，则必须是 static 的局部变量的地址作为返回值，若为 auto 类型，则返回为错指针。

4.6 函数综合应用

人们在求解某个复杂问题时，通常采用逐步分解、分而治之的方法，即将一个大问题分解成若干个容易求解的小问题，小问题再进一步分解成若干个更小的问题，然后分别求解。同理，程序员在设计一个复杂的应用程序时，通常也是把整个程序划分成若干个功能单一的程序模块，然后分别实现，最后再把所有的程序模块组合在一起，这种设计方法，称为模块化设计方法。

本节通过两个典型问题的解析，介绍程序设计的模块化思想和程序主题框架的设计与实现方法。

4.6.1 导例：模拟银行ATM机存取款

1. 问题描述

模拟银行 ATM 机存取款，实现单个账户的查询、存款、取款、转账、修改密码等功能。

2. 问题分析

方案 1：在 main()函数中完成全部上述各项需求，即查询、存款、取款、转账、修改密码。

方案 2：进行模块化设计，上述各项需求，即查询、存款、取款、转账、修改密码分别用不同函数实现。由 main()函数调用各函数来实现上述需求。首先输入密码进行判断，密码正确后输出一个简单菜单显示项，操作有：1——查询、2——存款、3——取款、4——转账、5——修改密码、0——退出，读取用户的操作选择；再根据操作选择项，分别调用各自函数，经多次操作直到输入操作为 0 结束。

3. 算法描述

将上述方案 2 以算法的形式描述为：

（1）设变量 balance 保存存款余额，由于它被查询函数、存款函数、取款函数和转账函数共用，因此令其为全局变量；key 保存密码，由于它被主函数和修改密码函数共用，因此令其为全局变量。

（2）模块划分，确定各函数的功能、参数和返回值。

- menu()函数：显示菜单选择项，读取操作选择。
- check()函数：返回存款余额。
- deposit()函数：存款，根据输入的金额增加存款余额。
- withdraw()函数：取款，根据输入的金额减少存款余额；如果金额不足，则提示不能进行取款操作。
- transfer()函数：转账，根据用户输入的账户名和金额，减少存款余额，该账户增加余额。如果金额不足，则提示不能进行取款操作。
- changekey()函数：修改密码，连续输入两次，如果相同则修改成功，否则修改失败。

（3）主函数：调用 menu()函数，根据选择的菜单项编号，用一个 switch 语句，分别执行 check()、deposit()、withdraw()、transfer()、changekey()和退出系统。

主函数和各模块之间的调用关系如图 4-16 所示。

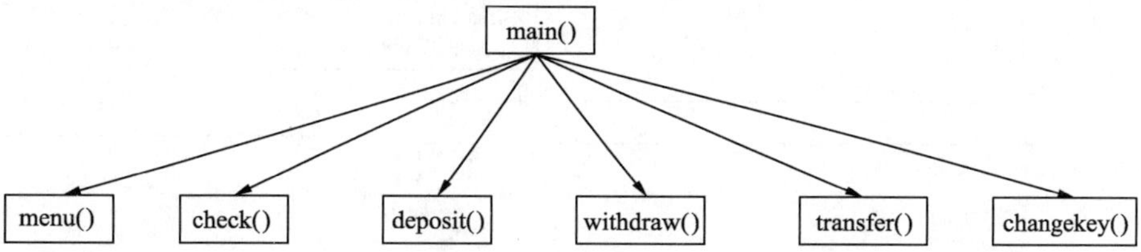

图 4-16 主函数和各模块之间的调用关系

上述算法的流程图描述如图 4-17～图 4-19 所示。

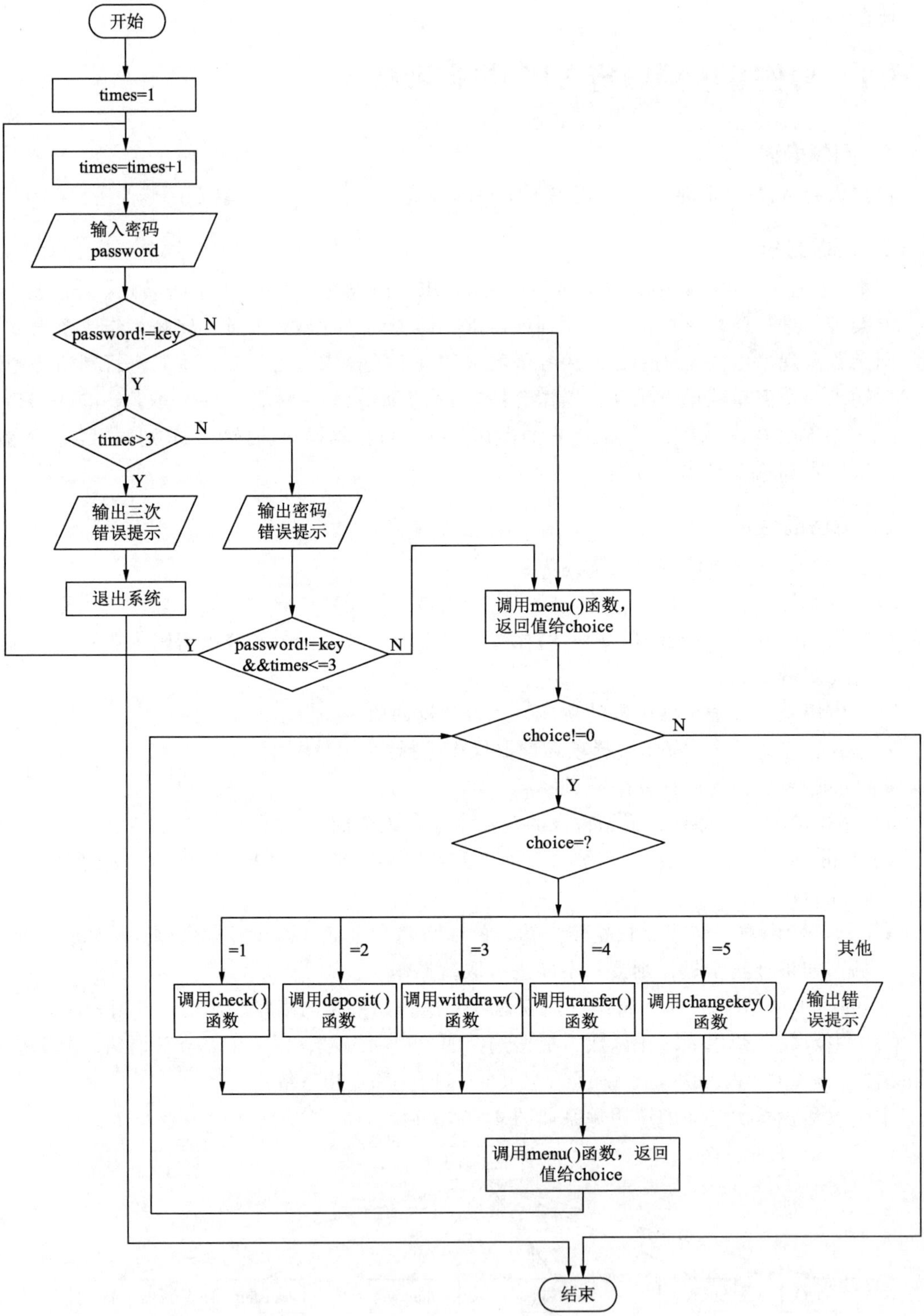

图 4-17　模拟 ATM 机存取款主函数流程图

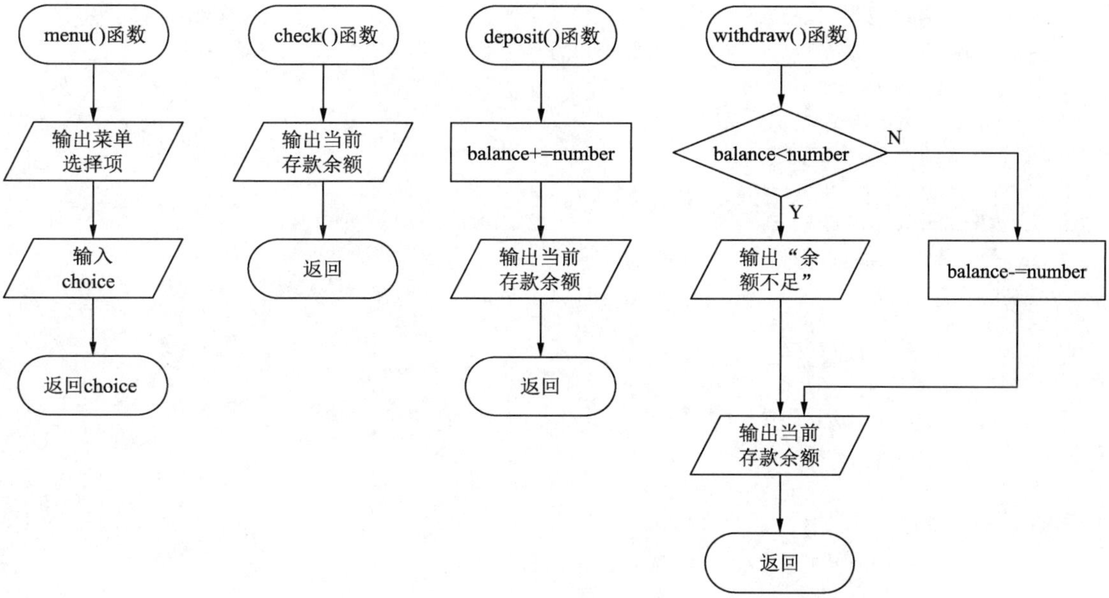

图 4-18　menu()、check()、deposit()和 withdraw()函数流程图

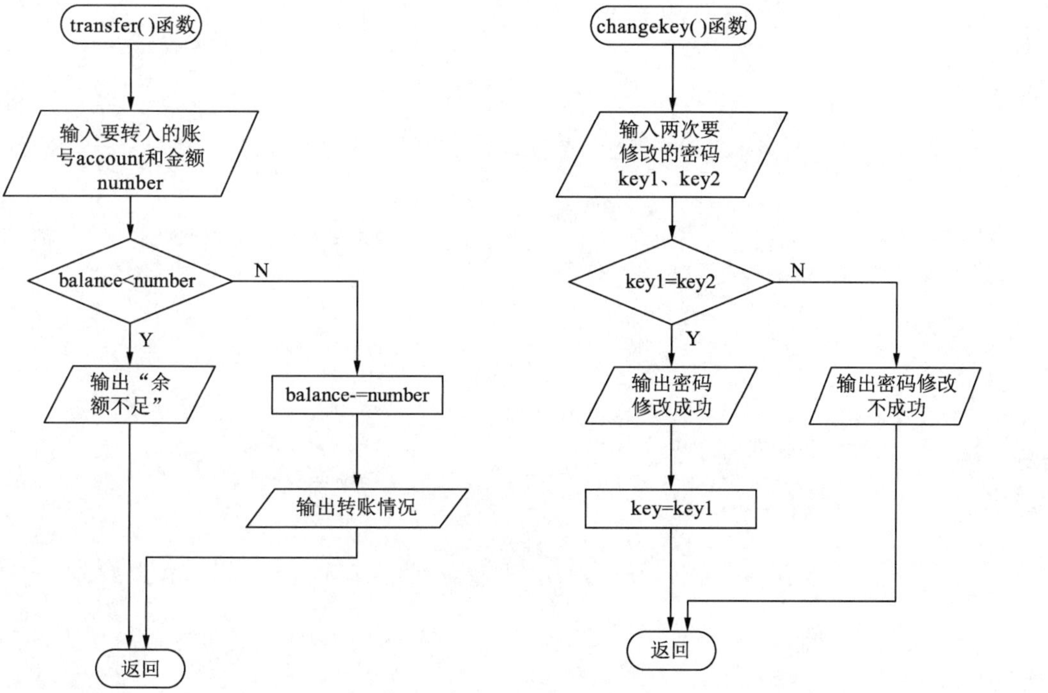

图 4-19　transfer()和 changekey()函数流程图

4. 程序实现

实现上述算法的 C 语言程序为：

```
#include <stdio.h>
#include <conio.h>
#include <stdlib.h>
```

```
double key=123456,balance=0;          //定义全局变量，保存密码和存款余额
int menu(void);
void check(void);
void deposit(void);
void withdraw(void);
void transfer(void);
void changekey(void);

int main()
{
   int password,times=1,choice;
   do{
      times++;
      printf("请输入密码（6位数字）：");
       scanf("%d",&password);
       if(password!=key)
          if(times>3)
          {
              printf("密码输入三次错误！按任意键退出！\n");
              getch();
              exit(0);
          }
          else
          printf("密码输入错误！请再次输入密码！\n");
   }while(password!=key&&times<=3);

   choice=menu();                              //显示菜单项，获取操作类型
   while(choice!=0)                            //若输入类型为0，循环结束
   {
      switch(choice)
      {
        case 1: check();break;             //函数调用,查询
        case 2: deposit();break;           //函数调用,存款
        case 3: withdraw();break;          //函数调用,取款
        case 4: transfer();break;
        case 5: changekey();break;
        default: printf("输入错误，请重新输入选择项 :"); break; //输入错误提示
      }
      choice=menu();                           //继续输入操作类型
   }
return 0;
}

int menu(void)                                 //定义菜单函数
{
   int choice;
   printf("********银行ATM机存取款管理系统********\n");
   printf("********0--退出系统\n");
```

```
    printf("********1--查询账户余额\n");
    printf("********2--存款\n");
    printf("********3--取款\n");
    printf("********4--转账\n");
    printf("********4--修改密码\n");
    printf("请输入选择项: ");
    scanf("%d",&choice);                //输入操作类型
    return choice;
}

void check(void)                        //定义存款余额查询函数
{
    printf("当前存款余额为:%.2f\n",balance);
}

void deposit(void)                      //定义银行存款函数
{
    int number;
    printf("请输入存款金额:");
    scanf("%d",&number);                //输入操作金额
    balance+=number;
    printf("当前存款余额为:%.2f\n",balance);
}

void withdraw(void)                     //定义银行取款函数
{
    int number;
    printf("请输入取款款金额:");
    scanf("%d",&number);                //输入操作金额
    if(balance<number)
        printf("余额不足, 不能取款");
    else
        balance-=number;
    printf("当前存款余额为:%.2f\n",balance);
}

void transfer(void)                     //定义银行转账函数
{
    int account,number;
    printf("请输入要转入的账号:");
    scanf("%d",&account);
    printf("请输入转账金额:");
    scanf("%d",&number);                //输入操作金额
    if(balance<number)
        printf("余额不足, 不能转账");
    else
    {
        balance-=number;
```

```
        printf("转账成功!转出金额为: %d，当前存款余额为:%.2f\n",number,balance);
    }
}

void changekey(void)                    // 定义银行修改密码函数
{
    int key1,key2;
    printf("请输入要修改的密码（6位数字）: ");
    scanf("%d",&key1);
    printf("请再次输入要修改的密码（6位数字）: ");
    scanf("%d",&key2);
    if(key1==key2)
    {
        printf("密码修改成功! ");
        key=key1;
    }
    else
        printf("密码修改不成功! ");
}
```

5. 运行结果

```
请输入密码（6位数字）: 123456
********银行ATM机存取款管理系统********\n");
********0--退出系统\n");
********1--查询账户余额\n");
********2--存款\n");
********3--取款\n");
********4--转账\n");
********5--修改密码\n");
请输入选择项: 2
请输入存款金额:1000
当前存款余额为:1000.00
```

6. 程序分析

（1）该程序功能相对较多，采用模块化设计更容易理解、测试、维护。考虑设计成每个功能用一个函数实现，main()作为主控模块分别调用其他函数。

（2）从程序中可以看出，对于全局变量 balance、key，各函数可直接使用，看似很方便。确实使用全局变量比局部变量自由度大、更方便，一旦定义，所有函数都可以直接使用，有些函数连参数都可以省略，甚至函数返回结果个数也不受限制，不需要使用 return 语句，可以直接通过全局变量回送结果。但是，对于规模较大的程序，过多使用全局变量会带来副作用，导致各函数相互干扰，程序的可理解性、可测试性和可维护性都会很差。因此，在变量使用中，尽量使用局部变量，以提高程序的质量。

4.6.2 导例：贷款计算器

1. 问题描述

贷款计算器是根据贷款情况计算还款情况的计算器。贷款计算器有很多种，这里设计一款简单的贷款计算器：选择等额本金或等额本息的还款方式时，计算每月的月供、利息总额和还款总额。

2. 问题分析

简易贷款计算器的功能如下：

（1）录入贷款信息，即输入贷款方式（等额本息、等额本金）、贷款总额、按揭年数、年利率、利率折扣等信息。

（2）显示贷款信息，即输出贷款方式（等额本息、等额本金）、贷款总额、按揭年数、年利率、利率折扣等信息。

（3）计算还款信息，即计算出每月的月供、利息总额、还款总额等信息。

（4）退出系统。

方案 1：上述各项需求“输入”“查询”“计算”全部放在 main()函数中实现。

方案 2：进行模块化设计，上述各项需求“输入”“查询”“计算”分别用不同的函数实现。由 main()函数调用各函数来实现上述需求，首先输出一个简单菜单显示项，操作有 1——输入、2——查询、3——计算还款信息、0——退出，读取用户的操作选择；再根据操作选择项，分别调用各自的函数，经多次操作直到输入操作为 0 结束。

3. 算法描述

将上述方案 2 过程以算法的形式描述为：

（1）编写一个菜单驱动的贷款计算程序，设计菜单函数 menu()，根据菜单项选择要调用的函数，设计 input()、show()、pay()函数分别实现贷款信息输入、显示贷款信息和还款信息。

（2）定义全局变量，pattern 表示还款方式， loan 表示贷款总额，year 表示按揭年数，rate 表示年利率，discount 表示利率折扣，因为上述信息需要在多个函数中使用，所以定义为全局变量。

（3）input()函数输入贷款信息，输入 5 个数并保存于变量 pattern、loan、year、rate、discount 中，分别表示还款方式、贷款总额、按揭年数、年利率、利率折扣。

（4）show()函数输出贷款的信息，输出 pattern、loan、year、rate、discount 的值，因为是全局变量，所以没有参数和返回值。

（5）pay()函数专门计算还款信息，计算每月的月供、利息总额、还款总额。

现在银行最常用的中长期贷款的还款方法有两种：等额本息还款法和等额本金还款法。

按照等额本息还款法和等额本金还款法分别计算每月的月供、利息总额、还款总额等还款信息。

（6）退出系统。

上述算法的流程图描述如图 4-20～图 4-22 所示。

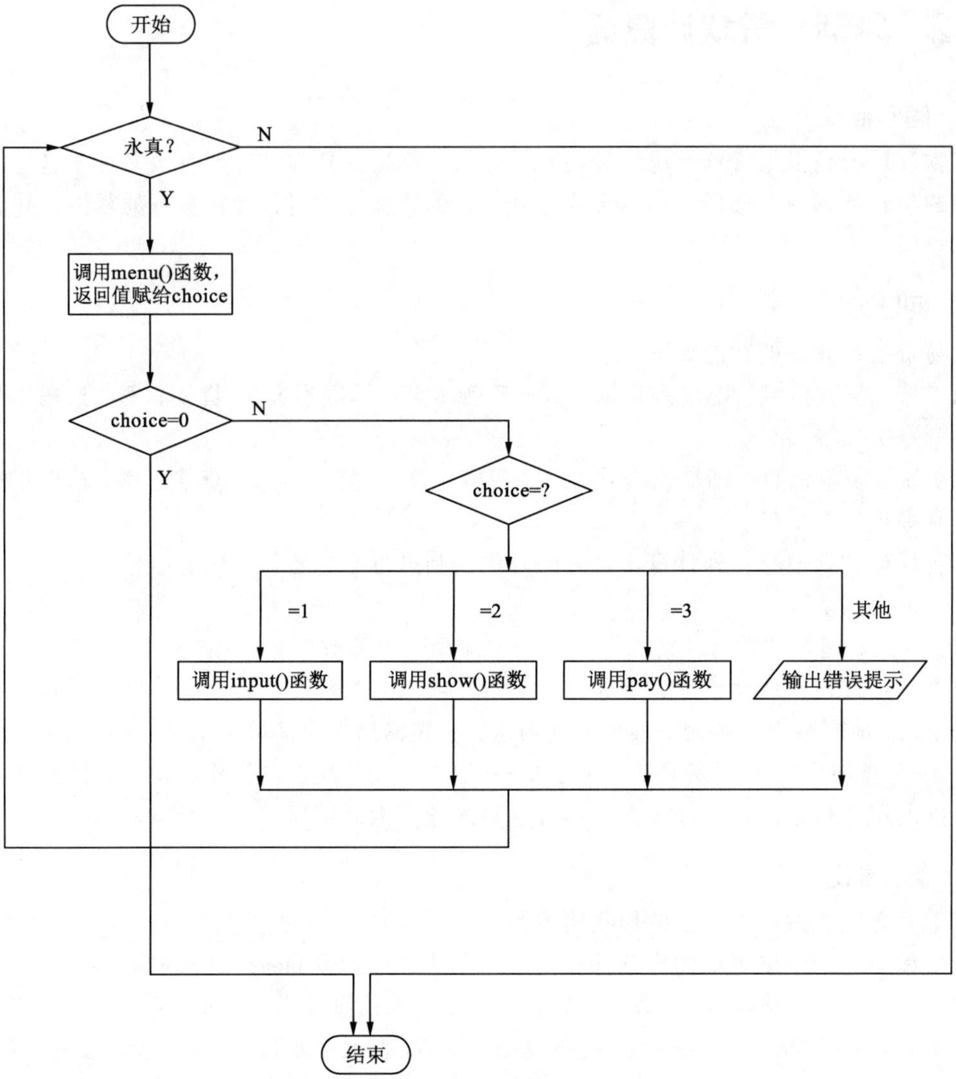

图 4-20　主函数流程图

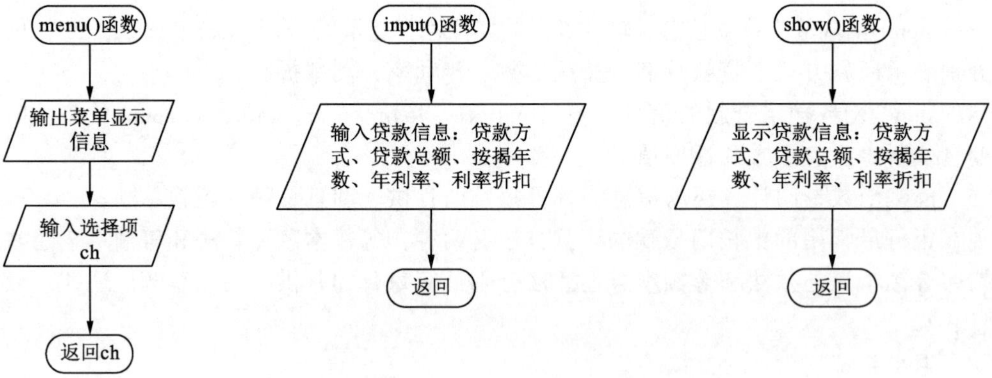

图 4-21　menu()、input()、show()函数流程图

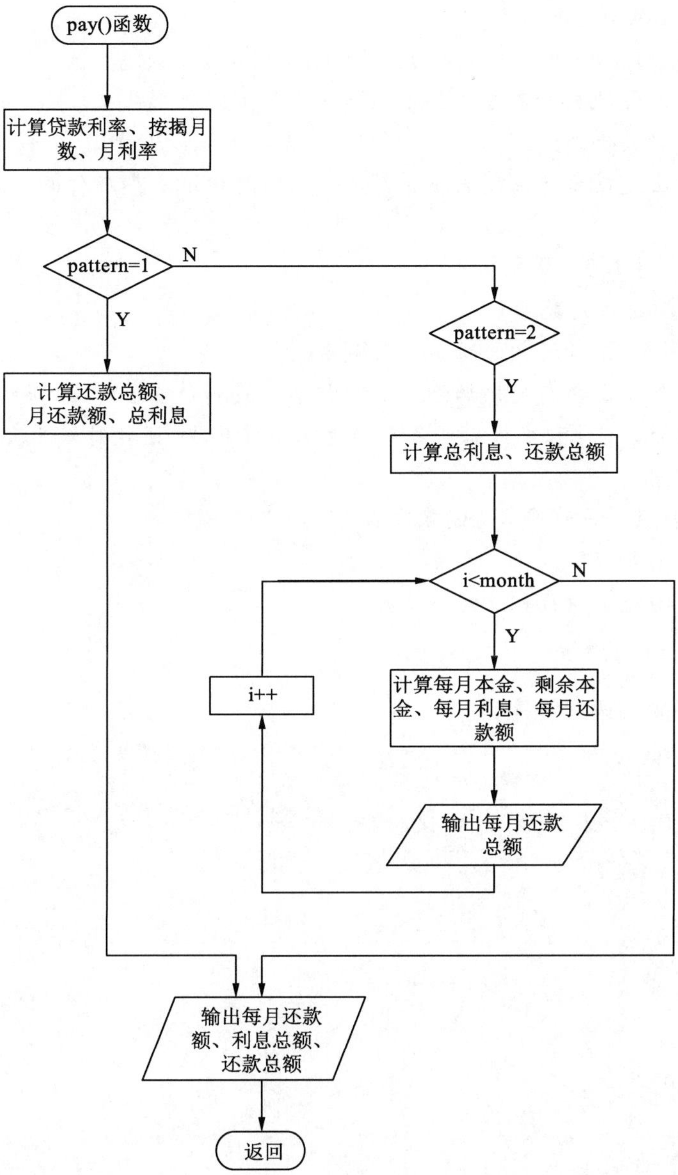

图 4-22 pay()函数流程图

注意：

（1）等额本息计算公式：

等额本息还款法是等额利息优先还款法，其意义是每期应还的金额相同，每期应还利息按剩余本金重新计算的一种等额还款法。

计算原则：银行从每月月供款中，先收剩余本金利息，后收本金；利息在月供款中的比例中随剩余本金的减少而降低，本金在月供款中的比例因增加而升高，但月供总额保持不变。

月还款=月还款系数×贷款金额总利息=月还款额×总期数-贷款总额

例如贷款额为 a，月利率为 i，年利率为 I，$i=I/12$，还款月数为 n，每月还款额为 b，还

款本息总和为 Y，还款利息总和为 Z。

还款本息总和：$Y = n \times a \times i \times（1 + i）n \div [（1 + i）\times n - 1]$

月均还款：$b = Y/n$ 还款利息总和：$Z = Y - a$

（2）等额本金计算公式：

等额本金还款法是指客户每期偿还等额本金，同时付清本期应付的贷款利息的一种还款方式。

每月还款额=每月本金+每月本息

每月本金=本金/还款月数

每月本息=（本金-累计还款总额）×月利率

计算原则：每月归还的本金额始终不变，利息会随剩余本金的减少而减少。

例如，贷款额为 a，月利率为 i，（年利率为 I，$i=I/12$），还款月数（次数）为 n，还款总额为 Y，总利息为 Z。

总利息=总贷款数×月利率×（还款次数 + 1）÷ 2

总利息=$a \times i \times (n+1)/2$

还款总额为 $Y=a+a \times i \times (n+1)/2$

4. 程序实现

实现上述算法的 C 语言程序为：

```
#include<stdio.h>
#include<math.h>
int pattern=0,year=0;                  //pattern 还款方式
double loan=0,rate=0,discount=0;       //loan 贷款总额,rate 年利率,discount 折扣
int menu(void);
void input(void);
void show(void);
void pay(void);

int main()
{
   int choice;
   while(1)
   {
      choice=menu();
      if(choice==0) break;
      switch(choice)
      {
         case 1: input();break;
         case 2: show();break;
         case 3: pay();break;
         default: printf("输入错误! ");
      }
   }
   return 0;
}

int menu(void)                        //菜单界面
{
   int ch;
```

```
    printf("\n--------贷款计算器--------\n");
    printf("输入贷款信息请按 1\n");
    printf("显示贷款信息请按 2\n");
    printf("显示还款信息请按 3\n");
    printf("退出请按 0\n");
    printf("请输入选择:");
    scanf("%d",&ch);
    return(ch);
}
void input()  //信息输入
{
    printf("贷款方式:等额本息还款输入 1,等额本金还款输入 2:");
    scanf("%d",&pattern);
    printf("贷款总额:");
    scanf("%lf",&loan);
    printf("按揭年数:");
    scanf("%d",&year);
    printf("年利率:");
    scanf("%lf",&rate);
    printf("利率折扣:");
    scanf("%lf",&discount);
}

void show()  //显示贷款信息
{
    printf("贷款方式是: %d\n",pattern);
    printf("贷款总额是: %.2f\n",loan);
    printf("按揭年数是: %d\n",year);
    printf("年利率是: %.2f%%\n",rate);
    printf("利率折扣是: %.2f\n",discount);
}

void pay()
{
    double repay,interest,mrate,mrepay;int month; //repay 还款总额 mrate 月利率
    double mloan,minterest,residual;
    rate=rate*discount/100; month=year*12; mrate=rate/12;
    if(pattern==1)            //等额本息
    {
        repay=loan*month*mrate*pow(1+mrate,month)/(pow(1+mrate,month)-1);
        mrepay=repay/month;
        interest=repay-loan;
        printf("每月还款金额是:%.2f\n",mrepay);
    }
    else if(pattern==2)       //等额本金
    {   mloan=loan/month;
        interest=(month+1)*loan*mrate/2;
          repay=loan+interest;
        residual=loan;
        for(int i=1;i<=month;i++)
        {
            minterest=residual*mrate;
            mrepay=mloan+minterest;
```

```
            printf("每月还款金额是:%.2f\n",mrepay);
            residual=residual-mloan;
        }
    }
    printf("利息总额是:%.2f\n",interest);
    printf("还款总额是:%.2f\n",repay);
}
```

5. 运行结果

```
--------贷款计算器--------
输入贷款信息请按 1
显示贷款信息请按 2
显示还款信息请按 3
退出请按 0
请输入选择: 1
贷款方式:等额本息还款输入 1,等额本金还款输入 2:1
贷款总额:500000
按揭年数:10
年利率:6.6
利率折扣:1.1
--------贷款计算器--------
输入贷款信息请按 1
显示贷款信息请按 2
显示还款信息请按 3
退出请按 0
请输入选择: 3
每月还款金额是:5872.65
利息总额是:204717.48
还款总额是: 704717.48
```

6. 程序分析

程序中有些变量需要用在多个函数中，因此定义为全局变量，如 pattern、year、loan、rate、discount 等。过多的全局变量的使用降低了函数的独立性。如果不希望使用过多的全局变量，可采用后面学习到的数组、指针、结构等，更方便、更合理。

4.6.3 程序主体框架的设计与实现

模块化（modularization）是把系统分割成能完成独立功能的模块，明确规定各模块的输入/输出规格，使模块的界面清楚，功能明确，每个模块可独立命名和编址。

模块（module）是能够单独命名，由边界元素限定的程序元素的序列。在软件的体系结构中，模块能独立地完成一定的功能，是可以组合、分解和更换的单元。

模块有以下基本属性：

（1）名称：模块的名称必须表达该模块的功能，指明每次调用它时应完成的功能。

（2）接口：模块的输入和输出。

（3）功能：模块实现的功能。

（4）逻辑：模块内部如何实现功能及所需要的数据。

（5）状态：模块的调用与被调用关系。

（6）通常，模块从调用者那里获得输入数据，然后把产生的输出数据返回给调用者。

在软件工程中，模块化是大型软件设计的基本策略。在软件系统模块化时，最重要的原理是模块独立性，而模块独立性要求模块之间低耦合和模块内部高内聚。

模块化程序设计方法解决复杂问题非常合适。模块化程序设计使得程序减少复杂性，变得简单、易读、易维护，提高了软件的可靠性，也提高了代码重用性，有助于软件工程的组织管理，也有助于信息隐藏。在 C 语言中，函数就是解决小问题的程序模块，C 语言程序一般由大量的函数构成，其优点是让各部分相互独立且任务单一。这些独立的函数可作为一种构件，用来构成规模较大的程序。因此，函数是实现模块化的基本手段，是组成程序的基本单位。函数通过互相调用体现其程序逻辑，完成数据处理。

从构成角度看，函数是由一些语句组成的小程序，用来描述逻辑上相对独立的功能。从使用的角度看，可以把函数看成是一个黑盒子，只要送入数据就能得到需要的结果，而函数内部是如何构成的，外部程序（调用者）并不需要知道，只需要知道函数接口，即函数名、给函数输入什么，以及函数将输出什么。

编写程序时，用 main()函数解决整个问题，它调用解决小问题的函数，而这些函数又进一步调用解决更小问题的函数，从而形成函数的嵌套调用。这些函数可以分布在不同的文件中，每个文件称为一个编译单元，可以分别进行编译，然后再和库函数的代码编译在一起形成最后的可执行程序。例如，图 4-1 和图 4-20 体现了模块之间的调用关系。

4.6.4 模块化程序设计的基本特征

程序设计主要体现在算法设计和结构设计上。算法设计是用数字和公式表现，而结构设计对于程序设计起着举足轻重的作用。要完成一个软件项目的功能和性能，可能需要成百上千行代码，甚至有的大型软件可能需要百万、千万行代码，这样很难想象把这些代码全部放在一个 main()函数中。很难多人并行编写程序，而且这样写出来的程序不可能稳定可靠，一处错误会涉及多处，很难调试，因此可读性、可理解性、可测试性、可维护性都不好。

对于一个具体的问题，一般按照结构化程序设计方法来组织函数，主要原则为“自顶向下，逐步求精，函数实现”。

（1）自顶向下：设计程序时，应先考虑总体步骤，后考虑步骤的细节；先考虑全局目标，后考虑局部目标。先从最上层总目标开始设计，逐步使问题具体化。不要一开始就追求众多的细节。

（2）逐步求精：对于复杂的问题，其中大的操作步骤应该再将其分解为一些子步骤的序列，逐步明晰实现过程。

（3）函数实现：通过逐步求精，把程序要解决的全局目标分解为局部目标，再进一步分解为具体的小目标，把最终的小目标用函数来实现。问题的逐步分解关系，构成了函数间的调用关系。

在设计函数时要注意：

（1）函数功能的设计：结合模块独立性原则，函数的功能要单一，一个模块一项功能，不要设置多用途的函数，否则会降低模块的聚合度。对于多处使用的同一个计算或操作过程，应当将其设计成一个独立的函数，达到一处定义、多处使用的目的，避免功能间的重复。

（2）函数规模设计：函数的规模要小，尽量控制代码行数，使得函数更易于阅读、理解、调试和维护。

（3）函数接口的设计：结合模块独立性的原则，函数的接口包括函数的参数（入口）和返回值（出口），不要设计过于复杂的接口，合理选择、设置、控制参数的数量，尽量不要使用全局变量，否则会增加模块的耦合度。采用定义局部变量作为函数的临时工作单元，使用参数和返回值作为函数与外部进行数据交换的方式。只有当确实需要多个函数共享的数据时，才定义其为全局变量。

以函数作为基本功能实现载体，以函数调用结构图为函数关联，可有效阻止多个函数，实现复杂问题的结构化程序设计。

习　题

一、程序分析题

1. 阅读程序，写出它的基本功能和结果。（易）

```
#include<stdio.h>
void change(int x,int y)
{
   int temp;
   temp=x;
   x=y;
   y=temp;
}
int main()
{
   int m=3, n=5;
   printf("%d%d\n",m,n);
   change(m,n);
   printf("%d%d\n",m,n);
   return 0;
}
```

2. 阅读程序，写出它的基本功能。（中）

```
#include <stdio.h>
int main()
{
    int n,x;
    double  fun(int,int);
    printf("input x,n:");
    scanf("%d%d",&x,&n);
    printf("result=%.0f",fun(x,n));
    return 0;
}
double fun(int x, int n)
{
    if(n==1)  return x;
    return  x*fun(x,n-1);
}
```

3. 阅读程序，写出它的基本功能。（难）

```
#include<stdio.h>
char fun(char ch);
int main(void)
{
   char ch;
   ch=getchar();
   while(ch!='\n')
   {
      ch=fun(ch);
      putchar(ch);
      ch=getchar();
   }
   return 0;
}
char fun(char c)
{
   if((c>='a' && c<='z') || (c>='A' && c<='Z'))
      if(c>='U' && c<='Z' || c>='u' && c<='z')
         c=c-20;
      else  c=c+6;
   return c;
}
```

4. 阅读程序，找出错误并改正。（易）

下面的程序用于求m～n之间奇数之和与偶数之和。函数sum(m,n)用于求奇数之和与偶数之和，并输出结果。在main()函数中输入m和n值。

```
#include<stdio.h>
int main()
{ int m,n;
  printf("inputm, n:");
  scanf("%d%d",&m,&n);
  sum(m,n);
  return 0;
}

int  sum(int m, n)
{
  int i,sodd=0,seve=0;
  for( i=m;i<=n;i++)
     if(i%2==1) sodd+=i;
     else seve+=i;
  printf("奇数之和=%d，偶数之和=%d",sodd,seve);
}
```

5. 阅读程序，找出错误并改正。（中）

下面的程序用于求一个整数的各位数字之和。

```
#include<stdio.h>
intsum(int x)
{
    int rem,quo;
    rem=number%10; quo=number/10;
    if(quo)
```

```
    return sum(quo)+rem;
    return rem;
}

int main()
{
    int number;
    printf("input a number:");
    scanf("%d",&number);
    printf("%d 各位数字之和是: %d",number, sum(number));
    return 0;
}
```

6. 阅读程序，找出错误并改正。（难）

下面的程序用于求$f(n,x)=1x+2x+3x+\cdots+nx$。函数p(m,n)用于求m*n，在main()函数中输入n和x值，并输出结果。

```
#include<stdio.h>
int main()
{
    int n,x;
    double result,f(int,int);
    printf("input n,x: ");
    scanf("%d%d",&n,&x);
    result=f(n,x);
    printf("result=%.0f",result);
    return 0;
}
double f(int n,x)
{
    int i; double s=0;
    for(i=1;i<=n;i++)
    s+=p(i,x);
    return s;
}
 p(int m,int n)
{
    int i,pro=1;
    for(i=1;i<=n;i++)
    pro*=x;
    return pro;
}
```

二、程序设计题

1. 编写程序，完成以下功能：模拟福利彩票双色球摇奖。摇奖时先摇出 6 个红色球号码，再摇出 1 个蓝色球号码。红色球号码从 1～33 中选择；蓝色球号码从 1～16 中选择。（易）

2. 编写程序，完成以下功能：输入两个整数 m、n，统计并输出 m～n 之间素数的个数以及这些素数的和。定义函数 prime(x)，判断 x 是否为素数。（中）

3. 编写程序，完成以下功能：用递归方法求 n 阶勒让德多项式的值，递归公式为：（中）

$$P_n(x)=\begin{cases}1 & (n=0)\\ x & (n=1)\\ \left((2n-1)x-P_{n-1}(x)-(n-1)P_{n-2}(x)\right)/n & (n>1)\end{cases}$$

4. 编写程序，完成以下功能：输入一批学生 3 门课程的成绩，要求输出每个学生的平均分和每门课程的平均分，找出平均分最高的学生。设计几个函数，每个函数完成一项功能：主函数 main()、成绩输入函数、数据计算、计算学生平均分、计算课程平均分、查找最高分、输出成绩。（难）

三、实验项目

项目1：计算各种几何体体积

1. 项目类型：模拟型。（中）

2. 项目涉及的知识点、技能点：模块化程序设计、函数。

项目提示：可做一个菜单，显示需要计算的各种几何体（正方体、长方体、圆柱、棱柱、圆锥体、三棱锥、台体、球体、椭球体等）的体积。

3. 问题描述：

设计一个计算各种几何体的体积的程序。该程序具有以下功能：

（1）制作一个小菜单，显示需要计算的各种几何体。

（2）选定序号，计算相应几何体的体积。

完成该项目的具体要求：

（1）用数字表示计算不同的几何体体积的操作（例如，计算正方体体积；计算长方体体积等）

（2）输入要求：给出清晰、明确的提示信息，用户通过输入数字来选择对应的操作；在每个函数中根据体积公式输入相应的数据。

（3）输出要求：输出某类型几何体的体积。

4. 参加人员及分工：1 人独立完成。

5. 按照“问题分析、算法描述、程序实现、运行结果、程序分析”5 个环节完成该项目。

（1）进行问题分析。

（2）进行算法描述，给出流程图。

（3）给出完整代码。

（4）给出运行结果。

（5）给出程序分析，如时间和空间复杂度分析，有无其他实现方案等。

项目2：用最小二乘法实现$y=a_1x+a_2$

1. 项目类型：设计型。（难）

2. 项目涉及的知识点、技能点：函数应用。

项目提示：了解最小二乘法原理及求法。

3. 问题描述：

根据下面的原始数据（x_i，y_i），用最小二乘法建立 x 和 y 的经验公式

$y=a_1x+a_2$。

原始数据如下：

x	0	1	2	3	4	5	6	7
y	15	14	14	14	14	15	16	18

8	9	10	11	12	13	14	15	16
20	22	23	25	28	31	32	31	29

17	18	19	20	21	22	23	24	
27	25	24	22	20	20	17	16	

用最小二乘法计算 a_1、a_2。

最小二乘法算法：已知 n 组实验数据$(x_1,y_1),(x_2,y_2),\cdots,(x_n+y_n)$，从图 4-23 中可以看出，这些离散的实验点是在某条直线 L 附近跳动，由此可以联想到能否找到一条直线 $y=a_1x+a_2$ 作为这些离散点的近似解析表达式，但误差不能过大。

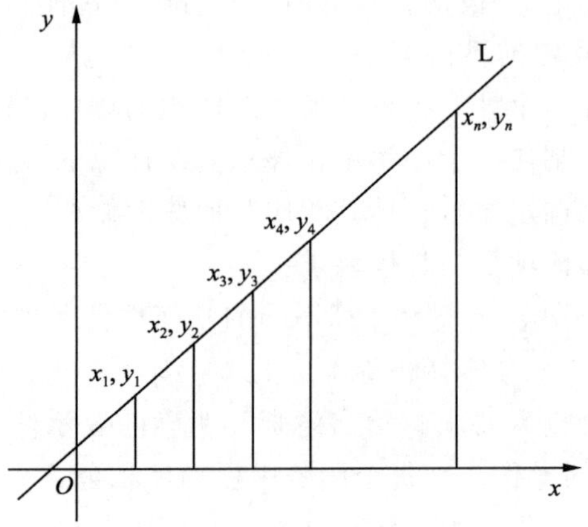

图 4-23　项目 2 图示

完成该项目的具体要求：

（1）用最小二乘法计算出 a_1、a_2。

（2）输入要求：给出清晰、明确的提示信息，用户通过循环控制输入多组数据 x、y;根据最小二乘法原理计算出 a_1、a_2。

（3）输出要求：输出该条直线 $y=a_1x+a_2$。

4. 参加人员及分工：1 人独立完成。

5. 按照“问题分析、算法描述、程序实现、运行结果、程序分析” 5 个环节完成该项目。

（1）进行问题分析。

（2）进行算法描述，给出流程图。

（3）给出完整代码。

（4）给出运行结果。

（5）给出程序分析，如时间和空间复杂度分析，有无其他实现方案等。

第5章　组合数据类型

学习目标

- 了解数组、结构、指针，以及链表等组合数据类型的含义及功能。
- 理解数组、结构、指针，以及链表变量在内存中的分配和使用方式。
- 掌握数组的定义、初始化及引用方法。
- 掌握字符数组及字符串的用法及基本操作。
- 掌握结构类型的定义方法。
- 掌握结构变量的定义、初始化及引用方法。
- 掌握指针变量的定义和使用方法。
- 理解指针与数组、函数的关系。
- 掌握函数、数组、结构体、指针，以及链表的综合应用。

本章通过程序实例解析，使学生对数组、结构体、指针，以及链表等组合数据类型的概念有明确的认识；理解上述组合类型定义的变量在内存空间中的分配情况，以及实际编程过程中应该选择哪种组合数据类型；掌握结构类型的定义，以及各种组合类型变量的定义、初始化与引用方法，掌握各种组合类型作为函数的参数及返回值的使用方法。

通过学习本章，读者能够熟练掌握各种组合数据类型的使用方法和技巧，为深入理解程序设计的奥秘、提高程序设计的技能打下良好基础。

5.1 数　　组

5.1.1 导例：计算比赛成绩

1. 问题描述

一名奥运会跳水选手完成自己的动作，裁判组成员会给出各自的基础分成绩，如何利用C程序来存储和显示这些裁判给出的成绩？如果系统失误有一名裁判给出的成绩总是比实际成绩少1分，如何改正过来？如何计算选手最终成绩[评分规则：（总分-最高分-最低分）×难度系数]？

2. 问题分析

如果要显示n名裁判给出的成绩，首先需要存储这些成绩，根据以前所学的知识，可以通过定义n个变量来实现，这样可以解决显示问题，但是无法利用循环来求取最大、最小值及平均值。现在可以利用一种新的数据类型——数组来存储相同数据类型的数据。数组分为一维数组和多维数组，本例可以通过一维数组来实现，一维数组的定义及操作参见5.1.7节。可以利用循环依次显示所有裁判给出的成绩；假设现在需要修改第5名裁判的成绩，可以直接利用数组下标找到对应的成绩进行修改，此时注意数组下标是从0开始。

3. 算法描述

将上述过程以算法的形式描述为：

（1）定义整型变量n并初始化为7。

（2）定义一个能存储7个元素的double类型数组score并初始化。

（3）利用for循环显示数组中的所有元素。

（4）修改下标为4的元素值。

（5）求最大值、最小值及所在下标。

（6）计算最终得分。

4. 程序实现

实现上述算法的C语言程序为：

```
#include <stdio.h>
#define N 3.2
int main()
{
    /*定义一维数组并初始化*/
    int i, n=7;
    int max=0,min=0;          /*max为最大值的下标，min为最小值下标*/
    double score[n]={9.0,9.5,8.5,9.0,7.0,9.5,8.0},sum=0,total=0;
```

```
    score[4]=score[4]+1;     /*修改第 5 名裁判的成绩*/
    for(i=0;i<n;i++)         /*显示所有裁判给出的成绩*/
        printf("%.1f  ",score[i]);
        printf("\n");
        for(i=0;i<n;i++)     /*求最高分、最低分、总分*/
        {
            sum=sum+score[i];
            if(score[max]<score[i])
                max=i;
            if(score[min]>score[i])
                min=i;
        }
        total=(sum-score[max]-score[min])*N;    /*N 为难度系数*/
        printf("最终得分: %.1f\n",total);
        return 0;
}
```

5. 运行结果

```
9.0  9.5  8.5  9.0  8.0  9.5  8.0
最终得分: 140.8
```

6. 程序分析

本例通过对比赛成绩的存储及操作，介绍了一维数组的定义、初始化、引用及操作方法。例中通过“double score[n]={9.0,9.5,8.5,9.0,7.0,9.5,8.0};”语句实现了数组的定义和初始化。使用 for 循环显示了数组中的所有元素，通过直接给下标为 4 的数组元素赋值实现了修改第 5 个成绩，使用循环求取数组中的最大值及最小值的下标，体会数组中已知下标即可得到对应的数值。

5.1.2　导例：搜索引擎相关度排序

1. 问题描述

搜索引擎的基本工作原理包括如下 3 个过程：首先在互联网中发现、搜集网页信息；同时对信息进行提取和组织建立索引库；再由检索器根据用户输入的查询关键字，在索引库中快速检出文档，进行文档与查询的相关度评价，对将要输出的结果进行排序，并将查询结果返回给用户。编写一个函数，利用选择排序方法将网页与关键词相关度按照从高到低的顺序排列。

2. 问题分析

本案例实现对一维数组中所有元素的排序。排序的方法有很多，例如冒泡排序、插入排序、选择排序、交换排序等，每种排序方法都有各自的特点，这里只介绍选择排序方法，并通过数组做函数参数来实现。用数组做函数的第 1 个形参，表示要排序的对象，用整型变量做函数的第 2 个形参，表示数组元素的个数，函数返回值类型定义为 void，因为只是对数组中的元素进行排序，没有返回值。函数头部分可以表示为 void selectSort(int a[], int n)。

选择排序的思想：首先从所有数组元素中选择最小的元素，然后将它与第 1 个元素交换，再从剩余的元素中选择最小的元素，然后将它与第 2 个元素交换，依此类推，这样 n 个元素经过 n–1 次选择后即可实现排序。

选择排序函数编写完成后，在 main()函数中调用该函数，并将相关度数组 score 和网页个数 N 作为实参分别传递给形参 a 和 n，就可以实现对相关度的排序。

3. 选择排序算法描述

上述选择排序以算法的形式描述为：

（1）在一个长度为 n 的无序数组中，将第一个元素设为最小值（升序）。

（2）第 1 趟排序：遍历 n 个数（[0,n–1]）找到最小的和第一个数(a[0])交换。

（3）第 i 趟排序：遍历 n–i 个数([i,n–1])，找到最小的和第 i 个数(a[i])交换。

（4）经过 n–1 趟后，排序完成。

选择排序算法的流程图如图 5-1 所示。

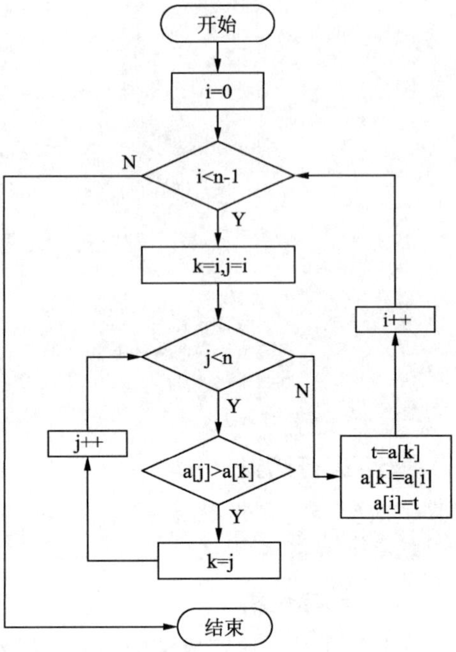

图 5-1　选择排序算法流程图

4. 程序实现

实现上述算法的 C 语言程序为：

```
#include <stdio.h>
#define N  10
void selectSort(int a[],int n) /*定义选择排序函数*/
{
    int i,j,k,t;
    for(i=0;i<n-1;i++)
    {
        k=i;  /*k为查找最小元素的下标*/
        for(j=i;j<n;j++)
            if(a[j]>a[k])
                k=j;
        t=a[k];
        a[k]=a[i];
        a[i]=t;
    }
}
int main()
{
    int  score[N]={82,76,69,92,53,78,80,88,65,72},i;
    printf("排序前: \n");
    for(i=0;i<N;i++)                      /*显示排序前网页相关度*/
        printf("%d  ",score[i]);
    printf("\n");
    selectSort(score,N);                  /*调用函数，对相关度排序*/
    printf("排序后: \n");
    for(i=0;i<N;i++)                      /*显示排序后的相关度*/
        printf("%d  ",score[i]);
    printf("\n");
}
```

5. 运行结果

```
排序前:
82  76  69  92  53  78  80  88  65  72
排序后:
92  88  82  80  78  76  72  69  65  53
```

6. 程序分析

本例中通过定义函数 void selectSort(int a[], int n)实现了对网页相关度的选择排序。当在main()函数中调用 selectSort(score,N)函数时，程序转到函数 selectSort(int a[], int n)定义处执行，实参 score 的地址传递给形参 a，实参 N 的值传递给形参 n。此时，a 与 score 指向同一个存储空间，对 a 中元素的操作也就是对 score 中元素的操作。由于函数定义实现了对 a 中 n 个元素的选择排序，函数调用后就实现了对 score 中 N 个元素的选择排序。

selectSort(int a[], int n)函数还可以实现对任意整型、浮点型数组进行排序，如对 n 个学生的年龄、身高排序等。也可以只对数组中某一段连续的数据进行排序，调用时传递要排序数据的初始地址即可。

5.1.3 导例：抓扑克牌

1. 问题描述

小明是一名幼儿园中班的小朋友，在学习如何玩扑克。现在桌子上已经按点数从小到大摆放了 6 张牌，再抓一张牌小明不知道该如何摆放，请写程序帮助他实现插入新的牌依然有序。

2. 问题分析

在一个有序数组中插入新的数据后依然有序，共分为 4 个步骤：（1）查找插入点；（2）移动数组元素腾出位置；（3）插入数据；（4）更新数组长度。案例的示意图如图 5-2 所示。

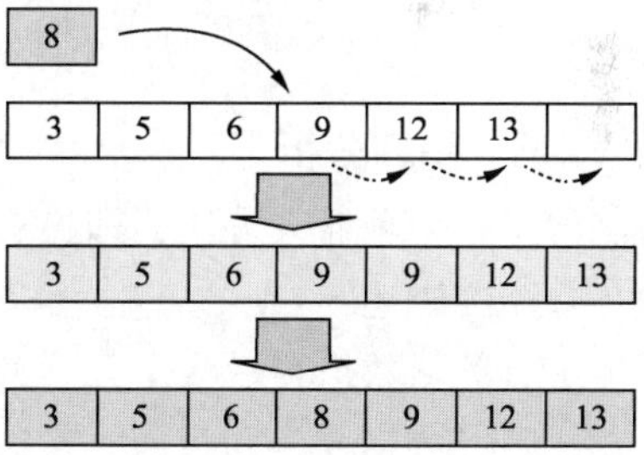

图 5-2 数组插入示意图

查找插入点的思想：从数组的第 1 个元素开始，与待插入的数据进行比较，如果是升序数组，待插入数据比第一个元素大时，继续向后查找，反之则找到插入点在第一个元素前面。访问数组的工作是重复地进行直到找到待插入数据比当前数据小时，也就是说找到插入点在当前数据位置。

数组数据移动的思想：从数组最后一个元素起，依次向后移动一个位置（注意移动顺序，否则可能发生数据覆盖的情况），即 p[i+1]=p[i],到上一步找到的插入点为止。

数据准备好后，将待插入数据赋值到当前位置，并将元素个数值加 1。

3. 算法描述

将上述过程以算法的形式描述如下：

（1）从数组第 1 个元素开始，与待插入数据比较大小，若满足既定顺序则继续向后比较，否则当前位置为应插入数据位置。

（2）找到插入位置后，从最后一个元素起向后移动一个位置，到插入位置停止。

（3）插入数据。

（4）更新数据长度。

4. 程序实现

实现上述算法的C语言程序为：

```
#include <stdio.h>
int main()
{  int i, j, x, len=6;
   int p[len]={3,5,6,9,12,13};      //有序数组
   printf("抓牌前:\n");
   for(i=0;i<len;i++)
       printf("%-4d", p[i]);
   printf("\n");
   printf("请抓牌:");
   scanf("%d",&x);                  //待插入的新数
   for(i=0;(x>p[i])&&(i<len);i++); //查找插入位置
   for(j=len;j>i;j--)               //移动数组元素
       p[j]=p[j-1];
   p[i]=x;                          //插入数据
   len++;                           //更新表的长度
   printf("抓牌后:\n");             //输出结果
   for(i=0;i<len;i++)
       printf("%-4d", p[i]);
}
```

5. 运行结果

```
抓牌前:
3   5   6   9   12  13
请抓牌:8
抓牌后:
3   5   6   8   9   12  13
```

6. 程序分析

还有一种插入方法，即边查找边移动。

算法描述：

（1）从数组最后一个元素开始，与待插入数据比较大小，若待插入数据大于当前数组元素，则将数据插入到当前元素的后一位。否则，当前数据向后移一位，继续跟前一个元素比较，直到找到当前元素小于待插入数据的位置。

（2）插入数据。

（3）更新数据长度。

实现上述算法的C语言程序段为：

```
for(i=len-1;i>=0&&p[i]>x;i--)        //边查找边移动
    p[i+1]=p[i];
    p[i+1]=x;                        //插入数据
```

从上面两种方法可以看出，从数组最后边查找边移动只需要一个循环即可完成，宜优先采用。

利用上述原理即可实现直接插入法排序算法，将一个数组分为有序区与无序区，插入法排序的原理即将无序区的元素插入到有序区中的适当位置，直到所有元素有序为止。

5.1.4 导例：网络故障检索

1. 问题描述

某高校发生大面积停网事件，经检测发现是光纤线路问题，经分析故障点疑似分别在某段线路的 6、23、38、49、66、80、97、106、158 米处（假设故障点在 106 位置处）。工程师为了快速查找此故障点，就在每段数据的中间位置开始排查。请编写一个函数，利用二分查找方法查找故障点，即返回该点下标。

2. 问题分析

查找的算法有很多，包括顺序查找、分块查找、折半查找等，顺序查找和分块查找不要求待查找的数据事先排序，而折半查找要求待查找的数据必须是有序的。本例要查找某个成绩的名次，因此需要使用折半查找来实现。

折半查找的思想：折半查找又称二分查找，要求待查数组为有序数组。首先，假设数组中元素是按升序排列，将数组中间位置元素与查找数值比较，如果两者相等，则查找成功，返回该元素下标；否则利用中间位置将数组分成前、后两个子数组，如果查找数小于中间位置元素，则进一步二分查找前一子数组，否则进一步二分查找后一子数组。重复以上过程，直到找到满足条件的数据，使查找成功；或直到子数组不存在为止，此时查找不成功，返回-1。

通过编写一个函数实现二分查找，查找结果为故障点下标，如果没找到则返回-1，因此函数的返回值类型为 int 型；函数的形参为待查找的整型数组（该数组必须为有序数组）、数组长度及要查找的数值，因此函数头部分可以表示为 int binarySearch(int a[], int n, int x)。

二分查找函数编写完成后，在 main()函数中调用该函数，并将有序故障点数组 num、故障点数 N 和故障位置作为实参分别传递给形参 a、n 和 x，根据返回值确定故障点。

3. 二分查找算法描述

上述二分查找以算法的形式描述为：

（1）定义 3 个整数 low、high 和 mid，low 用来存储数组 a 的最小下标，high 存储数组的最大下标，然后利用公式 mid=(low+high)/2 求出数组的中间下标。

（2）当 low<=high 时，如果 x==a[mid]，则返回 mid；否则如果 x<a[mid]，则让 high=mid-1，如果 x>a[mid]，则让 low=mid+1；然后利用公式 mid=(low+high)/2 求出 mid。

（3）重复执行步骤（2），如果有 mid 返回，表示找到了，否则返回-1，表示数组中没有这个数据。

折半查找算法的流程图如图 5-3 所示。

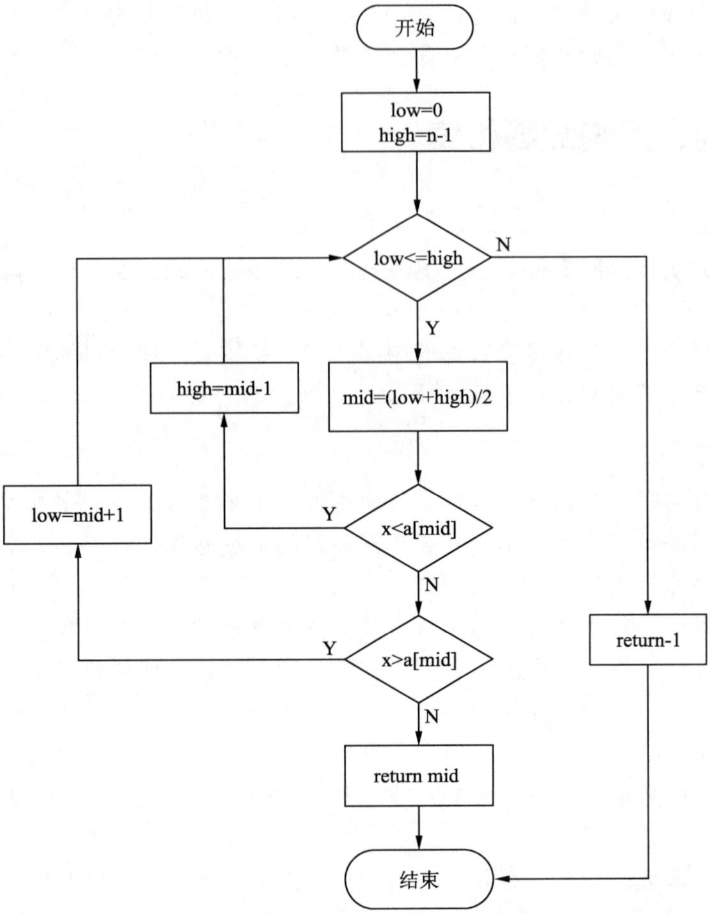

图 5-3　折半查找算法流程图

4. 程序实现

利用折半查找实现上述算法的 C 语言程序为：

```
#include <stdio.h>
int binarySearch(int a[], int n, int x); /*函数声明*/
int main()
{
    int n=9;
    int location[n]={6,23,38,49,66,80,97,106,158};
    int i,pos;
    printf("疑似故障点位置: \n");
    for(i=0;i<n;i++)
        printf("%d  ",location[i]);
    printf("\n");
    pos=binarySearch(location,n,106); /*调用函数, 查找 106 的位置*/
    printf("故障点为 106 的网络序号为: %d\n",pos+1);

}
int binarySearch(int a[],int n,int x)
{
    int low=0;
```

```
    int high=n-1;
    while(low<=high)
    {
        int mid=(low+high)/2;
        if(x==a[mid])
            return mid;
        else if(x<a[mid])         /*在左半边*/
            high=mid-1;
        else                      /*在右半边*/
            low=mid+1;
    }
    return -1;                    /*没找到*/
}
```

main()函数调用折半查找函数来查找故障点，查找结果是该故障点的下标，为返回值+1（数组的下标从 0 开始）；如果返回-1，则表示数组中没有故障点。

5. 运行结果

```
疑似故障点位置:
6  23  38  49  66  80  97  106  158
故障点为 106 的网络序号为: 8
```

6. 程序分析

对于一个有 n 个数据元素的有序数组，显然二分查找的效率高，该算法过程对应一棵有 n 个结点的二叉树。利用二分查找方法搜索成功是的平均搜索长度为 $O(\log_2 n)$。

5.1.5 导例：谁是冠军

1. 问题描述

奥运会跳水女子三米跳板的争夺中，共有 8 个队伍进入决赛，这 8 个队伍的五跳成绩见表 5-1，每一跳的难度系数见表 5-2，试编写程序计算每个队伍的最终得分，并输出冠军序号。

表 5-1 某届奥运会女子三米板决赛成绩

姓　名	第一轮	第二轮	第三轮	第四轮	第五轮
霍尔马克	66.0	44.9	61.5	63	67.5
英格	63.0	63	58.5	63.5	63.0
蒙塔诺	63.0	60.5	66.0	46.5	67.5
施廷懋	76.5	76.5	75	77.5	78
帕尔梅	67.5	63	73.5	66.6	73.1
亚伯	63	69.8	39	64.5	61.2
萨布里	63.0	66.6	61.5	67.5	67.5
王涵	72	67.5	66	69.7	73.5

表 5-2 难度系数

轮　次	难　度
第一轮	3.0
第二轮	3.0
第三轮	3.1
第四轮	3.4
第五轮	3.0

2. 问题分析

表 5-1 是一个 8×5 的矩阵，矩阵共 8 行，表示 8 位选手，每名选手又有五轮成绩，因此

需要二维数组存储，如数组 score[8][5]；表 5-2 可用一维数组来表示，如 difficulty[5]。

每个队员总分的求法：每一跳的成绩×对应难度系数，然后求乘积的和。计算公式为：

$$\text{final}[i]=\sum_{j=0}^{3}\text{score}[i][j]\cdot\text{difficulty}[j]$$

3. 算法描述

上述矩阵相乘算法的形式描述为：

（1）定义二维数组 score[8][5]并初始化为表 5-1 的值，定义一维数组 difficulty [5]并初始化为表 5-2 的值，定义一维数组 final[8]并初始化为 0。

（2）根据上述公式，利用双重 for 循环读取每个选手每一跳成绩及对应难度系数，并将结果保存到 final[i]中。

（3）循环找出 final[8]数组中最大值对应下标+1 即冠军序号。

矩阵乘法的算法流程图如图 5-4 所示。

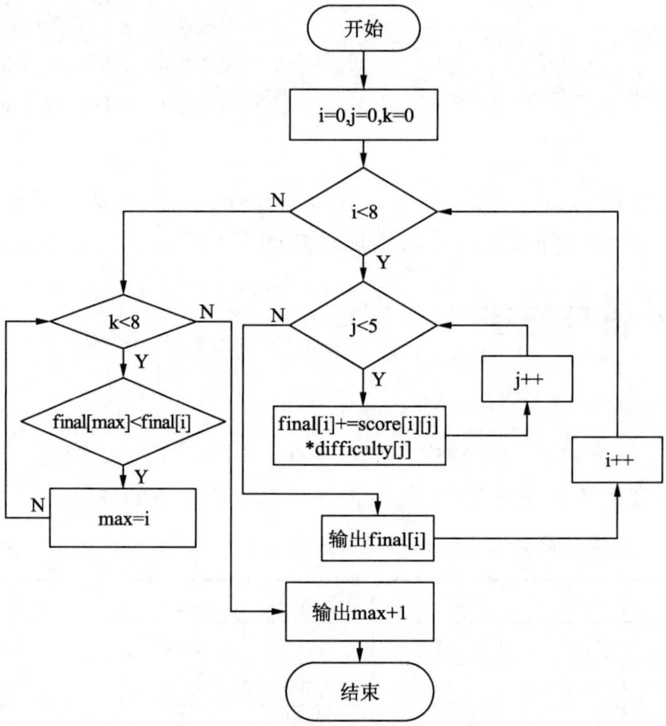

图 5-4　矩阵乘法的算法流程图

4. 程序实现

实现上述算法的 C 语言程序为：

```
#include <stdio.h>
int main()
{   /*定义成绩数组*/
    float score[8][5]=
    {{66.0,44.9,61.5,63,67.5},
    {63,63,58.5,63.5,63},
    {63.0,60.5,66.0,46.5,67.5},
```

```
        {76.5,76.5,75,77.5,78},
        {67.5,63,73.5,66.6,73.1},
        {63,69.8,39,64.5,61.2},
        {63.0,66.6,61.5,67.5,67.5},
        {72,67.5,66,69.7,73.5}};
    float difficulty[5]={3.0,3.0,3.1,3.4,3.0};     /*定义难度系数数组*/
    float final[8]={0};                             /*定义最终成绩数组*/
    int i,j,max=0;
    printf("The finall score is:\n");
    for(i=0;i<8;i++){                               /*两矩阵相乘*/
        for(j=0;j<5;j++)
            final[i]+=score[i][j]*difficulty[j];
    printf("%5.2f\t",final[i]);
    if(final[max]<final[i])
    max=i;
    }
    printf("\n");
    printf("冠军是%d号选手\n",max+1);
}
```

5. 运行结果

```
The finall score is:
940.05  964.25  935.70  1189.00 1065.09 922.20  1011.45 1080.58
冠军是 4 号选手
```

6. 程序分析

数学上矩阵的运算在 C 语言中一般都采用二维数组来实现，二维数组的定义、初始化、引用及基本操作参见 5.1.8 节。本例利用二维数组实现了矩阵的乘积，求出了 8 名选手的最终成绩。

矩阵乘法是一种在数学、物理和计算机科学等领域中广泛应用的重要数学工具。尤其在人工智能中，矩阵不仅用于存储数值数据，还可执行多种计算，包括但不限于加法、乘法、转置以及逆运算等。矩阵运算的一个核心特性是能够有效地表示和处理线性方程组，这在解决多种 AI 问题中是基础性操作。因此，熟练掌握矩阵乘法的实现方法，对于学习人工智能，深度学习等具有重要的意义。

5.1.6　导例：网页登录密码加密

1. 问题描述

所谓字符串加密技术是指将一个信息（或称明文）经过加密钥匙及加密函数转换，变成无意义的密文，而接收方则将此密文经过解密函数、解密钥匙还原成原字符串。在项目开发中，为了防止一些敏感信息泄露，通常会对这些信息进行加密，比如用户的登录密码，如果不加密直接进行明文存储，就很容易被人看到，因此需要对数据进行加密后再存储，这样一来，即使被看到也是加密后的数据，从而大幅提高了安全性。

从键盘输入一个字符串，经加密后再输出。

2. 问题分析

要保存从键盘中输入的字符串，应首先定义一个字符数组，然后利用字符串处理函数gets()，将键盘中输入的字符串赋值给字符数组；可以先利用字符串函数strlen()求出字符串中字符的个数，要找出该字符串中大写字母、小写字母，再输入一个整数offset，用凯撒密码将其加密后输出。恺撒密码是一种简单的替换加密技术，将明文中的所有字母都在字母表上偏移offset位后被替换成密文，当offset大于零时，表示向后偏移；当offset小于零时，表示向前偏移。然后利用for循环对字符串中的每个字符进行运算，也可以直接使用while循环来处理字符。

3. 算法描述

上述字符串处理用算法的形式描述为：

（1）定义字符数组s[80]。

（2）利用gets()函数给s赋值，并利用strlen()函数求出s的长度。

（3）利用for循环判断s中大小写英文字母并进行加密运算。

（4）输出加密后的字符串。

4. 程序实现

实现上述算法的C语言程序为：

```
    #include <stdio.h>
    #include <string.h>
    #include<ctype.h>
    int main()
    {
        char s[80];
        int offset=0;
        int i,n;
        gets(s);             /*通过键盘给 s 赋值*/
        n=strlen(s);         /*求 s 的长度并赋值给 n*/
        scanf("%d",&offset);
        offset=offset%26;    /*对 26 取余*/
        for(i=0;i<n;i++)
        {
            if(s[i]+offset>='A'&&s[i]+offset<='Z'||s[i]+offset>='a'&&
s[i]+offset<='z')            /*判断为英文字母*/
            {
            s[i]=s[i]+offset;
            }
            else if(isupper(s[i])&&s[i]+offset>'Z')
            {
                s[i]=s[i]+offset-'Z'+'A'-1;
            }
            else if(islower(s[i])&&s[i]+offset>'z')
            {
                s[i]=s[i]+offset-'z'+'a'-1;
            }
            else if(islower(s[i])&&s[i]+offset<'a')
            {
                s[i]=s[i]+offset-'a'+'z'+1;
```

```
        }
        else if(isupper(s[i])&&s[i]+offset<'A')
        {
            s[i]=s[i]+offset-'A'+'Z'+1;
        }
    }
    printf("%s\n",s);
}
```

5. 运行结果

```
I Love You!   /*键盘输入*/
9
R Uxen bxd!
```

6. 程序分析

本例的目的是实现字符串的存储和操作，具体方法参见 5.1.9 节。这里首先定义了一个字符数组 s[80]，用来存储字符串，利用 gets()函数将键盘中输入的字符串赋值给 s，利用 strlen()函数求出 s 的长度。利用 for 循环以及 if 语句对 s 中的每个字符加上偏移量进行判断，若偏移后依然是英文字符范围则输出，若偏移后超出英文字符范围则作出相应移动后再输出。

5.1.7　一维数组

1. 一维数组定义

一维数组用来存储一系列有序数据的集合，如一维表、数列等。定义格式为：

```
类型关键字  数组名[数组元素个数]
```

其中，“数组元素个数”的值是一个整数，指明数组的长度，即数组中所含元素的个数，如 int a[N]（N 为整型常量）。数组被定义后，系统将会为数组 a 分配 N*sizeof(int)个字节的存储空间。

例如：

```
#define N 5
int a[10];
int a[2*5];
int a[N*2];     /*N 为整型常量*/
```

C99 后数组元素个数可定义为整型变量。例如，下面的数组定义是合法的，系统将会为数组 a 分配 n*sizeof(double)个字节的存储空间：

```
int n=10;
double a[n];
```

2. 一维数组的初始化

初始化一维数组即定义数组时为其元素赋予初值，可以采用以下方法：

（1）在定义数组时对全部数组元素赋值。例如：

```
int a[10]={0,1,2,3,4,5,6,7,8,9};
```

数组定义和初始化后，各元素的值分别为 a[0]=0、a[1]=1、a[2]=2、a[3]=3、a[4]=4、a[5]=5、a[6]=6、a[7]=7、a[8]=8、a[9]=9。

（2）给部分元素赋值。例如:

```
int a[10]={0, 1, 2, 3, 4};
```

如果初值的个数少于元素个数，则只给前面部分元素赋值，其余元素系统自动赋值为 0。上面语句中没有初始化的元素（a[5]～a[9]）默认值为 0。

（3）全部数组元素赋初值时，可以不指定数组长度。例如:

```
int a[]={1, 2, 3, 4, 5};
```

此时，系统根据数组元素个数确定数组的长度，但若被定义的数组的长度与提供初值的个数不相同，则数组的长度不能省略。

初始化一维数组举例：

```
int a[5]={0,1,2,3,4};                  /*定义了数组 a,指定了数组长度和各元素的值*/
float b[]={1.1,1.2,1.3,1.4,1.5};   /*定义了数组 b，没有指定数组长度*/
char c[10]={'H','E','L','L','O'}; /*定义了数组 c，指定了数组长度并给出了
                                         部分元素，没给出的元素值为'\0'*/
```

3. 一维数组的引用

一维数组元素的引用形式为：

```
数组名[下标]
```

[下标]是非负的 int 型表达式,用于指定所要访问的数组中元素的位置,其范围是 0～n-1，可以为常量，也可以为变量或表达式，但其值必须是整数。在 C 语言中只能逐个引用数组元素，不能一次引用整个数组。例如：

```
#include<stdio.h>
int main()
{
    int i=0,sum=0;
    int a[]={1,2,3,4,5};                 /*定义数组 a 并进行初始化*/
    int len=sizeof(a)/sizeof(a[0]);    /*计算数组 a 的长度*/
    for(i=0;i<len;i++)                   /*遍历数组 a */
    {
        sum=sum+a[i];
    }
    printf("数组元素的和为: %d\n",sum);
    return 0;
}
```

sizeof()是一个计算数据内存容量的运算符，可以通过计算数组的容量除以数组内单个元素的容量来计算数组的长度。

C 语言对数组元素的下标值不作任何检查，也就是说，当下标值超出它的有效变化范围 0～n-1（假定 n 为数组长度）时，也不会给出任何出错信息，有时程序也能正常运行，但并不代表程序逻辑是正确的。因此，编程者有责任确保自己的代码不会发生数组越界的情况，在编写代码时需要对下标值进行有效性检查。

5.1.8 二维数组

1. 二维数组定义

二维数组是一种以数组作为数组元素的数组，用来存储二维表，如矩阵等。定义格式为：

```
类型关键字 数组名[常量表达式 1][常量表达式 2]
```

其中，“常量表达式 1”为第一维下标的长度，即数组的行数。“常量表达式 2”为第二维下标的长度，即数组列数，如 int a[M][N]（M、N 为整型常量）。数组被定义后，系统将会为数组 a 分配 M*N*sizeof(int)个字节的存储空间。

二维数组在内存中依然也是连续存放的，在 C 语言中二维数组是按行排列的，即先放 a[0]行，再存放 a[1]行，最后存放 a[M]行，每行的元素也是依次存放的。例如：

```
#define X 3
#define Y 4
int a[3][3];
double b[X][Y];            /*X、Y 为整型常量*/
```

与一维数组相同，C99 后二维数组两个下标均可定义为整型变量。例如，下面的数组定义是合法的，系统将会为数组 a 分配 m*n*sizeof(int)个字节的存储空间：

```
int m=3,n=4;
int a[m][n];
```

可以用变量指定数组的大小，并不是说数组的大小是可以变换的，数组的大小一旦确定后就不能再变化。

2. 二维数组的初始化

初始化二维数组可以采用以下方法：

（1）完全初始化，按行分段给二维数组赋初值。例如：

```
int a[3][4]={{1, 2, 3, 4}, {5, 6, 7, 8}, {9, 10, 11, 12}};
```

（2）完全初始化，按行连续赋初值。例如：

```
int a[3][4]={1, 2, 3, 4, 5, 6, 7, 8, 9, 10, 11, 12};
```

两种方法赋值效果相同，推荐第一种方法，界线清楚；第二种方法容易遗漏数据，也不容易检查。

（3）部分元素赋初值也分两种方法。例如：

```
int a[3][4]={{1}, {5,6}, {9, 10, 12}};     /*任何一个“{}”中不能为空*/
```

赋初值后，a 数组各元素对应的值为：

1	0	0	0
5	6	0	0
9	10	12	0

```
int a[3][4]={1, 2, 3, 4, 5, 6, 7, 8, 9};/*依次按行存储，剩余数据用 0 补齐*/
```

赋初值后，a 数组各元素对应的值为：

```
1          2          3          4
5          6          7          8
9          0          0          0
```

（4）如果对全部元素赋初值，则定义数组时第一维的长度可以省略，但第二维的长度不能省略。例如：

```
int a[][3]={{1, 2, 3},{4},{5, 6}};
```

这种写法表示数组共有 3 行。

```
int a[][3]={1, 2, 3, 4, 5, 6};
```

这种方法表示数组共有 2 行。

3. 二维数组的引用

与引用一维数组相似，二维数组的访问格式为：

```
数组名[行下标][列下标]
```

其中，“行下标”和“列下标”都是从 0 开始，它们可以为常量，也可以为变量或表达式，但都必须为整型。例如：

```
#include<stdio.h>
int main()
{
    int a[3][4]={{1, 2, 3, 4},{ 5, 6, 7, 8},{9, 10, 11, 12}};
    int i,j;               //二维数组下标
    int sum=0;
    double ave[3];         //存储每行平均分
    for(i=0;i<3;i++)
    {
        for(j=0;j<4;j++)
        {
            sum=sum+a[i][j];
        }
        ave[i]=sum/4.0;
        sum=0;
    }
    for(i=0;i<3;i++)
    {
        printf("%.1f ",ave[i]);
    }
    return 0;
}
```

Dev-C++对待二维数组下标变量同样不做下标有效性检查，所以也需要编程者通过程序进行检查处理，避免下标越界的情况发生。

5.1.9　字符数组及字符串

用来存放字符的数组是字符数组，但 C 语言并没有提供字符串变量类型，因此将字符串存放于字符数组中，同时提供了许多处理字符串的函数，因此有必要专门介绍字符串和字符数组。

1. 字符数组的定义和初始化

字符数组定义和初始化与其他类型类似。例如：

```
char c[11]; /*定义字符数组c*/
c[0]='I'; c[1]=''; c[2]='L'; c[3]='o'; c[4]='v'; c[5]='e'; c[6]=' ';
  c[7]='Y'; c[8]='o'; c[9]='u'; c[10]='\0';        /*初始化字符数组c*/
```

上面定义和初始化字符数组 c 后，它在内存中的状态如图 5-5 所示。

c[0]	c[1]	c[2]	c[3]	c[4]	c[5]	c[6]	c[7]	c[8]	c[9]	c[10]
I	␣	L	o	v	e	␣	Y	o	u	\0

图 5-5 字符数组 c 在赋值以后的状态

在初始化字符数组时，是否添加最后的'\0'根据需要来决定。由于系统对字符串常量会自动在其最后加入一个'\0'，为了使字符数组的处理方法与字符串统一，最好初始化字符数组时在其最后加入一个'\0'。

在定义字符数组时，也可以直接将字符串赋值给字符数组。例如：

```
char c[11]="I am happy";        /*正确*/
```

每个字符串后面都有一个结束标志'\0'，当把一个字符串赋值给一个字符数组时，字符数组的长度必须大于字符串的长度，以便为空字符留出存储空间，否则在输出该字符串时就会出错。

当用字符串初始化字符数组时，必须在定义字符数组的同时进行初始化，而不能定义完字符数组后再将字符串赋值给字符数组。例如：

```
char c[11];
c="I am happy";  /*错误，因为c为地址常量，不能被赋值*/
```

2. 字符串的输入和输出

字符串的输入有 3 种方法：

（1）整个字符串的输入：采用格式符“%s”。

```
char s1[5], s2[5], s3[5];
scanf("%s%s%s",s1,s2,s3);
```

采用%s 输入字符串时，地址列表参数为数组名，由于数组名已经是数组的地址，所以不需要再添加&。scanf()函数接收输入数据时，遇空格、回车或跳表键结束一个数据的输入，因此用这种方法输入字符串时只能输入一个单词。当用户从键盘上输入字符串时，用空白符（空格、【Enter】键、【Tab】键）作为字符串输入的结束符，系统将自动在读入数据尾部自动添加一个'\0'。

如果输入 How are you?，则 s1=How, s2=are, s3=you?，它们在内存中的状态如图 5-6 所示。

H	o	w	\0	\0
a	r	e	\0	\0
y	o	u	?	\0

图 5-6 字符串在内存中的状态

（2）整个字符串的输入：gets()函数。

```
char s1[50], s2[50], s3[50];
gets(s1);gets(s2);gets(s3);
```

gets()读取字符串函数，遇到回车结束读取，用这种方法输入字符串时可以输入一个句子。在读入数据尾部自动添加一个'\0'。

（3）单个字符的输入：采用格式符 getchar()函数或格式符“%c”。

```
char s1[50],ch;
int i=0;
while((s1[i]=getchar())!='\n')
    i++;
s1[i]='\0';
```

当采用特殊字符作为结束标志时，比如'#'、'$'等，前两种方法无法实现，采用循环依次输入字符，结束字符作为循环的结束条件。这种方法的优势在于可以将回车字符存储到字符串中，但需要手动添加字符串结束符'\0'。

字符串的输出有 3 种方法：

（1）整个字符串的输出：采用格式符“%s”。

```
printf("%s%s%s",s1,s2,s3);
```

采用%s 输出字符串时，地址列表参数为数组名，遇到字符串结束标志'\0'停止输出。

（2）整个字符串的输出：puts()函数。

```
puts(s1);puts(s2);puts(s3);
```

puts 输出字符串函数，输出时自动在末尾输出一个回车。

（3）单个字符的输出：采用格式符“%c”或 putchar()函数。

```
char s1[50],ch;
int i=0;
while(s1[i]='\0')
    printf("%c",s1[i]);          //putchar(s1[i]);
```

采用循环方法依次输出字符串中的字符，遇到字符串结束标志'\0'停止输出。

3. 字符及字符串处理函数

C 语言为处理字符提供了一些字符分类函数，用于测试字符是否属于特定的字符类别，如字母字符、控制字符等，这些函数的原型都被保存在 ctype.h 头文件中。

（1）判断字符是否为字母（isalpha）：

函数原型：`int isalpha(int ch);`

函数功能：判断字符 ch 是否为英文字母，若为英文字母，返回非 0（小写字母为 2，大写字母为 1）；若不是字母，返回 0。

```
char ch;
ch=getchar();
if(isalpha(ch)==0) printf("No")      /*判断函数返回值，来判断 ch 是否为字母*/
```

（2）判断是否为小写字母（islower），是否为大写字母（isupper）：

函数原型：`int islower(int ch)`

`int isupper(int ch)`

函数功能：islower()函数判断字符 ch 是否为小写英文字母，若不是返回 0，若是返回 2。isupper()函数判断字符 ch 是否为大写英文字母，若不是返回 0，若是返回 1。

```
char ch;
ch=getchar();
if(islower(ch)==0)  printf("No")/*判断 ch 是否为小写字母*/
```

（3）将大写字母转换为小写字母（tolower），将小写字母转换为大写字母（toupper）：

函数原型：`char tolower(int ch)`

`char toupper(int ch)`

函数功能：

tolower()函数将大写英文字母 ch 转换为小写英文字母，若 ch 不是大写英文字母则不进行处理。

toupper()函数将小写英文字母 ch 转换为大写英文字母，若 ch 不是小写英文字母则不进行处理。

```
char ch='a';
printf("%c",toupper(ch));  /*小写转换为大写后输出*/
```

ctype.h 头文件中还提供一些函数，如检查是否是十进制数字 int isdigit(char ch)函数，是否是标点符号字符 int ispunct(char ch)函数等等，这里不做详细介绍。

C 语言为处理字符串提供了一些预定义函数，这些函数的原型被保存在 string.h 头文件中。

（1）求字符串长度函数（strlen）：

函数原型：`int strlen ( const char s[] );`

它用来计算字符串 s 的长度（不包括字符串结束符'\0'）。例如：

```
char s[]="I love C!";
```

strlen(s)的返回值是 9，strlen("Hel\0lo")的返回值是 3。

（2）字符串复制函数（strcpy）：

函数原型：`char* strcpy ( char* dest, const char* src);`

该函数的功能为把第二个参数复制给第一个参数，然后将第一个参数返回。例如：

```
char a[10],b[10] = "hello";
strcpy(a, b);   /*为 a 赋值为 hello*/
```

调用 strcpy()函数后，字符数组 a 和 b 里均存储的是"hello"。

在 C 语言中，字符数组定义后，不能直接使用“=”为它赋值，只能通过调用 strcpy()函数来实现。

（3）字符串连接函数（strcat）：

函数原型：`char* strcat(char* dest, const char* src);`

该函数实现两个字符串的连接，并返回第一个字符串的值。使用该函数时要确保第一个字符串有足够的存储空间存储第二个字符串。例如：

```
char s1[50]="Hello, ",s2[]="C Programming";
strcat(s1,s2);
printf("%s\n",s1); /*输出 Hello, C Programming*/
```

调用 strcat()函数后，字符数组 s1 里存储的是"Hello, C Programming"，字符数组 s2 中存

储的是"C Programming"。

（4）字符串比较函数（strcmp）:

函数原型：int strcmp(const char* s1, const char* s2);

该函数的功能是比较 s1 和 s2 的大小，通过比较这两个字符串中的每一个字符的 ASCII 值来进行比较，从第一个字符开始，直到遇到不同的字符或到达字符串的结束符'\0'。如果返回值小于 0，表示 s1 小于 s2；如果返回值大于 0，表示 s1 大于 s2；如果返回值等于 0，表示 s1 等于 s2。这个函数通常用于比较两个字符串是否相等或确定它们的相对顺序。例如：

```
strcmp("abcd","af")              /*其返回值小于 0，表明 abcd<af*/
strcmp("abcd","Abcd")            /*其返回值大于于 0，表明 abcd>Abcd*/
```

由上面例子可以看出，字符串长度不代表字符串的大小。在 C 语言中，比较字符串的大小不能直接使用“>”“<”等关系运算符（表示地址的大小，没有实际意义），只能通过调用该函数来实现。

（5）从字符串中查找字符函数（strchr）:

函数原型：char* strchr(const char* s, int c);

该函数的功能为在字符串 s 中查找 ASCII 码为 c 值的字符，若查找成功，则返回该字符的位置的指针（即从该字符开始之后的字符串），否则返回 NULL（即数值 0）。例如：

```
char s[]="Good morning";
printf("%s\n",strchr(s,'m'));  /*输出字符串 morning*/
```

（6）从字符串中查找子串（strstr）:

函数原型：char* strstr(const char* s1,const char* s2);

该函数用于在字符串 s1 中查找子字符串 s2 的首次出现位置。若查找成功，则返回一个指向 s1 中首次出现 s2 的位置的指针，否则返回 NULL。例如：

```
char a[20]="abcdabxcdabxy";
char b[4]="abx";
printf("%s\n",strstr(a,b));    /*输出：abxcdabxy */
```

5.1.10 数组作为函数参数

数组元素和数组名都可以作为函数的参数，但是它们之间又有区别。数组元素作为函数参数时，形参与实参之间是单向值传递。数组名作为函数参数时，依然是单向值复制的过程，但传递过去的是数组名即数组的地址，数组元素本身不被复制，形参接收后并不会修改实参的值，而是可以修改实参所指向的值，即数组元素。

1. 数组元素作为函数参数

数组元素做函数实参时，与普通变量做函数参数时的原理是相同的。例如：

```
#include<stdio.h>
int swap(int x,int y){
    int t;
    t=x;
    x=y;
    y=t;                    /*x,y 互换*/
    return x*y;
```

```
}
int main(){
    int a[5]={1,2,3,4,5},i=0,f1,f2;
    f1=swap(a[0],a[4]);      /*数组元素作为函数实参*/
    f2=swap(a[1],a[3]);
    for(i=0;i<5;i++)
      printf("%3d",a[i]);    /*输出数组元素*/
}
```

运行结果：

```
  1  2  3  4  5
```

从运行结果可以看出，虽然形参 x、y 互换，但是实参的值却没有发生变化，因此从本例中可以看出：数组元素作为函数实参时，只是把实参的值传递给形参，形参发生变化后不会引起实参的变化。

2. 数组名作为函数参数

数组名做函数参数时,在被调用函数中就能根据数组地址访问实参数组所在的存储单元，若被调用函数中修改了数组元素的值，主调函数中的数组元素也发生相应的改变。例如：

```
#include<stdio.h>
void reverse(int x[],int n){
   int i,j,t;
   for(i=0,j=n-1;i<j;i++,j--)
   {
       t=x[i]; x[i]=x[j]; x[j]=t;
   }
}
int main(){
    int a[5]={1,2,3,4,5},i;
    reverse(a,5);  /*数组名作为函数实参*/
    for(i=0;i<5;i++)
        printf("%3d",a[i]); /*输出数组元素，看形参的变化是否引起实参发生变化*/
}
```

运行结果：

```
  5  4  3  2  1
```

从运行结果可以看出，当数组名作为函数参数时，形参中的数组元素变化也带动了实参中数组元素的变化。实参 a 表示数组首元素的地址，传递给形参 x，也就是将数组 a 的首地址传递给形参 x，形参 x 也表示同一数组。

5.2 结构类型

结构类型也是一种组合数据类型，不同于数组的是，结构可以把一些不同类型的数据组合成一个整体。例如，一个学生的学号、姓名、性别、年龄、联系电话和联系地址等；又如，一本书的书名、作者、出版单位、价格和书号等。虽然其各个属性分别属于不同的数据类型，但是它们之间密切相关，各种信息都属于同一个对象。这时，可以声明一个结构型的数据类型，由多种数据类型（可以是基本数据类型，也可以是自定义的数据类型）组成一个集合。

5.2.1 导例：图书类型

1. 问题描述

创建一个图书类型，其中包含图书的书名、作者和价格信息，在主函数中定义该类型的一个普通变量、一个数组，分别对普通变量和数组赋初值，然后逐一显示它们的信息。

2. 问题分析

C 语言中预定义了 int、double、char 等基本数据类型，但没有定义“图书”这样的类型，因此该类型需要用户自己定义。图书通常包含书名、作者、价格等信息，其中书名和作者信息项可由字符数组表示，价格可由实数表示。因此，图书类型是由几个不同基本类型的数据项构成的一种组合类型。

3. 算法描述

首先创建一个图书类型，然后在主函数中定义该类型的一个变量和一个数组，并分别采用不同的方式对变量和数组进行赋值。先在屏幕上显示变量的信息，然后再修改变量的价格信息，再次显示修改后变量的结果，最后显示结构数组中各个元素（图书）的信息。

4. 程序实现

```
#include <stdio.h>
#include <string.h>
struct book{                                /*定义图书结构类型*/
    char title[100];                        /*书名*/
    char author[20];                        /*作者*/
    double price;                           /*价格 */
};
main()
{
    int i;
    /*定义 book 类型的变量和数组，并初始化结构数组变量*/
    struct book bk,b[3]={{"Computer","李四",66.60},
    {"Information","张三",41.00,},{"Mathematics","王五",55.00,}};
    strcpy(bk.title,"Graphics");    /*为 bk 赋值*/
    strcpy(bk.author,"turing");
    bk.price=36.90;
    printf("bk 的信息为：\n");
    printf("%s\t%s\t%5.2f\n",bk.title,bk.author,bk.price);
    /*输出 bk 的信息*/
    bk.price=32.60;                         /*修改 bk 的 price 值*/
    printf("bk 修改后的信息为：\n");
    printf("%s\t%s\t%5.2f\n",bk.title,bk.author,bk.price);
    /*输出修改后 bk 的信息*/
    printf("b 数组的信息为：\n");
    for(i=0;i<3;i++)                        /*依次输出 b 数组各个元素的信息*/
```

```
        printf("%s\t%s\t%5.2f\n",b[i].title,b[i].author,b[i].price);
}
```

5. 运行结果

```
bk 的信息为:
Graphics         turing  36.90
bk 修改后的信息为:
Graphics         turing  32.60
b 数组的信息为:
Computer         李四     66.60
Information      张三     41.00
Mathematics      王五     55.00
```

6. 程序分析

本例以创建一个图书类型为例介绍了结构类型的定义，以及结构变量的定义、初始化、赋值和引用等，详情见 5.2.4 节。因为 book 这一类型是 C 语言中没有预定义的类型，即 book 是一个新的类型，所以要想使用这样的类型就必须先自己定义。C 语言提供了定义类似 book 这样类型的方法，即自定义结构类型。当定义了 book 这样的结构类型后，就可以定义该类型的变量和数组，定义方法和基本类型变量定义相似。结构变量和结构数组的赋值同基本变量和数组的赋值方法相似，仍然可以采用两种方式：即在定义变量的同时进行变量赋值（初始化）的方式以及先定义变量然后再赋值的方式。对于变量中各个数据项（成员）的引用，则通过“变量名.数据项名”的方式进行。

5.2.2　导例：教材统计

1. 问题描述

定义一个课程（course）结构类型，其中包含课程编号、课程名称、使用的教材、各班级（以 3 个班级为例）订购教材情况以及教材总需求量，然后在主函数中定义课程类型的数组变量（某学院当前学期开设的 3 门课程情况），分别计算每门课程的教材需求量，最后显示每门课程的信息。

2. 问题分析

课程（course）结构类型中包含课程编号、课程名称、使用的教材、各班级订购教材情况以及教材总需求量几个数据项（称为成员），这里，除基本类型（课程编号、教材总需求量）、数组类型（课程名称、3 个班级教材订购量）外，还包含一个结构类型（使用的教材/图书类型）。结构类型中嵌套结构类型的用法是通过“.”运算符来逐层访问的。如果要访问 course 类型变量 c 所使用的教材名称，假设 c 的教材变量定义为 book 类型的 bk，则对 course 结构类型的变量 c 所使用教材 bk 的名称的访问方式是 c.bk.title。

3. 算法描述

首先定义图书 book 类型，然后再定义课程 course 类型，因为 course 类型中包含 book 类型。course 类型中的教材订购量数据项应为长度为 4 的整型数组，包含 3 个班级的教材订购量以及总订购量信息。然后，在主函数中创建 course 类型的数组并初始化，初始化时仅给教材订购量数组的前 3 个元素（3 个班级订购量）赋值，而总订购量由 3 个班的订购量计算得到，并把计算结果赋值给订购量数组的第 4 个元素，最后显示每个课程的详细信息。

4. 程序实现

```
#include <stdio.h>
#include <string.h>
struct book{              /*定义 book 结构类型*/
    char title[100];      /*书名*/
    char author[20];      /*作者*/
    double price;         /*价格 */
};
struct course{            /*定义 course 结构类型*/
    int id;
    char name[10];
    struct book texbk;    /*包含 book 类型数据项*/
    int ord[4];           /*包含数组类型数据项*/
};
int main()
{
    /*定义 course 类型的数组并初始化*/
    struct course c[3]={
        {01,"Computer",{"Computer","李四",66.60},{68,76,67}},
        {02,"IT course",{"Information","张三",41.00,},{82,88,82}},
        {03,"Adv math",{"Mathematics","王五",55.00,},{78,80,80}}
    };
    int i,j;
    for(i=0;i<3;i++){     /*计算每本教材的总订购量，并放在 order 成员变量中*/
        c[i].ord[3]=0;
         for(j=0;j<3;j++)
            c[i].ord[3]+=c[i].ord[j];
    }
    /*输出 c 数组的信息*/
    printf("id\tcoursename\tbooktitle\tauthor\tprice\tord1\tord2\tord3\
ttotal\n");
    for(i=0;i<3;i++)     /*显示每个课程的信息*/
printf("%02d\t%s\t%s\t%s\t%5.2f\t%d\t%d\t%d\t%d\n",c[i].id,c[i].name,
        c[i].texbk.title,c[i].texbk.author,c[i].texbk.price,
        c[i].ord[0],c[i].ord[1],c[i].ord[2],c[i].ord[3]);
    return 0;
}
```

5. 运行结果

```
id  coursename  booktitle    author  price  ord1  ord2  ord3  total
01  Computer    Computer     李四    66.60  68    76    67    211
02  IT course   Information  张三    41.00  82    88    82    252
03  Adv math    Mathematics  王五    55.00  78    80    80    238
```

6. 程序分析

本例演示了结构类型的嵌套使用方法，即结构类型中包含结构类型数据项的实现方法，如 course 类型中定义了 book 结构类型的数据项。在编写程序时，应先定义 book 类型然后再定义 course 类型，因为 book 类型要被 course 类型嵌套使用。不管有多少层结构类型嵌套，在引用结构变量中某个数据项时，都应通过“.”运算符来实现，“.”的个数即等于结构类型嵌套的层数，如 c[i].texbk.title。

5.2.3　导例：坐标变换

1. 问题描述

坐标变换是计算机动画制作的基础，目标的平移、皮球撞击地面后的扭曲变形和位置变化，以及近大远小的比例变化等，都是对一组关键点（特征点）的坐标变换。以二维坐标平移变换为例，编写程序实现一个三角形的平移变换，并显示变换前后三角形的顶点坐标信息。

2. 问题分析

二维平面上的坐标点有两个分量，即水平坐标 x 和垂直坐标 y，虽然可以用两个 float 类型的独立变量分别表示一个点的两个坐标值，或者用一个 2 元素的数组表示它们，但这些表达方式都不能恰当地体现“坐标“这个概念的实质。采用结构类型把一个点的两个坐标值 x 和 y 组合起来进行描述，可以更好地体现坐标的本质，有利于程序的理解和维护。三角形的平移本质上是三个顶点分别进行的平移变换，函数可以方便地实现重复功能，所以定义一个实现坐标平移的函数能使程序更加结构化且更易读易懂。但函数的参数传递是单向的，即只能从实参向形参传递，而不能从形参向实参传递，通过函数实现的数据项的变化只能通过函数返回值的方式实现，而函数最多只能返回一个值，这对有着两个坐标分量 x、y 的点平移变换是个问题，如何通过函数的一个返回值的传递实现两个或两个以上数据项的修改，是函数构造时要解决的问题。结构作为一个组合类型，可以将多个有机联系的数据项组合成一个整体，作为一个变量参与函数的运算，所以，利用结构类型做函数参数并作为返回值可以实现这一需求。

3. 算法描述

首先创建一个 point 类型，包含两个 float 类型的变量 x、y，分别表达坐标点的水平坐标分量 x 和垂直坐标分量 y，然后设计一个函数 trans_point()，用 point 类型变量作为该函数的一个参数，并返回一个 point 结构类型的值，这样，利用结构类型作为函数的返回值，就可以实现多值（一个坐标点的水平和垂直分量）传递，达到一次变换特征点的两个坐标分量的目的。在主函数中定义一个 point 类型的数组 tri[3]并进行初始化，分别表示三角形的三个顶点坐标，主函数调用 trans_point 函数进行点的平移变换，实现一个三角形的平移，并显示原三角形和平移后三角形的位置坐标信息。

4. 程序实现

```
#include <stdio.h>
struct point                          /*定义 point 坐标点结构类型*/
{
    float   x;
    float   y;
};
```

```
/* 实现点平移变换的函数，结构类型作为函数的形参和返回值类型，tx和ty分别是水平方向
   和垂直方向的平移量*/
struct point trans_point(struct point p,float tx,float ty){
    p.x=p.x+tx;
    p.y=p.y+ty;
    return p;                          /* 返回结构类型 */
}
void print_triangle(struct point tri[]){  /*输出三角形3个顶点坐标的函数*/
    int i;
    for(i=0;i<3;i++)
        printf("%d\t%.1f\t%.1f\n", i,tri[i].x,tri[i].y);
}
int main()
{
    int i;
    struct point tri[3]={{1.3,3.5},{7.6,5.3},{3.8,6.6}};
    printf("原三角形3个顶点的坐标值: \n");
    printf("顶点\tX坐标\tY坐标\n");
    print_triangle(tri);
    for(i=0;i<3;i++)
    {
        tri[i]=trans_point(tri[i],2.2,3.6);/*调用返回结构类型的函数*/
    }
    printf("平移后新三角形顶点坐标值: \n");
    printf("顶点\tX坐标\tY坐标\n");
    print_triangle(tri);
}
```

5. 运行结果

```
原三角形3个顶点的坐标值:
顶点    X坐标   Y坐标
0       1.3     3.5
1       7.6     5.3
2       3.8     6.6
平移后新三角形顶点坐标值:
顶点    X坐标   Y坐标
0       3.5     7.1
1       9.8     8.9
2       6.0     10.2
```

6. 程序分析

本例以二维坐标平移变换为例，介绍了结构类型作为函数的参数以及返回值的作用。从该例可以看到，结构可以将原本有着内在联系的分量有效组合成一个更有意义的整体，其描述更能体现事物的本质。而结构类型用于函数的参数时，可以方便地进行参数传递，并通过结构类型的返回值，巧妙地实现多值传递功能。该例方法可以类推到二维图形的旋转、比例、错切等变换，利用函数和结构类型的返回值可以方便地实现二维图形的各种变换，并推广到三维变换中。

5.2.4 结构类型的基本操作

前面介绍的基本类型和数组类型解决了定义基本类型变量和数组类型变量的问题，但是仅有这些类型是不够的，有些变量无法通过基本类型和数组类型定义，如定义一个图书变量。图书通常包含图书的书名、作者、价格等信息，这里有字符数组类型的书名和作者信息以及实数类型的价格信息等，无法用基本类型或数组定义。那么如何定义包含多个类型的变量？这就需要首先定义一个新的类型，该类型包含多个所需类型的数据项，然后再利用这个新类型定义相应的变量。这种新的类型就是结构类型，它是一种组合类型，由多个基本类型或组合类型构成。

1. 结构类型的定义

结构类型的定义格式：

```
struct 结构类型名{成员列表};
```

例如：

```
struct course{                /*定义 course 结构类型*/
    int id;                   /*包含 int 类型成员*/
    char name[10];            /*包含 char 数组类型成员*/
    int ord[4];               /*包含 int 数组类型成员*/
};
```

在结构类型的“成员列表”中，既可以包括基本类型、数组类型等，还可以包括结构类型。例如：

```
struct book{                  /*定义 book 结构类型*/
    char title[100];
    char author[20];
    double price;
};
```

如果在上面 course 类型中添加 book 数据项，则 course 类型定义为：

```
struct course{                /*定义 course 结构类型*/
    int id;
    char name[10];
    struct  book texbk;       /*course 类型中包含 book 类型成员*/
    int ord[4];
};
```

2. 结构类型变量的定义

结构类型变量的定义有 3 种方式：

（1）先声明结构类型，然后再定义结构变量。例如，先如上声明 course 类型，然后再定义 course 类型的结构变量：

```
struct course c1,c2;
```

（2）在声明类型的同时定义变量。例如：

```
struct course{                /*定义 course 结构类型*/
    int id;
```

```
    char name[10];
    struct  book texbk;      /*course 类型中包含 book 结构类型成员*/
    int ord[4];
}c1,c2;
```

（3）直接定义结构类型变量。例如：

```
struct{                         /*不指定结构类型名称*/
    int id;
    char name[10];
    struct book texbk;
    int ord[4];
}c1,c2;                         /*直接定义结构变量*/
```

3. 结构类型变量的引用

定义了结构变量后，一般不能整体引用该变量，需要利用“.”运算符来引用其中的成员，因此结构变量的引用其实就是结构变量成员的引用。例如，如果要给 c1 中的 name、ord 数组中的第 2 个元素和 texbk 中的 author 赋值，可以采用以下方法：

```
strcpy(c1.name,"Computer");    /*给字符数组赋值不能直接使用=*/
c1.ord[1]=76;
strcpy(c1.texbk.author,"李四");
```

4. 结构变量的初始化及赋值

同其他变量一样，对结构变量可以在定义时指定初始值，也可以先定义然后再赋值。例如：

```
course c1={01,"Computer",{ "Computer","李四",66.60},{68, 76, 67}},c2;
```

本例中，c1 已经被初始化，而 c2 变量还没有赋值，可以直接为 c2 的每个数据成员赋值。例如：

```
c2.id=02;        /*为 c2 各数据项赋值*/
strcpy(c2.name,"IT course");
strcpy(c2.texbk.title,"Information");
strcpy(c2.texbk.author, "张三");
c2.texbk.price=41.00;
c2.ord[0]=82;
c2.ord[1]=88;
c2.ord[2]=82;
```

定义了 c1 和 c2 并赋值后，这两个变量在内存中的存储结构如图 5-7 所示。

	id	name	book			ord[0]	ord [1]	ord [2]
			title	author	price			
c1	01	Computer	Computer	李四	66.60	68	76	67
c2	02	IT course	Information	张三	41.00	82	88	82

图 5-7　结构体变量在内存中的存储结构

5.2.5　结构数组

定义了结构类型后，还可以定义该类型的数组。例如：

```
struct course c[3];
```

结构数组本质上是个数组，其数组元素是结构类型的变量，所以结构数组的初始化与一般数组的初始化一样有两种方式，即可以在定义结构数组的同时初始化结构数组；也可以采用先定义后赋值的方式为每个结构体类型的数据成员赋值。例如：

```
struct course c[3]={
    {01,"Computer",{"Computer","李四",66.60},{68,76,67}},
    {02,"IT course",{"Information","张三",41.00,},{82,88,82}},
    {03,"Adv math",{"Mathematics","王五",55.00,},{78,80,80}}
};
```

如果采用后赋值的方式给 c[0]赋值，则需要通过以下语句实现：

```
c[0].id=01;
strcpy(c[0].name,"Computer");
strcpy(c[0].texbk.title,"Computer");
strcpy(c[0].texbk.author,"李四");
c[0].texbk.price=66.60;
c[0].ord [0]=68;
c[0].ord [1]=76;
c[0].ord [2]=67;
```

5.2.6　结构类型作为函数的参数与返回类型

1. 结构类型作为函数的参数

从 5.2.3 导例可以看到，结构类型也可以作为函数的参数，同基本类型做函数的参数一样，参数的传递是单向的，即当结构变量做函数参数时，只能由实参的值向形参传递，而形参的变化不能改变实参的值。例如：

```
#include <stdio.h>
struct point{            /*定义point结构类型*/
    float x;
    float y;
};
void trans_point(struct point p,float tx,float ty){
    p.x=p.x+tx;          /*修改形参的值*/
    p.y=p.y+ty;          /*修改形参的值*/
}
main()
{
    struct point p={1.3,3.5};
    printf("原顶点P的坐标值: \n");
    printf("%.1f\t%.1f\n", p.x, p.y);
    trans_point(p,2.2,3.6);                /*结构类型做函数的实参*/
    printf("P平移后的坐标值: \n");
    printf("%.1f\t%.1f\n", p.x, p.y);  /*显示实参的值，看是否发生了变化*/
}
```

运行结果：

```
原顶点P的坐标值:
1.3    3.5
P平移后的坐标值:
```

```
1.3    3.5
```

从运行结果可以看出，同数组类型一样，结构类型可以作为函数的参数，但是形参的修改并没有引起实参的改变。

2. 结构类型作为函数的返回值

结构类型不仅可以作为函数的参数，也可以作为函数的返回值，当用结构类型变量作为函数的返回值时，可以帮助函数返回更多的数据项。例如：

```
#include <stdio.h>
struct point                                          /*定义 point 结构类型*/
{
    float x;
    float y;
};
struct point trans_point(struct point p,float tx,float ty)
{
    p.x=p.x+tx;                                       /*修改形参的值*/
    p.y=p.y+ty;                                       /*修改形参的值*/
    return p;                                         /*返回值是结构类型*/
}
int main()
{
    struct point p={1.3,3.5},p1;
    printf("原顶点 P 的坐标值: \n");
    printf("%.1f\t%.1f\n", p.x, p.y);
    p1=trans_point(p,2.2,3.6);                        /*结构类型做函数的实参*/
    printf("P 平移后的坐标值: \n");
    printf("%.1f\t%.1f\n", p1.x, p1.y);
}
```

运行结果：

```
原顶点 P 的坐标值:
1.3    3.5
P 平移后的坐标值:
3.5    7.1
```

从本例可以看出，结构类型作为函数的返回值可以实现多个数据项的修改。

5.3 指针类型

指针就是内存单元的地址，是 C 语言中的一个非常重要的概念，也是 C 语言的一个特色。使用指针可以灵活访问数据的存储空间、控制计算机内存的分配。指针与数组、函数的综合应用可以提高程序的灵活性和工作效率。

本节将通过分析几个典型问题，介绍指针的概念和应用。

5.3.1　导例：密室逃脱

1. 问题描述

在一次密室逃脱中，玩家需要找到一把钥匙才能进入下一关。玩家得到一个提示，“书房”里面有关于这把钥匙的线索。根据这个线索进入“书房”之后，玩家发现书房里有几十个带有不同编号的钥匙盒。书房的书桌上还摆放着四张水墨画，玩家对水墨画进行研究和推理，最终得到了对应钥匙盒的四位编号“1314”。玩家打开编号是“1314”的钥匙盒得到进入下一关的钥匙。

2. 问题分析

要访问计算机内存空间中的数据，通常是使用变量名直接进行访问。除此之外，也可以通过获得该内存空间的地址之后，使用地址间接地进行访问。

假设以字符'V'代表密室逃脱的钥匙，它被存放在盒子（变量）cKey 中，那么盒子的编号（变量地址）就是&cKey，假设该地址保存在盒子（指针变量）pKey 中，那么通过 pKey 就可以访问变量 cKey，从而拿到盒子中的钥匙。

3. 算法描述

将上述寻找密室逃脱钥匙的过程以算法的形式描述如下：

（1）定义字符型变量 cKey 保存字符'V'。

（2）定义字符型指针变量 pKey 保存变量 cKey 的地址。

（3）通过指针 pKey 访问变量 cKey，输出其中保存的字符'V'。

上述算法的流程图描述如图 5-8 所示。

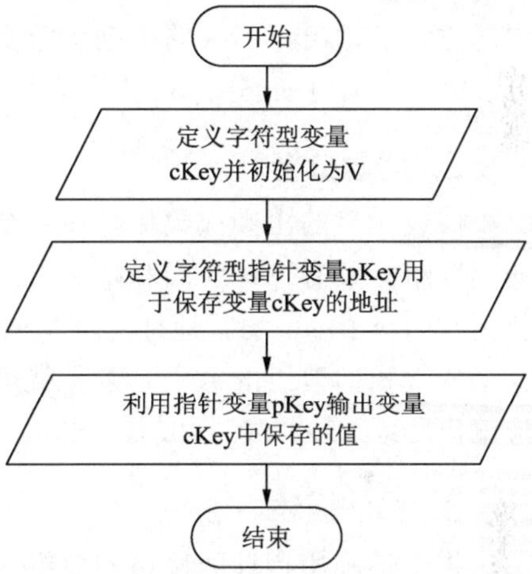

图 5-8　通过指针变量间接访问内存中的数据

4. 程序实现

实现上述算法的 C 语言程序为：

```
#include<stdio.h>
int main()
{
    char cKey='V';       /*定义一个字符型变量，保存字符'V'*/
    char *pKey=&cKey;    /*定义一个字符型指针变量，保存 cKey 的地址*/

    printf("The result is: %c\n",cKey ); /*直接输出 cKey 的值*/
    printf("The result is stored in: %d\n",pKey); /*输出 cKey 的地址*/
    printf("Indeed: %c\n",*pKey ); /*利用指针 pKey 输出 cKey 的值*/
    return 0;
}
```

5. 运行结果

```
The result is: V
The result is stored in: 6618647
```

```
Indeed: V
```

6. 程序分析

本例主要说明如何利用指针访问内存数据。指针是内存单元的地址，通过这个地址就可以找到对应的内存单元。在程序中访问内存数据有两种方式：一种是直接访问方式，即通过变量名访问内存数据；第二种是间接访问方式，即通过指针访问内存数据。本例中定义的字符型变量 cKey 中保存着字符'V'，所以可以通过变量名 cKey 直接访问内存单元中的数据，输出字符'V'；由于程序中定义了一个字符型指针变量 pKey 且被赋值为&cKey，相当于保存了变量 cKey 的地址，所以也可以通过*pKey 的方式间接访问变量 cKey 中存储的数据，从而输出字符'V'。

5.3.2 导例：统计输出所有学生的考勤成绩

1. 问题描述

某课程学生的出勤情况保存在一个一维数组中，要求使用指针变量，用间接访问数组元素的方式，输出每个人的出勤次数及其考勤成绩（15～16 次全勤为 100 分、12～14 次为 80 分、9～11 次为 60 分、6～8 次为 40 分、3～5 次为 20 分、0～2 次为 0 分）。

2. 问题分析

假设学生的出勤次数保存在一维整型数组 AttRcds[N]中（N 是保存学生人数的整型常量）。访问数组元素有下标访问和指针访问两种方式，可以定义一个整型指针变量 pAttRcds 并初始化为数组 AttRcds 的首地址（即指向数组 AttRcds 的第一个元素），然后利用循环使指针向后移动依次指向数组的每个元素，就可以间接访问数组的每个元素的值，根据数组元素的值对应输出 100、80、60、40、20 或 0。

3. 算法描述

将上述利用指针间接访问数组元素并输出相应成绩的过程以算法的形式描述如下：

（1）定义整型常量 N 保存学生人数。

（2）定义整型数组 AttRcds[N]保存每个学生的出勤次数。

（3）定义整型指针变量 pAttRcds 并初始化为数组 AttRcds 的首地址。

（4）当 pAttRcds< AttRcds+N 时，通过*pAttRcds 访问数组元素的值，若其值为 16 或 15，则输出成绩 100；若其值为 14、13 或 12，则输出成绩 80；若其值为 11、10 或 9，则输出成绩 60；若其值为 8、7 或 6，则输出成绩 40；若其值为 5、4 或 3，则输出成绩 20；若其值为 2、1 或 0，则输出成绩 0。

（5）指针变量 pAttRcds 加 1 即指向数组中的下一个元素。

（6）重复步骤（4）、（5）直至 pAttRcds >= AttRcds+N。

上述算法的流程图描述如图 5-9 所示。

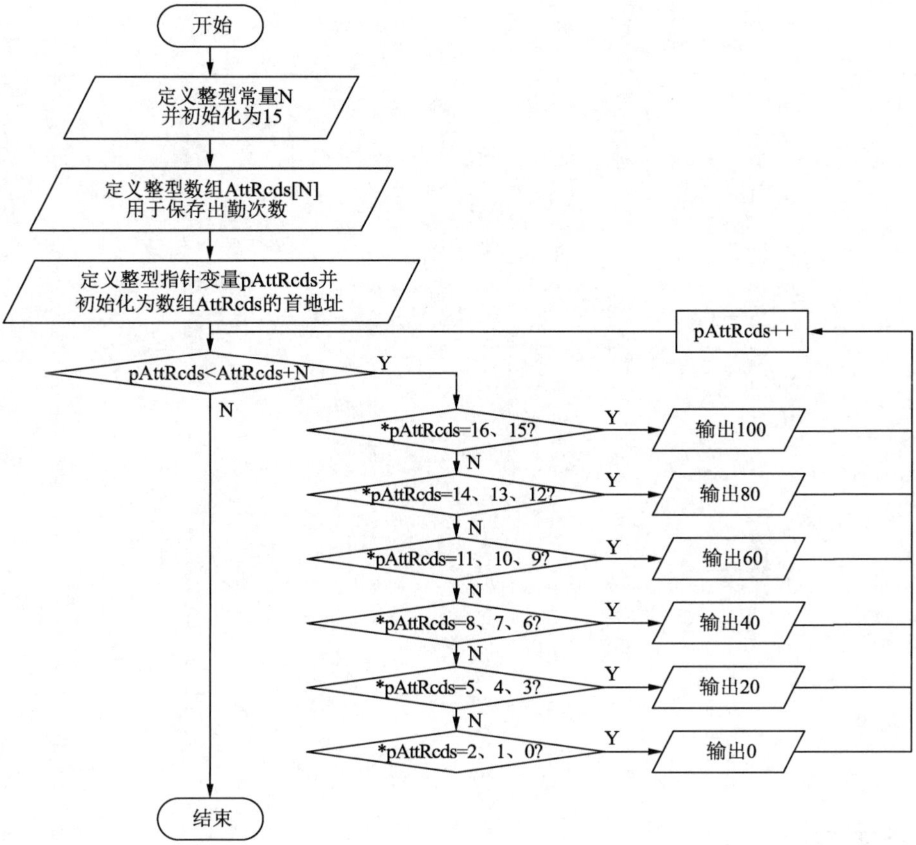

图 5-9　利用指针变量输出学生的出勤成绩

4. 程序实现

实现上述算法的 C 语言程序为：

```
#include<stdio.h>
#define N 15          /* 定义整型常量，保存学生的人数 */
int main()
{
    int AttRcds[N]={16,14,15,12,8,10,15,15,16,13,1,14,16,5,11};
    /*定义一个一维整型数组，保存学生的出勤次数*/
    int *pAttRcds=AttRcds; /*定义一个整型指针变量，并初始化为数组的首地址*/
    printf("number\ttimes\tscore\n");
    while(pAttRcds<AttRcds+N)
    {
        printf("%d\t%d\t",pAttRcds-AttRcds+1,*pAttRcds);
        switch(*pAttRcds)
        {
            case 16:
            case 15:
                printf("100\n");
                break;
            case 14:
            case 13:
            case 12:
```

```
                printf("80\n");
                break;
            case 11:
            case 10:
            case 9:
                printf("60\n");
                break;
            case 8:
            case 7:
            case 6:
                printf("40\n");
                break;
            case 5:
            case 4:
            case 3:
                printf("20\n");
                break;
            case 2:
            case 1:
            case 0:
                printf("0\n");
        }
        pAttRcds++;
    }
    return 0;
}
```

5. 运行结果

```
number  times   score
1       16      100
2       14      80
3       15      100
4       12      80
5       8       40
6       10      60
7       15      100
8       15      100
9       16      100
10      13      80
11      1       0
12      14      80
13      16      100
14      5       20
15      11      60
```

6. 程序分析

本例主要说明如何利用指针变量顺序访问数组元素。由于数组元素在内存的存放是连续的，所以只要把一个指针变量指向数组的某一个元素，指针增 1 就会指向数组的下一个元素、减 1 就会指向数组的前一个元素。

本例中使用指针 pAttRcds 顺序访问数组的元素。首先必须初始化指针变量为数组的首地址，如语句 int *pAttRcds=AttRcds;（数组名 AttRcds 就是一个存储着数组首地址的指针常量，数组的首地址即数组第一个元素的地址，所以也可以表示为& AttRcds [0]）。再利用循环反复地向后移动指针变量，即 pAttRcds++，可以使指针依次指向数组的每个元素并对其值进行判断，直到指针指向数组最后一个元素，因此 while 循环的条件为 pAttRcds<AttRcds+N。在每一次循环中，对指针变量指向的当前数组元素的值*pAttRcds 进行相同的操作，即根据其值确定输出 100、80、60、40、20 或 0，该功能通过一条 switch 语句实现。输出的每一行信息都包括序号、出勤次数和考勤成绩三部分。

5.3.3 导例：求一次体育抽测的统计数据

1. 问题描述

某高校每年都会对学生进行一次体育抽测（不同年度抽测人数并不完全相同），体育抽测的成绩为浮点数，请编写程序计算学生体育抽测成绩的平均成绩和中位数。

2. 问题分析

由于不同年度抽测人数并不完全相同，可以假设某年度体育抽测的人数为 num，假设学生的抽测成绩保存在一维浮点数组 SampSize[num]中（num 是保存抽测人数的整型变量），数组的元素空间必须申请动态内存分配，分配成功后即可存储用户输入的抽测成绩，并计算抽测的平均成绩和中位数。计算平均成绩和中位数的方法如下：

平均成绩=总成绩/抽测人数

中位数是将所有成绩进行排序（排序可以使用 5.1.2 中介绍的选择排序法），如果抽测人数是奇数，那么中间的那个成绩就是中位数；如果抽测人数是偶数，就找到所有成绩中间的那 2 个成绩，对这两个成绩取平均值，计算出来的这个平均值就是中位数。

3. 算法描述

将上述计算平均成绩和中位数的过程以算法的形式描述为：

（1）输入本年度抽测人数并保存于整型变量 num 中。

（2）动态申请 num 个浮点型内存空间，并将返回地址保存在浮点型指针变量 SampSize 中。

（3）如果 SampSize 为空指针 NULL（动态内存分配失败），则终止程序。

（4）否则，提示用户输入本年度抽测成绩，并利用循环把输入数据保存在以 SampSize 为首地址的数组中。

（5）循环累加数组中的所有元素，计算得到抽测总成绩进而求出抽测的平均成绩，保存在浮点型变量 mean 中。

（6）根据中位数的计算方法计算出抽测成绩的中位数。

（7）输出本年度抽测的平均成绩和中位数。

上述算法的流程图描述如图 5-10 所示。

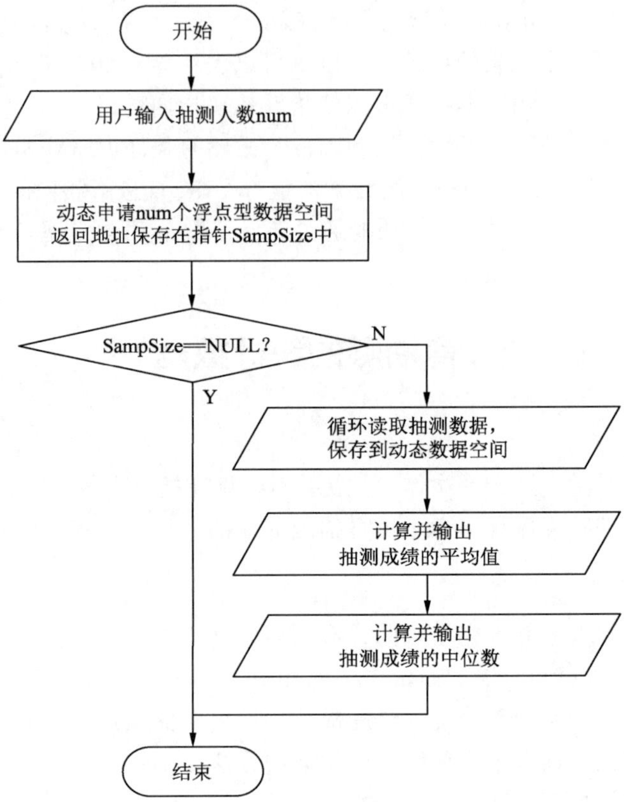

图 5-10　计算年度体育抽测的平均成绩和中位数

4．程序实现

实现上述算法的 C 语言程序为：

```
#include<stdio.h>
#include<stdlib.h>
int main()
{
    int num=0,i=0;
    float *SampSize=NULL;
    printf("请输入本年度抽样人数 num: ");
    scanf("%d",&num);
    SampSize=(float *)calloc(num,sizeof(float)); /*申请动态分配 num 个
                           float 型内存空间，返回的首地址保存在 SampSize 中*/
    /*判断动态内存分配是否成功*/
    if(SampSize) /*若 SampSize 不是空指针 NULL，则执行以下操作*/
    {
        float *pScore=SampSize; /*定义 float 类型指针变量 pScore，指向动态数
                               组空间第一个元素*/
        double sum=0,mean=0,mid=0; /*定义计算所需的其他变量：总成绩 sum、平
                                   均值 mean、中位数 mid*/
        printf("请输入本年度抽测成绩：\n" );
        /*循环读取抽测数据，保存到动态数组空间*/
        for(i=0;i<num;i++)
        {
            scanf("%f",pScore);
```

```
            sum+=*pScore; /*累加抽测成绩保存至 sum*/
            pScore++; /*向后移动指针 pSize，指向动态数组空间中的下一个元素*/
        }
        mean=sum/num; /*求抽测成绩平均值，保存至 mean*/
        printf("本次抽测的平均成绩为: %.1f\n",mean);
        /*使用 5.1.2 中的排序方法，对 pScore 数组进行排序*/
        /*求中位数，保存至 mid*/
        pScore=SampSize; /*恢复指针 pScore 指向动态数组空间第一个元素*/
        /*判断抽测人数的奇偶性，计算抽测成绩的中位数，保存至 mid*/
        if(num%2==0)
            mid=(*(pScore+(num/2-1))+*(pScore+num/2))/2;
        else
            mid=*(pScore+num/2);
        printf("本次抽测成绩的中位数为: %.1f\n",mid);
        free(SampSize); /*释放前面所申请的动态内存空间*/
    }
    Return 0;
}
```

5. 运行结果

```
请输入本年度抽样人数 num: 6
请输入本年度抽测成绩:
95  88  67  91  76  85
本次抽测的平均成绩为: 83.7
本次抽测成绩的中位数为: 86.5
```

6. 程序分析

在求取抽测人数不定的统计数值的过程中，最主要的操作是根据抽测人数 num 申请动态内存空间，使用 calloc( )函数申请 num*sizeof(float)个字节的动态内存空间（返回的首地址保存在指针变量 SampSize 中），用于存储随后用户输入的 num 个抽测成绩。在循环读取用户输入抽测成绩的同时，将这些成绩进行累加，求得抽测总成绩 sum，即可求得抽测的平均成绩 mean=sum/num。这个过程中使用了指针间接访问数据的方式，通过 pScore 依次读取以 SampSize 为首地址的数组中的各个元素的值。接下来，为继续计算抽测成绩的中位数，首先将指针 pScore 恢复（pScore=SampSize），再判断抽测人数的奇偶性，计算抽测成绩的中位数 mid。程序的结尾使用函数 free( )释放了前面所分配的以 SampSize 为首地址的动态数组空间。

5.3.4 导例：十二生肖名称的翻译

1. 问题描述

请编写程序实现中国传统 12 个生肖名称的翻译功能，即根据用户输入一个按照生肖顺序对应的数字（1～12），输出对应生肖的英文名称（Rat～Pig）。

2. 问题分析

中国传统 12 个生肖的英文名称 Rat～Pig 是 12 个字符串常量，要实现它们与整数 1～12 的对应关系，可以将它们按照排序从 1 至 12 编号，即由一组字符指针依次指向这 12 个字符串常量，这些字符指针就构成了一个有序集合，称为指针数组。假设指向各生肖名称字符串的字符指针数组为 Zodiac[12]，那么当用户输入 1～12 的一个整数 n 时，程序应该输出对应的字符指针 Zodiac[n–1]。

3. 算法描述

将上述生肖名称的翻译过程以算法的形式描述为：

（1）定义字符指针数组 Zodiac[12]，其元素依次指向各个生肖名称。

（2）提示用户输入 1～12 之间的一个整数，并保存至整型变量 n。

（3）输出 n 对应的生肖的英文名称，即 Zodiac[n–1]。

上述算法的流程图描述形式如图 5-11 所示。

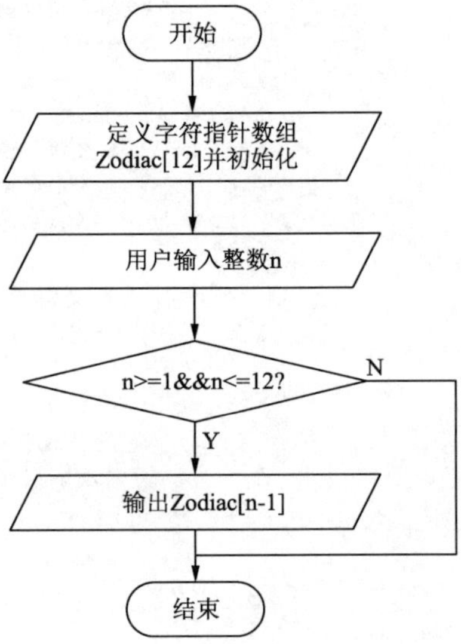

图 5-11　十二生肖名称的翻译

4. 程序实现

实现上述算法的 C 语言程序如下：

```
#include<stdio.h>
int main()
{
    char *Zodiac[12]={"Rat","Ox","Tiger","Rabbit","Dragon",
                      "Snake","Horse","Sheep","Monkey","Rooster",
                      "Dog","Pig"}; /* 定义一个字符型指针数组并初始化 */
    int n;
    printf("请输入生肖对应的顺序号（1~12）： " );
    scanf("%d",&n); /*读取用户输入的整数，保存至变量 n*/
    /*如果 n 在 1~12 之间，则输出对应生肖的英文名称*/
    if(n>=1&&n<=12 )
        printf("该数字对应生肖的英文名称为： %s\n",Zodiac[n-1]);
    return 0;
}
```

5. 运行结果

```
请输入生肖对应的顺序号（1~12）： 5
该数字对应生肖的英文名称为： Dragon
```

下画线部分表示用户从键盘输入的内容。

6. 程序分析

本例实现生肖名称翻译的关键是定义了一个字符指针数组并对其初始化，使其各元素依次指向存储各个生肖英文名称的字符串常量。当用户指定翻译第 n 个生肖时，只要使用字符指针 Zodiac[n–1]输出对应的英文名称字符串即可。需要注意的是，数组元素的下标是从 0 开始的，所以第 n 个生肖的名称字符串应该是 Zodiac[n–1]，而不是 Zodiac[n]。

5.3.5 导例：计算快递费

1. 问题描述

某物流公司根据市场变化，计划将快递费用进行一次调整，即快递费用由起送费用和超重费用两部分构成。起送费用：1 kg 以内本地 10 元，异地 15 元；超重费用：每超重小于等于 1 kg 加收 5 元，依此类推。请编写一个函数实现快递费用的计算，并编写主函数，根据用户输入的实际起送费用以及超重量，计算并输出最终的快递费用。

要求该快递费用计算函数的输入为起送费用及超重量（整数，单位 kg），输出为逻辑值，若快递费用计算成功则返回值为真，否则返回值为假。

2. 问题分析

假设要编写的快递费用计算函数为 CalFee()，其形参为起送费用 fee 和超重量 weights，由于该函数的输出为代表快递费用计算是否成功的逻辑值，所以计算出的最终快递费用只能通过形参 fee 反向传递给主调函数中的实参变量。所以，形参 fee 必须被定义为能够在函数调用过程中实现将数据反向传递给实参的指针型参数。

主函数中先输入一件物品的起送费用和超重量，然后调用快递费用计算函数，函数成功调用后输出该物品的最终快递费用。

3. 算法描述

将上述快递费用计算过程以算法的形式描述为：

（1）输入一个物品的起送费用 Fee 和超重量 Weights。

（2）输出该物品最终的快递费用 Fee。

（3）调用函数 CalFee(&Fee, Weights)。

（4）若调用成功，则输出该物品的最终快递费用 Fee。

上述算法的流程图描述如图 5-12 所示。

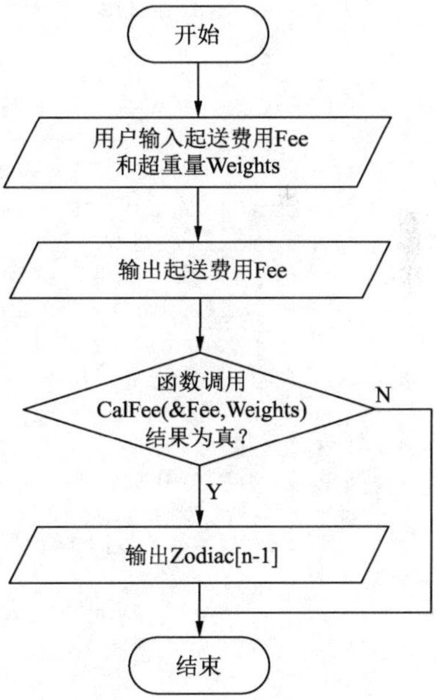

图 5-12 调用函数计算快递费用

其中，快递费用计算函数 CalFee(int *fee, int weights) 的算法描述为：

（1）输入：指向起送费用的整型指针参数 fee、传入超重量的整型参数 weights。

（2）若该物品的起送费用是 10 或者 15 且超重量大于等于 0，则计算出最终的快递费用，计算出的最终的快递费用仍然保存在指针 fee 所指向的内存空间。若函数返回值为真，表示最终的快递费用计算成功；否则函数返回值为假，表示最终的快递费用计算失败。

上述算法的流程图描述如图 5-13 所示。

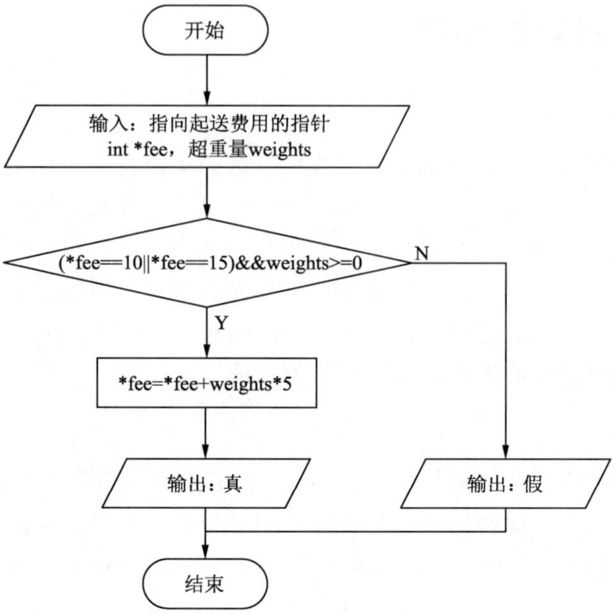

图 5-13　快递费计算函数

4. 程序实现

实现上述算法的 C 语言程序为：

```
#include<stdio.h>
int main()
{
    int CalFee(int *fee, int weights); /*最终快递费用计算函数的声明*/
    int Fee,Weights;
    printf("请输入起送费用和超重量（不足 1kg 按 1kg 计算）： " );
    scanf("%d%d",&Fee,&Weights);
    printf("起送费用: %d 元\n",Fee);
    /*调用函数，若返回值为真，则执行以下的操作*/
    if(CalFee(&Fee,Weights))
        printf("最终费用: %d 元\n",Fee);
    return 0;
}
/*快递费用计算函数的定义*/
int CalFee(int *fee,int weights)
{
    if((*fee==10||*fee==15)&&weights>=0)
    {
        *fee=*fee+weights*5;
        return 1;
    }
    else
        return 0;
}
```

5. 运行结果

```
请输入起送费用和超重量（不足 1kg 按 1kg 计算）： 10 5
```

```
起送费用: 10 元
最终费用: 35 元
```

6. 程序分析

在本例中定义快递费用计算函数时，最关键的是将形参 fee 定义为指针类型。函数调用时，将主函数中的变量 Fee 的地址作为实参传递给形参 fee，这时指针 fee 指向了变量 Fee，在函数运行过程中，修改了*fee 的值，即通过指针 fee 间接修改了主函数中的变量 Fee 的值。因此，当函数被成功调用结束后，虽然形参 fee 的生命期结束了，其内存空间被释放，但是，再次输出查看变量 Fee 的值，会发现它已经被修改了。

5.3.6　指针的概念

在定义变量时，系统会给这个变量分配内存单元。计算机内存的管理是以字节（B）为单位的，一个 8 位（bit）二进制数（一个字节）为一个基本存储单元，对每个基本存储单元进行顺序编号，这个编号就是基本存储单元的地址。

如果在程序中声明一个变量并使用地址作为这个变量的值,那么这个变量就是指针变量。换句话说，指针变量的作用就是存储内存单元的地址，当一个指针变量存储了某个内存单元的地址时，就说该指针“指向”这个内存单元。就像是一个房间的门牌号是 208，这个 208 就是房间的地址，也可以说 208“指向”这个房间。C 语言中，将地址形象化地称为“指针”，意思就是通过指针能够找到以它为地址的内存单元。

5.3.7　指针变量

1. 指针变量的定义

普通的变量中可以存放数值或字符，要想存放地址，就需要定义一种新的类型的变量，就是指针类型的变量，即指针变量。指针类型的变量，就可以用来存放地址。整型变量中存放的是整数，字符型变量中存放的是字符，指针变量中存放的是地址。

定义指针变量要使用指针声明符“*”。定义指针变量的一般形式为：

```
基类型 * 指针变量名;
```

例如：

```
int *p_1, *p_2;
```

前面的 int 是在定义指针变量时必须指定的“基类型”。指针变量的基类型用来指定这个指针变量可以指向的变量的类型。例如，这个例子中的 p_1 和 p_2 就是整型指针变量，只能用来指向整型变量，或者说只能存储整型变量的地址，而不能指向浮点型变量。如果要定义指向浮点型变量的指针变量，基类型就要使用 float。如果要定义指向字符型变量的指针变量，基类型就要使用 char。例如：

```
float *p_3;
char *p_4;
```

可以在定义指针变量时对其进行初始化。例如：

```
int *p_1=&a, *p_2=&b;
```

定义整型指针变量 p_1 和 p_2 分别指向整型变量 a 和 b 的地址，&是取地址运算符。

也可以先定义指针变量再赋值，写成：

```
int *p_1, *p_2;
p_1=&a;
p_2=&b;
```

2. 指针变量的运算

（1）间接访问运算。定义一个变量 p，其中存放的是整型变量 x 的地址，因为变量 p 中存放的是地址，所以 p 一定是指针类型的变量。当 p 中存放的是变量 x 的地址时，就可以说指针 p 指向了变量 x，可以通过变量 p 得到变量 x 中存放的整数，方法就是利用间接访问运算符“*”去得到变量 x 中存放的整数，即*p。可以直接通过语句 printf("%d",*p);输出变量 x 的值，也就是 p 这个指针所指向的存储空间中所存放的内容，这就是间接访问运算。

（2）取地址运算。指针变量指向某一个变量时，就会用到取地址运算。例如：

```
int *p, a=3;
p=&a;
```

定义两个整型变量，一个是整型指针变量 p，另一个是普通整型变量 a。变量 a 初始化为 3，然后通过一条赋值语句，给指针变量 p 赋值，是变量 a 的地址，即把变量 a 的地址取出来赋值给指针变量 p，“&”就是取地址运算符。通过这样的一条赋值语句就可以使指针变量 p 指向变量 a，从而完成了这个指向关系。

（3）赋值运算：

```
int a=3, *p1,*p2;
p1=&a;
p2=p1;
```

定义一个整型变量 a，初始化值是 3，又定义了两个整型指针变量 p1 和 p2，把变量 a 的地址赋值给变量 p1，即把指针 p1 指向变量 a。接下来，把变量 p1 的值赋给变量 p2，这样，指针 p2 也指向了变量 a。相同类型的指针之间是可以直接赋值的，p1 和 p2 这两个指针的类型都是整型，当把变量 a 的地址赋值给变量 p1，也就是指针 p1 指向变量 a 之后，也可以把指针变量 p1 的值直接赋值给指针变量 p2，这样就可以让指针 p1 和 p2 都指向变量 a。

5.3.8 指针的应用

1. 指针作为函数的参数——角色转换

函数的参数包括实参和形参，两者的类型要一致。函数参数可以是整型、浮点型和字符型，也可以是指针类型。如果将某个变量的地址作为函数的实参，那么相应的形参就是指针。

下面是一个角色互换的例子，通过自定义函数的调用来实现主函数中两个变量的值的交换。

```
#include<stdio.h>
int main()
{
    int a=1,b=2;
    int *pa=&a,*pb=&b;       /*指针变量初始化*/
```

```
    /*3个自定义函数的声明*/
    void swap1(int x,int y);
    void swap2(int *px,int *py);
    void swap3(int *px,int *py);
    swap1(a,b);
    printf("After calling swap1: a=%d b=%d\n",a,b);
    a=1;b=2;
    swap2(pa,pb);
    printf("After calling swap2: a=%d b=%d\n",a,b);
    a=1;b=2;
    swap3(pa,pb);
    printf("After calling swap2: a=%d b=%d\n",a,b);
    return 0;
}
```

在主函数中定义两个整型变量 a 和 b，分别给它们赋值 1 和 2。定义了两个整型的指针变量 pa 和 pb，并对两个指针变量进行初始化，让指针 pa 指向变量 a，指针 pb 指向变量 b，然后是 3 个自定义函数的声明。设计 3 个自定义函数，目的是通过调用这 3 个自定义函数，实现主函数中变量 a 和变量 b 的值的交换。

在第一个自定义函数 swap1 中，定义了一个中间变量 t，利用中间变量 t 完成了 x 和 y 的值的交换。

```
void swap1(int x,int y)
{
    int t;
    t=x;
    x=y;
    y=t;
}
```

在第二个自定义函数 swap2()中，定义了两个指针作为形参，在主函数中调用自定义函数 swap2()时，实参就是两个地址。自定义函数 swap2()是利用中间变量 t 完成了*px 和*py 的交换。

```
void swap2(int *px,int *py)
{
    int t;
    t=*px;
    *px=*py;
    *py=t;
}
```

在第三个自定义函数 swap3()中，同样是定义了两个指针作为形参，定义了一个指针变量 pt 作为中间变量。自定义函数 swap3()是利用中间变量 pt 完成了 px 和 py 的交换。

```
void swap3(int *px,int *py)
{
    int *pt;
    pt=px;
    px=py;
    py=pt;
}
```

通过分别调用这 3 个自定义函数之后，输出变量 a 和变量 b 的值，分析一下结果分别是什么。

自定义函数 swap1()交换的是变量 x 和变量 y 的值，函数调用过程中数据传递的过程是从实参向形参的单向的值传递，即只能把实参的值传递给形参。因此，自定义函数 swap1()不能实现主函数中变量 a 和变量 b 的值的交换。

自定义函数 swap2()交换的是*px 和*py，*px 是指针 px 所指向的存储空间中存放的值，*py 是指针 py 所指向的存储空间中存放的值。指针 px 指向的是变量 a，指针 py 指向的是变量 b，交换*px 和*py 就相当于是交换主函数中变量 a 和变量 b 的值。因此，自定义函数 swap2()可以实现主函数中变量 a 和变量 b 的值的交换。

自定义函数 swap3()利用指针变量 pt 交换的是 px 和 py，即交换的是指针 px 和 py 的指向，指针 px 指向了变量 b，指针 py 指向了变量 a。但是主函数中变量 a 和变量 b 的值并没有发生变化。因此，自定义函数 swap3()不能实现主函数中变量 a 和变量 b 的值的交换。

总结一下：如果想通过函数调用来改变主调函数中某个变量的值，可以把指针作为函数的参数。在主调函数中，将这个变量的地址或者指向这个变量的指针作为实参。在被调函数中，用指针类型的形参接收这个变量的地址，并改变形参所指向的变量的值。

2. 指针与数组

例如：

```
int a[100], *p;
```

定义一个整型数组，长度是 100，数组的下标是 0～99。还定义了一个整型的指针 p，如果要让指针 p 指向数组 a，可以直接写成 p=a;。因为 a 是数组名，数组名代表的就是一个地址，这个地址是数组首个元素的地址，称为数组的基地址，因此，指针 p 就指向了数组 a 的基地址。也可以写成 p=&a[0];，表示把 a[0]的地址取出来赋值给指针变量 p。

下面是一个用数组名做函数参数的例子：

```
#include<stdio.h>
int sum(int *a,int n);          /*自定义函数的声明*/
int main()
{
    int i;
    int b[5]={1,4,5,7,9};
    printf("%d\n",sum(b,5));
    return 0;
}
```

定义一个长度是 5 的数组 b，并对其进行初始化。在输出语句 printf 中调用自定义函数 sum()，即输出自定义函数 sum()的返回值。在调用 sum()函数时，第一个实参是数组名 b，第二个实参是数组 b 的长度 5。

再看一下自定义函数 sum()的定义：

```
int sum(int *a,int n)
{
    int i,s=0;
    /* 求 a[i]的累加和 */
    for(i=0;i<n;i++)
        s+=a[i];
    return(s);
}
```

在自定义函数 sum()中，第一个形参要接收的是地址，就要用一个能存放地址的变量，这里用指针变量 a 来接收这个地址；第二个实参 5 是一个整型常量，可以用一个整型变量 n 来接收。主函数调用自定义函数 sum 时，实参是数组名 b，形参是指针 a，那么 b 和 a 都代表的是 b[0]的地址，使用的是同一个存储空间。主函数调用时是 sum(b,5)，就相当于指针 a 就指向 b[0]，因为 n 的值是 5，所以计算的是从 b[0]到 b[4]这 5 个数组元素的累加和。

3. 字符串和字符指针

字符串常量是用一对双引号括起来的字符序列，跟基本类型常量的存储类似，字符串常量在内存中的存放位置由系统自动安排。由于字符串常量是一串字符，所以通常被看作一个特殊的一维字符数组，与数组的存储是类似的，字符串常量中的所有字符在内存中是连续存放的。所以，系统在存储一个字符串常量时，先给定一个起始地址，从这个指定的存储单元开始，连续存放这个字符串中的所有字符。那么这个起始地址就是存放字符串常量首字符的存储单元的地址，称为字符串常量的值。也就是说，字符串常量实质上是一个指向这个字符串首字符的指针常量。如果定义一个字符指针来接收字符串常量的值，那么这个指针就指向字符串的首字符。这样，字符数组和字符指针就都可以用来处理字符串。

5.4 链　　表

在构造数据类型中，数组作为同类型数据的集合，给程序设计带来很多方便。但同时也存在一些问题，例如可能会出现使用的数组元素超出了数组定义的大小，导致数据不正确而使得程序发生错误，甚至引起系统发生错误；或者是实际所需的数组元素的个数远远小于数组定义的大小，造成了存储空间的浪费。链表是解决上述问题的一个有效的途径。

链表（linked list）是一种构造数据类型，是按照一定规则将若干个同一结构体类型的数据项串接在一起而形成的链。链表中的数据项称作结点。每个结点至少包含两部分信息：用户需要的实际数据成员和用来指向上一个或下一个结点位置的指针成员，如图 5-14 所示。

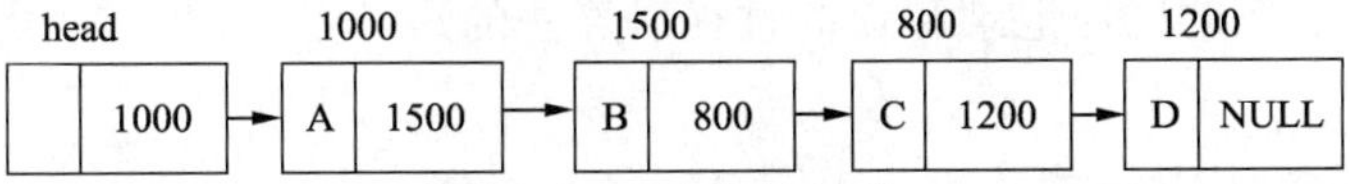

图 5-14　链表的结构

链表是采用链接方式存储的线性表，但数据不是按线性顺序存储，而是在每一个结点中存储链接到下一结点的指针，通过该指针可找到下一个元素，不需要考虑元素的具体物理存储位置，各结点在内存中的存储地址不一定是连续的。链表允许插入和移除表上任意位置上的结点，但是不允许随机存取。查找元素时，每次都要从第一个元素（头结点）开始。链表适用于插入或删除频繁、存储空间需求不定的情形。

链表有多种不同类型：单向链表、双向链表和循环链表。单向链表也称单链表，各个数据元素可以相继存储也可以不相继存储。本节通过两个典型问题的解析，介绍单向链表的主要应用和操作。

5.4.1　导例：线上审批流程

1. 问题描述

相比于传统的纸质审批流程，线上审批流程使用电子化流程管理系统，多人同时对一个申请进行协作。系统中保留所有审批记录，方便审批相关人员随时查看，对审批结果进行追踪和复核。具有快速高效、实时协作、易于追溯、便于管理等优点。图 5-15 所示的审批记录，若把其中的每个审批部门看成是中间结点，其实就是一条单向链表，使用单向链表模拟该申请的审批记录及查询过程。

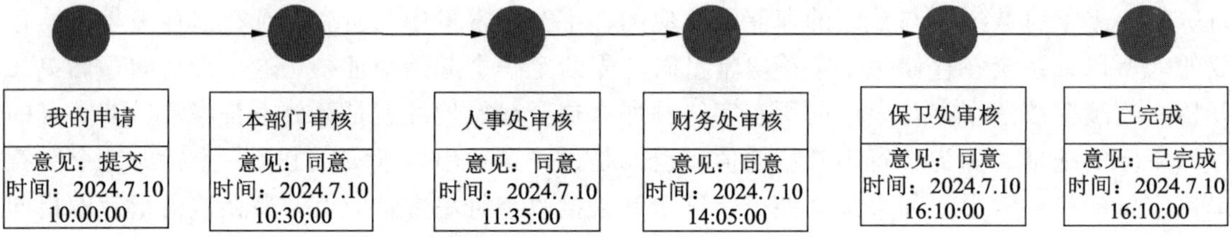

图 5-15　线上审批记录

2. 问题分析

线上审批流程记录其实是以审批部门信息为中间结点的单向链表，所以需要首先定义结点的结构体类型 Dept，其成员应包括站名 name、审批时间 time 以及指向下一站的指针 next。模拟审批的记录过程，第一步应是定义头结点存储个人申请信息，第二步分别定义多个后续结点，存储申请经过的各个部门的信息，并将它们通过 next 指针串联起来，最后一个结点即审批完成信息，尾结点的 next 指针为空指针。

申请人可以在线上申请审批的过程中，随时查看流程记录，即从头结点开始，通过其 next 指针，顺序访问单向链表的每个结点。

3. 算法描述

将上述模拟线上审批流程记录和查询过程以算法的形式描述为：

（1）定义结构类型 Dept 型；定义一个 Dept 型变量，存储部门信息（头结点）。

（2）定义多个 Dept 型变量，分别存储各个部门结点的信息（中间结点）。头结点的 next 指针指向第一个中间结点，并使每个一个结点的 next 指针指向下一个结点。

（3）定义 Dept 型指针变量 appr，从指向头结点开始，通过循环顺序访问上述建立的静态单向链表的每个结点，并打印输出其中的结点信息。

上述算法的流程图描述如图 5-16 所示。

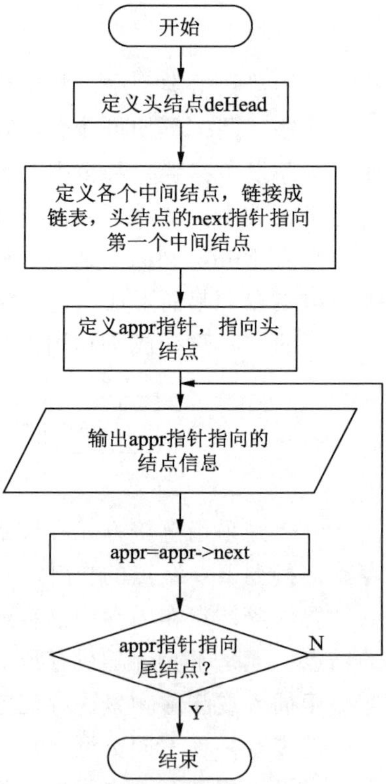

图 5-16　线上审批流程图

4. 程序实现

实现上述算法的 C 语言程序为：

```
#include <stdio.h>
/* 定义结点的结构体类型 */
struct Dept
{
    char name[20];
    char time[15];
    struct Dept *next;
};
int main()
{
    struct Dept deHead={"XXX", "20240710100000"}; /*定义个人申请结点变量*/
    /* 定义各部门结点变量 */
    struct Dept deFirst={"本部门", "20240710103000"};
    struct Dept deSecond={"人事处", "20240710113500"};
    struct Dept deThird={"财务处", "20240710140500"};
    struct Dept deFouth={"保卫处", "20240710161000"};
    struct Dept definish={"完成", "20240710161000"};
    struct Dept *appr;
    /*通过 next 指针将各结点串联成为一个静态链表*/
    deHead.next=&deFirst;
    deFirst.next=&deSecond;
    deSecond.next=&deThird;
    deThird.next=&deFouth;
    deFouth.next=&definish;
    appr=&deHead;
    /*利用 appr 指针输出各结点信息*/
    do{
        printf("%s\t%s\n", appr->time, appr->name);
        printf("  ==》下一部门: %s\n", appr->next->name);
        appr=appr->next;     /*使 appr 指针指向链表中的下一个结点*/
    }while(appr!=&definish);

}
```

5. 运行结果

```
20240710100000  XXX
  ==》下一部门: 本部门
20240710103000  本部门
  ==》下一部门: 人事处
20240710113500  人事处
  ==》下一部门: 财务处
20240710140500  财务处
  ==》下一部门: 保卫处
20240710161000  保卫处
  ==》下一部门: 完成
```

6. 程序分析

本例链表的应用中最关键的是静态单向链表的建立，即通过各结点的 next 指针将其串联成一个链表。链表是通过指向链表第一个结点的指针访问的，通常称这个指针为头指针或头结点，它指向链表中的首地址，链表最后一个结点中的指针域设置成 NULL 用来表示链尾。程序中首先定义了链表结点的结构体类型 Dept，其后主要的操作就是定义出各结点结构体变量 deHead, deFirst, …, definish，并令它们形成一个链表结构。

审批记录的查询（链表的遍历）是利用 appr 指针完成的。首先从头结点开始(appr =&deHead)，通过循环输出每个结点的信息，并不断移动查询指针(appr = appr r->next)，直到最后一个结点(appr ==& definish)时结束。

5.4.2 导例：叫号系统

1. 问题描述

排队叫号系统广泛应用于银行、医院、工商、税务等窗口服务性行业，可有效改善服务环境和提高工作效率。现模拟某单位叫号系统，每人办业务时都领取一个号码，按从小到大顺序排队进行叫号。如果是新取得的号码，则插入队尾；如果过号，则将该号码插入第一个号码的后面；如果退号，则在叫号系统中删除该号码。

试用动态单链表模拟一次叫号系统的过程。

2. 问题分析

在叫号系统中，每个人的号码从小到大排队，就像是一个链表结构，每个人就是这个链表中的结点。所以，可以定义一个结构体类型 struct Call，存储用户的姓名 name、号码 number 等信息，其中必须定义一个 struct Call *next 指针，用于将各结点串联成为一个链表。

首先动态建立排队叫号的单向链表，每个结点对应参加排队的用户，以结构体类型 struct Call 中的数据成员 number 存储用户的号码，数据成员 name 存储用户的姓名。

模拟叫号过程，即输入一个类别号 flag、号码 number、姓名 name，按照类别 flag 值，如果是正常报到，则将报到信息（号码和姓名）加入链表尾；如果是过号，则将报到人的信息（号码和姓名）插入链表中第一个结点后面；如果是退号，则首先在链表中根据号码值找到该结点，并将该结点从链表中删除。

3. 算法描述

将上述叫号系统的模拟过程以算法的形式描述为：

（1）定义 struct Call 型指针变量 pnew，创建指向叫号的人员的独立结点。定义链表头结点 phead，为方便操作还定义了一些指向第一个结点和最后一个结点等的指针。

（2）为上述一些指针动态分配空间。为简化程序不考虑动态内存分配失败的情况。

（3）循环模拟叫号系统多次执行，遇到叫号类别 flag 为 0 时退出模拟操作。

（4）循环体中首先输入 3 个值，分别是表示叫号类别的 flag、叫号号码 number、叫号人姓名 name。根据叫号类别的 flag 值，分别处理叫号操作：

① 如果 flag=1，表示该人是正常报到，将该人插入链表的尾端。

② 如果 flag=2，表示该人是过号了，将该人插入链表第一个结点后。

③ 如果 flag=3，表示该人是退号，则在链表中查找到该人，并将该人结点从链表中删除。

④ 如果 flag 值为其他非 0 情况，则是输入错误。

（5）动态回收指针分配的内存空间。

上述算法的流程图描述如图 5-17 所示。

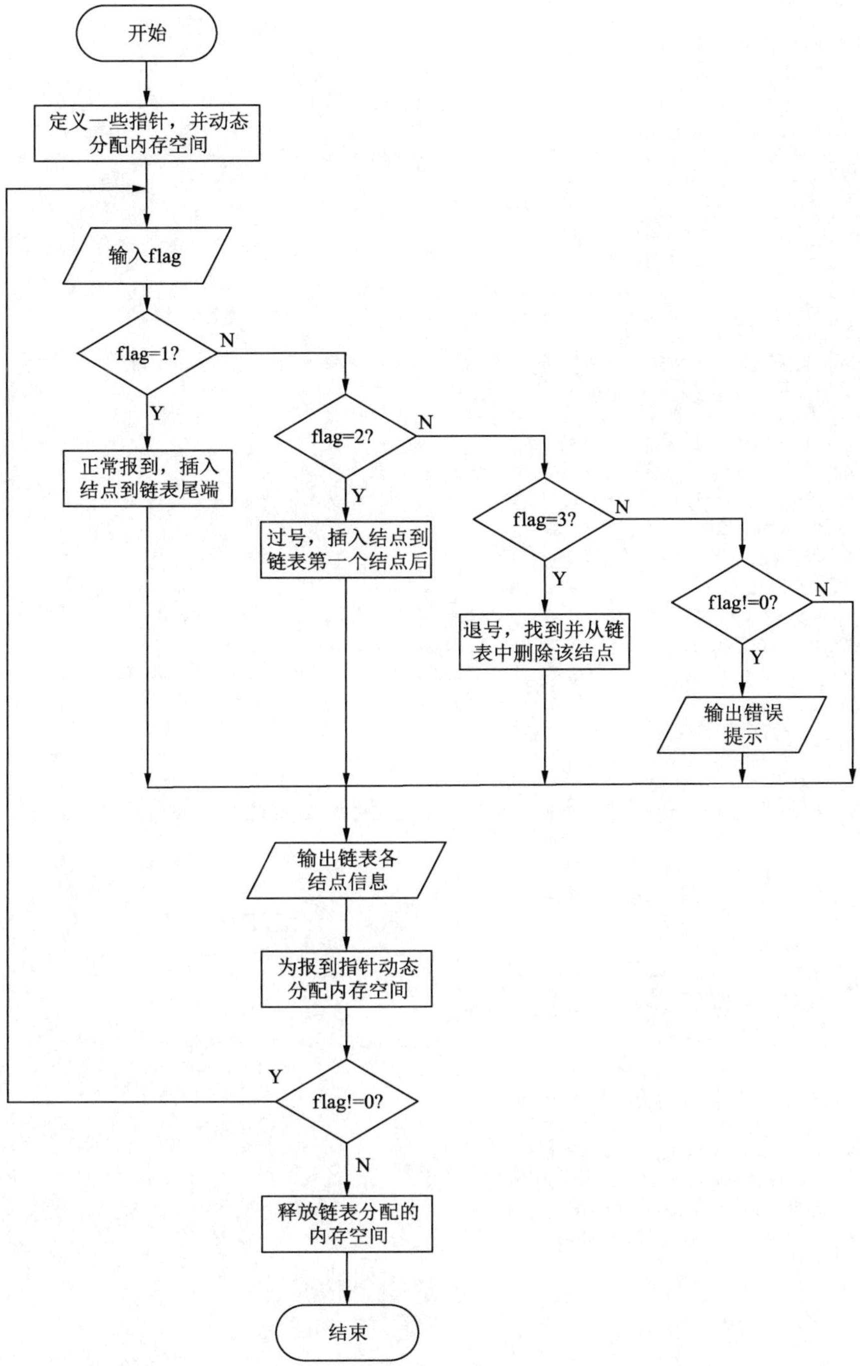

图 5-17　单向链表模拟叫号系统流程图

4. 程序实现

实现上述模拟叫号过程的 C 语言程序为：

```
#include <stdio.h>
#include <stdlib.h>
#define LEN sizeof( struct Call)
```

```
/*定义结点的结构体类型*/
struct Call
{   int number;                          /*挂号号码*/
    char name[40];                       /*姓名*/
    struct Call *next;                   /*指向下一个人的指针*/
};

typedef struct Call Call;                /*将 struct Call 类型的名称定义为 Call*/

int main()
{
    Call  *phead,*pnew,*pfirst,*ptail,*p,*q;  /*定义头结点指针，指向报到人员的指针*/
    phead=pnew=pfirst=ptail=p=NULL;
    int flag;
    phead=( struct Call *) malloc(LEN);
    pnew=( struct Call *) malloc(LEN);
    phead->next=NULL;                    /*创建头结点*/
    ptail=phead;

    do{
        printf("请输入报到类别、号码和姓名: ");
        scanf("%d %d %s",&flag,&pnew->number,pnew->name);
        if(flag==1)                      /*报到，按序进入叫号链表*/
        {ptail->next=pnew;
             ptail=pnew;
             ptail->next=NULL;
        }
        else if(flag==2)                 /*过号，插入进叫号链表第一个结点后*/
        { pfirst=phead->next;
          pnew->next=pfirst->next;
          pfirst->next=pnew;
        }
        else if(flag==3)                 /*退号，删除叫号链表中该结点*/
        {   Call *pfound,*pfoundf,*q;
            pfoundf=pfound=phead;
            while(pfound!=NULL&&pfound->number!=pnew->number)
            {  pfoundf=pfound;
               pfound=pfound->next;
            }
            if(pfound!=NULL)
            {  q=pfound->next;
               pfoundf->next=q;
               free(pfound);
               }
    }
    else if (flag!=0)
        printf("input error!");

        p=phead->next;
        printf("输出链表各结点信息（号码和姓名）: ");
        while(p!=NULL){
        printf("%d,%s--",p->number,p->name);
        p=p->next;
    }
    putchar('\n');
```

```
    pnew=(struct Call *) malloc(LEN);

    } while(flag!=0);

    p=phead,q=p->next;
    while(q!=NULL)
    {
        free(p);                        /*释放链表中各结点的存储空间*/
        p=q;
        q=p->next;
    }

    return 0;
}
```

5. 运行结果

```
请输入报到类别、号码和姓名: 1 1 wang
输出链表各结点信息（号码和姓名）: 1,wang--
请输入报到类别、号码和姓名: 1 2 sun
输出链表各结点信息（号码和姓名）: 1,wang--2,sun--
请输入报到类别、号码和姓名: 1 3 dong
输出链表各结点信息（号码和姓名）: 1,wang--2,sun--3,dong--
请输入报到类别、号码和姓名: 2 4 li
输出链表各结点信息（号码和姓名）: 1,wang--4,li--2,sun--3,dong--
请输入报到类别、号码和姓名: 3 2 sun
输出链表各结点信息（号码和姓名）: 1,wang--4,li--3,dong--
请输入报到类别、号码和姓名: 0 0 0
输出链表各结点信息（号码和姓名）: 1,wang--4,li--3,dong--
```

6. 程序分析

在上述叫号系统中，对头结点和新建结点采用动态内存分配的方式，以便于后面对其逻辑位置进行修改；设置了其他结点指针，以便于进行查找、插入和删除等操作，并在程序结束时及时释放前面动态分配的内存空间，这样才不会造成内存浪费。

5.4.3 单链表的定义

在 C 语言中，链表的结点类型是由用户自己定义的结构类型。单链表中每个结点有两个域（也称数据成员）：数据域和指针域。数据域部分包括一个或多个已有类型的数据成员；指针域包括一个或两个本结构类型的指针成员。例如，导例 5.4.1 中单向链表结点的结构体类型 Dept：

```
struct Dept
{
    char name[20];                  /*数据域*/
    char time[15];                  /*数据域*/
    struct Dept *next;              /*指针域*/
};
```

链表结点的数据域包括 name 和 time 两个成员，指针域 next 是一个记录下一结点开始存储地址的指针。

单链表的第一个结点的地址可以通过链表的头指针找到，其他结点的地址在前结点的指针域中，链表的最后一个结点没有后继，在结点的指针域中放一个空指针 NULL。因此，对单链表中任一结点的访问必须首先根据头指针找到第一个结点，再按有关各结点指针域中存放的指针顺序往下找，直到找到所需的结点。由于每个结点只包含有一个指向后继结点的指针，所以当访问一个结点后，只能接着访问它的直接后继结点，无法访问它的前结点。

使用链表结构可以克服数组需要预先知道元素个数的缺点，根据需要动态分配空间，实现灵活的内存动态管理。但是，链表也同时失去了数组随机读取的优点，并且因为链表增加了结点的指针域，空间开销比较大。

5.4.4 单链表的基本操作

链表的基本操作包括创建、查找、插入/删除结点、输出和销毁、遍历以及增/删结点，下面以单向链表为例分别加以说明。假设结点的结构类型定义如下：

```
struct Node              /*结构类型定义*/
{
    ElemType data;       /*数据域成员定义，其中 ElemType 是某种已定义的数据类型*/
    struct Node *next; /*指向下一个结点的指针*/
};
```

1. 创建链表

进行单链表的基本运算前必须先建立链表。假设通过一个含有 n 个元素的数组来建立单链表。创建链表的方法：首先创建头结点，然后通过循环依次创建每个结点，并通过链接指针将各结点串联起来。静态单向链表的结点空间在程序编译阶段就已分配好了；动态单向链表的结点空间则在程序运行阶段通过动态内存分配完成。例如，下面这段程序即动态创建了一个包含 n 个结点的单向链表，指针 head 指向头结点：

```
int i; struct Node *head,*p;
head=(Node *)malloc(sizeof(Node));
/*此处应检查动态内存分配是否成功，省略判断语句*/
Head->next=NULL;
p=(Node *)malloc(sizeof(Node));
p=head->next;
for(i=0;i<n;i++)
{   p-> data=a[i]
    p->next=(Node *)malloc(sizeof(Node));
    /*此处应检查动态内存分配是否成功，省略判断语句*/
    p=p->next;
}
p->next=NULL;
```

2. 链表的长度

链表的长度就是链表中数据结点的个数。

```
struct Node *p=head; int n=0;
while(p->next!=NULL)
{
    n++;
    p=p->next;
}
printf("%d",n);
```

3. 遍历/输出链表

从链表的头结点开始，顺序访问每个结点的过程称为链表的遍历，同时输出各结点的 data 域值。如下段程序所示，其中 head 是已知的指向链表头结点的指针。

```
struct Node *p;
p=head->next;
while(p!=NULL)
{
    printf("%d",p->data);  //假设数据域值类型为整型
    p=p->next;
}
```

4. 查找结点

从链表的头结点开始，顺序访问每个结点，找到一个值域与要查找的值 x 相等的结点。如果存在这样的结点，则输出位置；如果找不到，则输出 0。

```
struct Node *p; int i=1;
p=head->next;
while( p!=NULL && p->data!=x)
{
   p=p->next;
   i++;
}
if(p==NULL)
    printf("0");
else
   printf("%d",i);
```

5. 插入结点

链表的结点元素不是线性存储，所以不能像数组元素那样随机存取。但是，链表任意位置上的结点都可以方便地插入或移除，这一点比数组灵活许多。下段程序在动态单向链表中由指针 p 指向的结点之后插入了一个新的结点：

```
struct Node *newp;
newp=(Node *)malloc(sizeof(Node));
    /* 此处应检查动态内存分配是否成功，省略部分语句 */
newp->next=p->next;
p->next=newp;
```

如图 5-18 所示，实线部分即新增的结点。

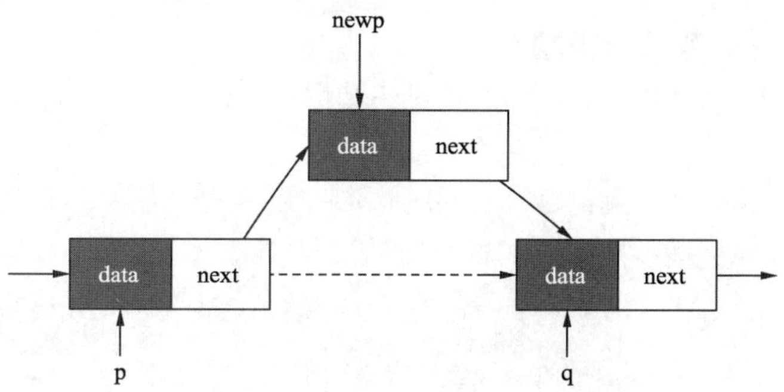

图 5-18　在单向链表中新增一个结点

6. 删除结点

下段程序从动态单向链表中删除了指针 delp 指向的结点，假设已定义的指针 p 指向其前一个结点：

```
p->next=delp->next;
free(delp);
```

如图 5-19 所示，虚线部分即被删除的结点。

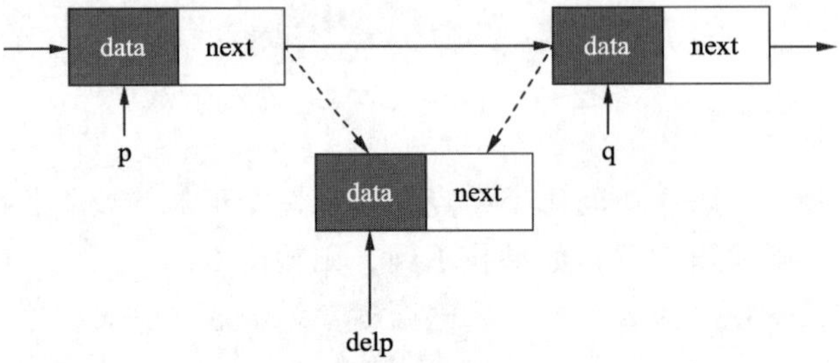

图 5-19　删除单向链表中的一个结点

7. 销毁链表

动态链表在使用结束后必须销毁，以便及时释放内存空间。销毁实际上是链表创建的反过程，即通过循环依次释放每个结点的存储空间。释放以 head 为头指针的动态单向链表的过程如下：

```
struct Node *p=head,q=p->next;
while(q!=NULL)
{
    free(p);
    p=q;
    q=p->next;
}
free(p); //此时 q 为 NULL，p 指向尾结点
```

习　题

一、程序分析题

1. 阅读程序，写出它的基本功能。（易）

（1）

```
#include<stdio.h>
int main()
{
    int a[10]={13,40,27,42,58,64,71,49,86,93};
    int odd=0,even=0,i;
    for(i=0;i<10;i++)
    if(a[i]%2==1)
        odd++;
```

```
    else
        even++;
    printf("%d,%d\n",odd,even);
    return 0;
}
```

（2）

```
#include<stdio.h>
int main()
{
    char a[]="abcdadcbgjkgadc";
    int b[5]={0}, i=0;
    while (a[i]!='\0')
    {
        switch (a[i])
        {
            case 'a': b[0]++; break;
            case 'b': b[1]++; break;
            case 'c': b[2]++; break;
            case 'd': b[3]++; break;
            default : b[4]++;
        }
    i++;
    }
    for(i=0;i<5;i++)
    printf("%d ",b[i]);
    printf("\n");
    return 0;
}
```

（3）

```
#include<stdio.h>
int main()
{
    int a[7]={328,921,132,68,782,26,695};
    int *p=a, *q=a+5;
    while(q>a)
    {
        if(*q>*p) p=q;
        q--;
    }
    printf("max=%d\n",*p);
    return 0;
}
```

2. 阅读程序，写出它的基本功能。（中）

（1）

```
#include<stdio.h>
int main()
{
   int a[10]={76,83,54,62,40,75,90,92,77,84};
   int b[4]={60,70,90,101};
   int c[4]={0};
   int i, j;
   for(i=0;i<10;i++)
```

```
    {
        j=0;
        while(a[i]>=b[j])
            j++;
        c[j]++;
    }
    for(i=0;i<4;i++)
    printf("%d ",c[i]);
    printf("\n");
    return 0;
}
```

（2）

```
#include<stdio.h>
#include<string.h>
int main()
{
    int i;
    char a[5][10]={"chef","worker","apple",
    "hello","pea"};
    char s1[10],s2[10];
    strcpy(s1,a[0]);
    strcpy(s2,a[0]);
    for(i=1;i<5;i++)
    {
        if(strcmp(a[i],s1)>0)
            strcpy(s1,a[i]);
        if(strcmp(a[i],s2)<0)
            strcpy(s2,a[i]);
    }
    printf("%s %s\n",s1,s2);
    return 0;
}
```

3. 阅读程序，写出它的基本功能。（难）

（1）

```
void insert(double a[],int n,double x)
{
    int i=n;
    while(i>0&&a[i-1]>x)
        a[i--]=a[i-1];
    a[i]=x;
}
}
```

（2）

```
#include<stdio.h>
#include<ctype.h>
#define N 80
int main()
{
    char s[N+1];
    char *p, *q;
```

```
    printf("请输入一个字符串(可包含字母或数字,不超过80个字符):
");
    scanf("%s",s);
    p=q=s;
    while(*q!='\0')
    {
        while(!isdigit(*q)) q++;
        if(p!=q) *p=*q;
        p++, q++;
    }
    *p='\0';
    printf("Got it: %s\n",s);
    return 0;
}
```

4. 阅读程序，找出错误并改正。(易)

(1)

```
#include<stdio.h>
int main()
{
    int a[10],i,j;
    int b[3][]={{1,2,3,4},{5,6,7,8},{9,10,11,12}};
    for(i=1;i<=10;i++)
        scanf("%d",&a[i]);
    for(i=1;i<=3;i++)
    {
        for(j=1;j<=4;j++)
            printf("%d\t",b[i][j]);
        printf("\n");
    }
    return 0;
}
```

(2)

```
#include<stdio.h>
int main()
{
    int a[6]={8,35,67,29,7,49};
    int *p=a[0];  /*定义指针p指向数组a的第一个元素*/
    int i;
    /*以下使用循环，利用指针p打印输出数组a的所有元素*/
    for(i=0;i<6;i++)
    {
        printf( "a[%d]=%d\n",i,p);  /*打印输出指针p所指向的
                                      数组元素的值*/
    }
    return 0;
}
```

5. 阅读程序，找出错误并改正。(中)

(1)

```
#include<stdio.h>
#define N=10
```

```
int BinarySearch(int a[],int x)    /*数组a已经按照从小到大
                                     排序*/
{
    int low=1,high=N;
    int mid;
    while(low<=high)
    {
        mid=(low+high)/2;
        if(x==a[mid])
        return mid;
        else if(x<a[mid])
        high=mid-1;
        else
        low=mid+1;
    }
    return-1;
}
int main()
{
    int b[N]={12,26,33,41,48,52,60,66,73,90 };
    int c[4]={48,26,73,80 };
    int i;
    for(i=0;i<4;i++)
        printf("%4d",BinarySearch(b,c[i]);
}
```

（2）

```
#include<stdio.h>
int main()
{
    float a,b;
    printf("请输入任意两个数: ");
    scanf("%f%f",&a,&b);
    printf("初始值: a=%f, b=%f\n",a,b);
    swap2(&a,&b);
    printf("交换后: a=%f, b=%f\n",a,b);
    return 0;
}
void swap2(float *first,float *second);
{
    float *tp=first;
    first=second;
    second=tp;
}
```

6. 阅读程序，找出错误并改正。（难）

```
#include<stdio.h>
#include<string.h>
#define N 6
int main()
{
    char *names[N]={"Tom","Amy","Mary","Charls",
    "Tony","John"},*tp;
    int i,j,k;
    printf("初始名单: \n 编号\t 名字\n");
    for(i=0;i<N;i++)
```

```
        printf("%d\t%s\n",(i+1),*names[i]);
    for(i=0;i<N-1;i++)
    {
        k=i;
        for(j=i+1;j<N;j++)
        {
            if(names[j]<names[k]) k=j;
        }
        strcpy(tp,names[k]);
        strcpy(names[k],names[i]);
        strcpy(names[i],tp);
    }
    printf("升序名单:\n编号\t名字\n");
    for(i=0;i<N;i++)
        printf("%d\t%s\n",(i+1),*names[i]);
    return 0;
}
```

二、程序设计题

1. 编写程序，完成以下功能：写出并测试以下函数，返回给定数组a中的前n个元素的最小值。(易)

```
int min(int a[],int n);
```

2. 编写程序，完成以下功能：试用指针实现，判断一个整数型数组是否是对称的。(易)

提示：如{1,2,3,7,7,3,2,1}及{1,2,3,7,3,2,1}都是对称的，而{1,2,3,7,5,3,2,1}或{1,2,3,3,2,1,5}都不是对称的。

3. 编写程序，完成以下功能：统计给定的单词在单行文本中出现的次数。(中)

提示：此处的“单词”指以一个或多个空格分隔的字母组合。单行文本和待查找的单词都可以由用户输入。

4. 编写程序，完成以下功能：写出并测试以下函数，从n个元素的数组a中删除一个元素x。(中)

```
void remove(int a[], int n, int x)
```

5. 编写程序，完成以下功能。写出并测试以下函数：(1)输入课程信息函数input()，实现课程信息的输入；(2)按课程教材订购量多少排序的函数sort()，采用一种排序方法，按课程教材订购量从小到大的顺序将课程排序；(3)插入课程函数insert()，向已经排序的课程数组中插入一门课程，使课程教材订购量仍然保持从小到大的顺序；(4)输出课程信息函数print()，将课程信息全部输出。(难)

```
void input(Course cou[], int n)
void sort(Course cou[], int n)
void insert(Course cou[], int n, Course c)
void print(Course cou[], int n)
```

提示：Course是一个自定义的结构体类型，其中包含课程名称、课程id和课程教材订购量3个成员。

三、实践项目

项目：九宫格游戏

1. 项目类型：模拟型。（难）

2. 项目涉及的知识点、技能点：数组类型和指针类型的应用。

项目提示：可设计二维数组类型保存九宫格的状态。

3. 问题描述：

九宫格游戏，即“重排九宫”，是在3×3方格盘上，将标有1～8数字的8个棋子随意摆放，棋盘中留有一个空格，允许将空格周围的任一棋子移至空格，这样可以不断改变棋盘中数字的布局，玩者要将棋子按照12345678的顺序重新排好，以最少的移动次数拼出结果者为胜。

九宫格游戏是人工智能领域中的经典问题，数学上可以证明，无论这8个数字的初始布局如何，最后总能形成下面的布局。

1	2	3
8		4
7	6	5

请设计程序模拟九宫格游戏的玩法。该程序应具有以下功能：

（1）出题：即程序任意给出九宫格的初始状态。

（2）评价：让玩家输入当前一步的操作（即移动的数字），并给出评价，即该步离终点（最终完成）的距离。

（3）输出：给出九宫格的当前状态。

（4）判定：判断玩家是否已完成了游戏。

（5）继续：询问玩家是否继续游戏，若继续，则重复（2）、（3）、（4）。

如此反复，直至玩家完成或终止游戏。

完成该项目的具体要求：

（1）用数字表示当前的移动操作，即输入的数字就是当前要移动的棋子编号（如：输入4，即当前移动4号棋子到空位）。

（2）输入要求：用户输入数字来选择当前移动的棋子，若游戏未成功，则需要再输入y或n选择是否继续游戏。

（3）输出要求：给出每一步后九宫格的状态及评价，并判断是否成功，若未成功，则询问用户是否继续玩下去。

4. 参加人员及分工：1人独立完成。

5. 按照“问题分析、算法描述、程序实现、运行结果、程序分析”5个环节完成该项目。

（1）进行问题分析。

（2）进行算法描述，画出流程图。

（3）给出完整代码。

（4）给出运行结果。

（5）给出程序分析，如时间和空间复杂度分析，有无其他实现方案等。

第6章　数据结构

学习目标

- 理解数据结构在程序设计中的作用。
- 了解栈、队列和二叉树的概念。
- 掌握栈的顺序存储结构和链式存储结构。
- 掌握队列的顺序存储结构和链式存储结构。
- 掌握二叉树的顺序存储结构和链式存储结构。

数据结构主要研究数据的各种组织形式，以及建立在这些组织形式之上的各种运算算法的实现。在程序设计中，数据是“原料”。数据存储结构会影响算法的好坏，同时对程序执行效率也有着非常重要的影响。本章通过程序实例解析，使学生了解栈、队列及二叉树等常用的数据结构的特点，掌握栈、队列及二叉树等常用的数据结构的基本操作。

通过学习本章，读者能够熟练掌握栈、队列及二叉树等常用的数据结构的使用方法和技巧，为进一步提升程序设计的技能，从而学会开发高效、可靠的软件系统打下基础。

6.1　栈

栈是一种特殊形式的线性表，它的数据元素以及数据元素之间的逻辑关系与线性表相同，只是在操作上添加了一定限制。栈只能在栈顶进行插入和删除操作，具有后进先出的特性，因此也称为后进先出（last in first out）的线性表，简称 LIFO 表。这种特性在计算机中有很广泛的运用。在日常生活中，也有许多类似栈的例子，例如洗盘子操作，洗完一个盘子后，把它放到盘子堆的顶部。当需要使用时，总是从顶部拿取，即最先放入的盘子在底部，最后放入的盘子在顶部。

6.1.1 导例：播报站名

1. 问题描述

北京公交 1 路运营于中国北京市石景山区、海淀区、西城区、东城区、朝阳区，于 1935 年 9 月 5 日开通，是北京公交最为繁忙的线路之一，因而又被称为“大 1 路”。开通初期，北京公交 1 路由朝阳门经东四、灯市口、东安市场、北海、西四至阜成门。请模拟播报北京公交 1 路由阜成门开往朝阳门途径的站点。

2. 问题分析

北京公交 1 路由朝阳门开往阜成门方向途径站点为：朝阳门、东四、灯市口、东安市场、北海、西四、阜成门，而由阜成门开往朝阳门途经站点刚好与之相反，最先经过的站点是阜成门，其次是西四，最后到达朝阳门。

如果把公交所经过的站点进行编号，朝阳门为 1 号，东四为 2 号，灯市口为 3 号、东安市场为 4 号、北海为 5 号、西四为 6 号、阜成门为 7 号，那么由阜成门开往朝阳门的公交经过的站点编号为 7、6、5、4、3、2、1，刚好具有“后进先出”的特点，采用顺序栈来表示站点。其存储结构声明如下：

```
    typedef struct node           /*声明顺序栈*/
    {
        int station[MAXSIZE];     /*利用一维数组，
存放栈中的各元素，即站点编号*/
        int top;                  /*表示栈顶元素的
位置（下标）*/
    } SeqStack;                   /*顺序栈的类型名
为 SeqStack*/
```

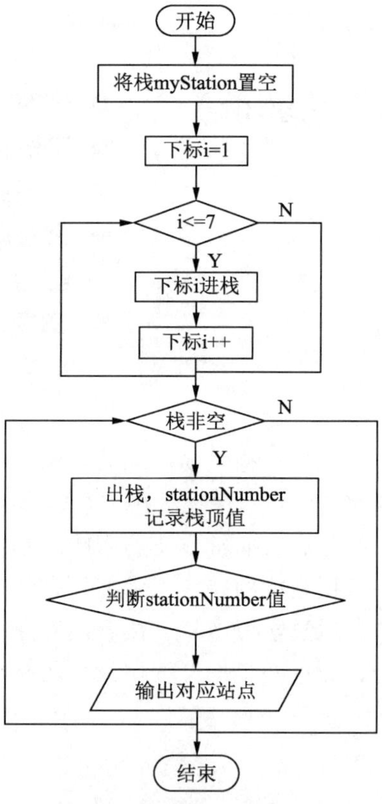

图 6-1　播报站名流程图

3. 算法描述

（1）依次将站点编号进行入栈操作。

（2）当需要显示返程站点时，退栈。退栈时根据编号，显示对应的站点名称。

实现算法流程图如图 6-1 所示。

4. 程序实现

```
    #include<stdio.h>
    #define MAXSIZE 8
    //定义栈的结构体
    typedef struct node                         /*声明顺序栈*/
```

```
{
    int station[MAXSIZE];                 /*利用一维数组，存放栈中的各元素*/
    int top;                              /*表示栈顶元素的位置（下标）*/
}SeqStack;                                /*顺序栈的类型名为 SeqStack*/

void StackInitiate(SeqStack *s);          /*初始化顺序栈 s*/
int StackNotEmpty(SeqStack *s);      /*判断顺序栈 s 非空否。非空返回 1,否则返回 0 */
void StackPush(SeqStack *s,int x);        /*入栈，即把 x 压入顺序栈 s 中*/
int StackPop(SeqStack *s);                /*退栈，弹出顺序栈 s 栈顶的数据值*/
int main()
{
    SeqStack myStation;                   /*声明一个顺序栈 myStation*/
    int i,stationNumber;
    StackInitiate(&myStation);            /*初始化顺序栈 myStation*/
    for(i=1;i<=7;i++)
    {
        StackPush(&myStation,i);          /*调用入栈函数将站点编号压入栈中*/
    }
    printf("北京公交 1 路由阜成门开往朝阳门途径站点如下: \n");
    while(StackNotEmpty(&myStation))
    {
        stationNumber= StackPop(&myStation);  /*调用出栈函数，取栈顶站点编号*/
        switch(stationNumber)             /*利用分支语句，将站点编号显示为站名*/
        {
            case 1: printf("朝阳门\n"); break;
            case 2: printf("东四\n"); break;
            case 3: printf("灯市口\n"); break;
            case 4: printf("东安市场\n"); break;
            case 5: printf("北海\n"); break;
            case 6: printf("西四\n"); break;
            case 7: printf("阜成门\n"); break;
        }
    }

}
void StackInitiate(SeqStack *s)           /*初始化顺序栈 s*/
{
    s->top=-1;
}
int StackNotEmpty(SeqStack *s)            /*判断顺序栈 s 非空否。非空返回 1，否则
                                            返回 0*/
{
    if(s->top<0) return 0;
    else return 1;
}
void StackPush(SeqStack *s,int x)         /*入栈，即把 x 压入顺序栈 s 中*/
{
    s->top++;
    s->station[s->top]=x;

}
int StackPop(SeqStack *s)                 /*退栈，弹出顺序栈 s 栈顶的数据值*/
{
    int x=s->station[s->top];
    s->top--;
    return x;
}
```

5. 运行结果

```
北京公交1路由阜成门开往朝阳门途径站点如下:
阜成门
西四
北海
东安市场
灯市口
东四
朝阳门
```

6. 程序分析

本例以显示站名为例介绍了顺序栈的建立与使用。以 1935 年 9 月 5 日北京公交 1 路开通时所设置的站点为例，将由朝阳门开往阜成门方向途径站点按顺序进行编号为 1～7，并将编号进行入栈操作。当公交返程时，进行退栈操作，并按编号显示对应的站名。该例模拟栈的入栈及退栈操作，便于读者理解栈“后进先出”的特点。

6.1.2 导例：简单编译器

1. 问题描述

当 C 语言的源程序写好后，需要利用编译程序进行语法检查，如果发现错误，就会给出错误的提示以及错误的个数。编程者可以根据错误提示对源程序进行修改，修改后再次编译，直到没有错误才能继续进行之后的操作。

请设计一个简单的编译器，用来检查输入的字符串中“{”和“}”是否按照正确的顺序和嵌套规则出现，即每一个左括号“{”必须与相应的“}”匹配，且每一个“}”都有一个对应的“{”与之相匹配。

例如，字符串“{{}{}}”中的括号是匹配的，而字符串“{{}”和“{}}”中的括号就是不匹配的。

2. 问题分析

从左到右遍历字符串中的字符，每个右括号都将与最近遇到的那个未匹配的左括号相匹配。

判断左右括号是否配对的算法，采用栈数据结构是最佳选择，这是因为栈的存取规则是后进先出。这里主要使用栈数据结构来实现。

当扫描到一个左括号时，将其入栈；当扫描到一个右括号时，检查栈顶元素是否为匹配的左括号，如果匹配，从栈顶删除该左括号，继续处理下一个字符；如果不匹配或栈为空，则表示存在不匹配的右括号。当扫描完字符串中的所有字符后，如果栈为空，则所有括号都已匹配；否则，存在未匹配的左括号。

这个算法利用了栈的后进先出（LIFO）特性，确保左括号在其匹配的右括号之前被扫描到并压入栈中。通过这种方式，可以有效地判断字符串中的括号是否配对出现。

采用链栈实现数据存储，其类型定义如下：

```
typedef char Item;           /*Item可以是任何类型，这里设为char*/
typedef  struct  node
{
   Item item;                /*存储栈中的各元素*/
   struct node  *next;       /*指向下一个结点的指针*/
```

```
}    LinkStack;                    /*链栈的类型名为 LinkStack*/
```

3. 算法描述

括号匹配问题算法描述如下：

(1) 定义一个字符数组 a 用来存放字符串，声明一个链式栈 S。

(2) 取字符串中的一个字符 a[i]。判断该字符 a[i]的类型。

① 如果是左括号“{”，入栈。

② 如果是右括号“}”，判断栈 S 是否为空。

- 如果非空，取栈顶元素，出栈，并返回（2）取下一个字符。
- 如果为空，输出“右括号多”。

(3) 判断栈 S 是否为空。

① 如果非空，输出“左括号多”。

② 如果为空，输出“匹配正确”。

实现算法的流程图如图 6-2 所示。

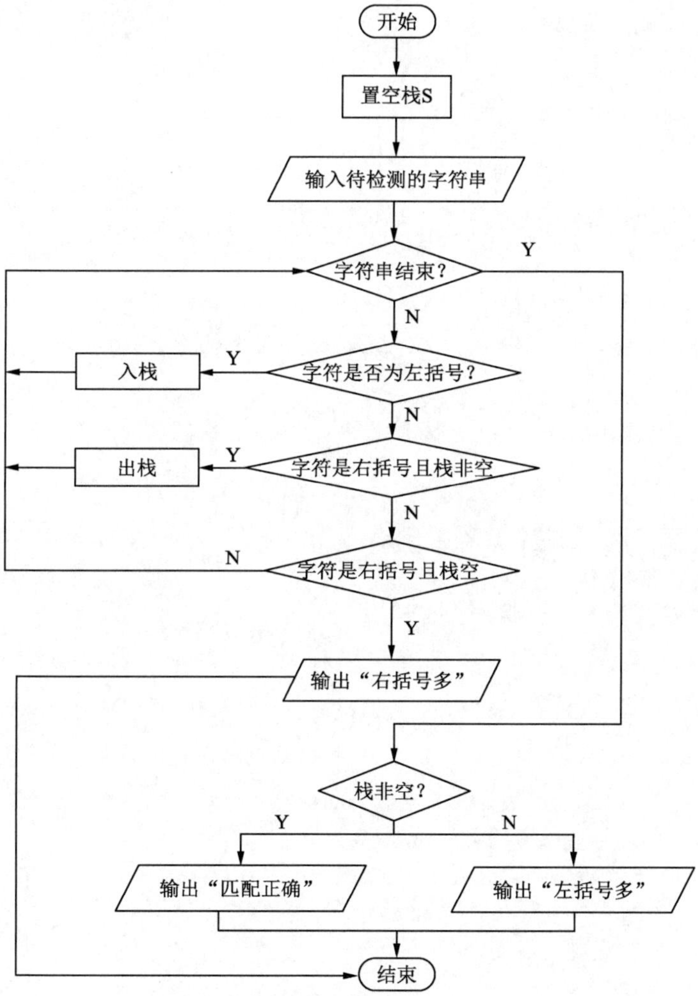

图 6-2　简单编译器流程图

4. 程序实现

```
#include <stdio.h>
#include <stdlib.h>
typedef char Item;
struct Node{
    Item item;
    struct Node *next;
}LinkStack;
struct Node* InitiateStack();                /*初始化链栈*/
int StackNotEmpty(struct Node# *S);          /*判断链栈 S 非空否。非空返回 1，否则返
                                              回 0*/
int StackPush(struct Node# *S, Item item);/*入栈，即把 item 压入链栈 S 中*/
Item StackPop(struct Node# *S);              /*退栈，弹出链栈 S 栈顶的数据值*/
Item GetTop(struct Node# *S);                /*取链栈 S 栈顶的数据值*/
int main(){
    struct Node# *S=InitiateStack();         /*创建空栈*/
    int i;
    Item item;
    char a[100];
    printf("请输入待检测的字符串: \n");
    gets(a);
    for(i=0; a[i]!='\0';i++){
        if((a[i]=='{'))
        {
            StackPush(S, a[i]);              /*入栈*/
        }
        else if((a[i]=='}')&& StackNotEmpty(S)==1)
        {
        item=StackPop(S);
        }
        else if(((a[i]=='}'))&& StackNotEmpty(S)==0)
        {
            printf("检测结果: 右括号多");
            return 0;
        }
    }
    if(StackNotEmpty(S)==1)
        printf("检测结果: 左括号多");
    else
        printf("检测结果: 匹配正确");

    /*清理*/
    while(StackNotEmpty(S)){
        StackPop(S);
    }
    return 0;
}
struct Node *InitiateStack(){
    struct Node *S;
    S=(struct Node*)malloc(sizeof(struct Node));
    S->next=NULL;
    return S;
}
```

```
int StackNotEmpty(struct Node#*S){
    if(S->next==NULL) return 0;
    else return 1;
}
 int StackPush(struct Node#*S, Item item){
    struct Node* temp;
    temp=(struct Node*)malloc(sizeof(struct Node));
    if (temp==NULL){
        printf("Out of space!\n");
        return 0;
    } else{
        temp->item=item;
        temp->next=S->next;
        S->next=temp;
        return 1;
    }
}
 Item StackPop(struct Node#*S){
    struct Node *top;
    Item item;
    if (StackNotEmpty(S)==0){
        printf("Stack is empty!\n");
        return -1;
    } else{
        top= S->next;
        item=top->item;
        S->next=top->next;
        free(top);
        return item;
    }
}

Item GetTop(struct Node *S){
    if(StackNotEmpty(S)==1){
        return S->next->item;
    }else{
        printf("Stack is empty!\n");
        return -1;
    }
}
```

5. 运行结果

```
请输入待检测的字符串:
if(a<0){a=-a;}else {a=a+1;}
检测结果: 匹配正确
```

```
请输入待检测的字符串:
if(a<0){a=-a;}else {a=a+1;
检测结果: 左括号多
```

```
请输入待检测的字符串:
if(a<0){a=-a;}else a=a+1;}
检测结果: 右括号多
```

6. 程序分析

本例以括号匹配为例介绍了链栈的建立与使用。采用链栈作为存储结构的优点在于它能够克服用数组实现顺序栈空间利用率不高的问题，但是需要为每个栈元素分配额外的指针空间用来存放指针域。链式栈中的元素以结点的形式存储，包含此结点存于栈中的元素以及指向下个结点的指针 next。设置一个指针变量 top，该指针指向栈顶结点，并称 top 为栈顶指针。当 top 的值为 NULL 时，表示空栈。

本例中，利用 gets()函数读入待处理的字符串，利用 for 语句取字符串中的字符。如果取到的是左括号，调用 StackPush()进行入栈操作；如果取到右括号，栈非空则调用 StackPop()函数退栈，栈空则右括号多余。待所有字符处理结束后，如果栈非空，则左括号有多余的。

通常，在编译源程序时，遇到的括号有“( )”、“[]”、“{}”，导例中仅处理了“{}”的匹配问题，如果括号种类出现了 3 种，在进行字符判断时，为了保证括号匹配的先后顺序，需要对出栈的元素种类进行判断。读者可以尝试对程序进行补充，能够判断不同种类的括号的配对情况。

6.1.3 栈的相关概念与基本操作

1. 栈

栈（stack）是计算机科学中的一种抽象数据类型，它是一种运算受限的线性表。栈是一种仅能在表的一端进行插入或删除操作的特殊线性表。允许进行插入或删除操作的一端称为栈顶(top)，相对的，另一端称为栈底(bottom)。向一个栈中插入数据元素的操作称为进栈、入栈或压栈，它把新元素放到栈顶元素的上面，使之成为新的栈顶元素；从一个栈删除数据元素的操作称作出栈或退栈，它把栈顶元素删除，使其相邻的元素成为新的栈顶元素。当栈中不包含数据元素时，称为空栈，如图 6-3 所示。

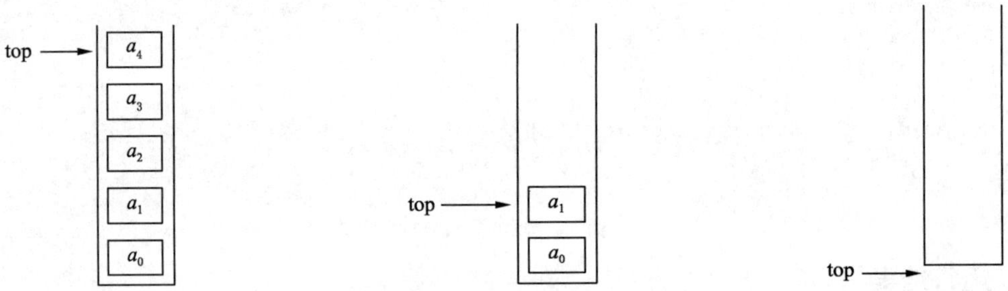

（a）栈满，top=4　　（b）栈有两个数据，top=1　　（c）栈空，top=1

图 6-3　栈的数据结构示意图

例如，元素以 a_0，a_1，a_2，a_3，a_4 的顺序进栈，其中 a_0 称为栈底元素，a_4 称为栈顶元素。栈中元素退栈的次序是 a_4，a_3，a_2，a_1，a_0，即退栈的第一个元素为栈顶元素 a_4。

2. 栈的基本操作

（1）置空栈：初始化栈，即构造一个空栈，使栈顶 top 值为-1。

（2）进栈：从栈顶压入一个数据元素，该元素作为新的栈顶元素，即栈中增加一个元素。

（3）退栈：将栈顶元素从栈中弹出，即删除当前栈顶元素，使其相邻的元素成为新的栈顶元素。

（4）取栈顶元素：取栈顶元素的值，与退栈不同，栈顶元素不变。

（5）判断空栈：若栈非空返回 1，否则返回 0。

3. 在顺序栈上实现基本操作

栈的顺序存储结构（简称顺序栈）通常由一个一维数组 station 和一个记录栈顶元素位置的变量 top 组成，习惯上会将数组下标最小的一端作为栈底，top 值指示栈顶元素在顺序表中的位置（用数组元素的下标）。用 C 语言描述顺序栈的存储结构如下：

```
#define  MAXSIZE 1024
//定义栈的结构体
typedef struct node                          /*声明顺序栈*/
{
    int station[MAXSIZE];                    /*利用一维数组，存放栈中的各元素*/
    int top;                                 /*表示栈顶元素的位置（下标）*/
}SeqStack;                                   /*顺序栈的类型名为 SeqStack*/
```

下面以 int 类型作为数据元素的类型，实现顺序栈的基本操作。

（1）初始化栈：

```
void StackInitiate(SeqStack *s)              /*初始化顺序栈 s*/
{
    s->top=-1;
}
```

（2）判断空栈：

```
int StackNotEmpty(SeqStack *s)               /*非空返回 1，否则返回 0*/
{
    if(s->top<0) return 0;
    else return 1;
}
```

（3）进栈：

```
void StackPush(SeqStack *s,int x)            /*入栈，即把 x 压入顺序栈 s 中*/
{
    if(s->top==MAXSIZE-1)
        printf("Stack Overflow!\n");         /*上溢*/
    else
    {
        s->top++;                            /*栈顶位置 top 值增 1*/
        s->station[s->top]=x;                /*将 x 插入当前栈顶*/
    }
}
```

（4）退栈：

```
int StackPop(SeqStack *s)                    /*退栈，弹出顺序栈 s 栈顶的数据值*/
{
    if(StackNotEmpty(s)==0)                  /*下溢*/
    {
        printf("Stack Downflow!\n");
        return NULL;
    }
```

```
        else
        {
            intx=s->station[s->top];
            s->top--;                           /*栈顶位置 top 值减 1*/
            return x;                           /*返回栈顶元素值*/
        }
    }
```

（5）取栈顶元素：

```
    int GetTop(SeqStack *s)
    {
        if(StackNotEmpty(s)==0)
        {
            printf("Stack is Empty!\n");
            return NULL;
        }
        else
            return(s-> station [s->top]);   /*返回栈顶元素值*/
    }
```

s 是 SeqStack 类型的指针变量，用 s->top 表示栈顶元素的位置。当栈空时，s->top 值为 -1，当栈满时，s->top 值为 MAXSIZE-1。

栈顶位置会随着进栈和退栈操作而变化，进栈时需要将 s->top 加 1，当数据已经把栈的空间占满时，再做入栈操作就会超出栈的容量，发生上溢；退栈时需要将 s->top 减 1，当栈中已经没有数据时，再做出栈操作就无法取到数据，发生下溢。

栈的上溢和下溢都属于缓冲区的溢出，栈溢出轻则会使程序崩溃，重则会使攻击者控制程序流程。上溢是一种出错状态，应该设法避免。因为栈在使用时，其初始状态或最终状态都是空栈，所以下溢可能是正常现象，可以用下溢作为控制程序流程的条件。

4. 在链栈上实现基本操作

栈的链式存储结构（简称链栈）是通过单链表的方式来实现的，可以利用一组不连续的存储单元存放数据元素。对于链栈而言，依靠指针链接数据之间相邻的逻辑关系。

由于链栈的插入和删除操作只限制在表头位置进行,因此，通常把栈顶放在表头的位置，这样单链表中常用的头结点就失去了意义，就不需要附加头结点了。通常链栈不设置头结点，只需要设置一个头指针 top，使其指向栈顶元素。栈顶指针 top 可以唯一地确定一个链栈，如图 6-4 所示。当 top 等于 NULL 时，表示该链栈为空栈。

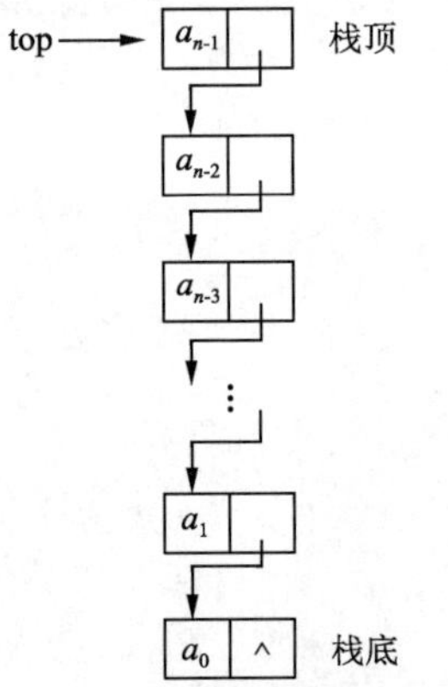

图 6-4　链栈结构示意图

用 C 语言描述链栈结点的结构如下：

```
    /*DataType 可以是任何类型，这里假设为 char*/
    typedef  char  Item;
    typedef  struct  node
    {

        Item item;                  /*存储线性表中的各元素*/
        struct  node  *next;        /*指向下一个结点的指针*/
```

```
} LinkStack;                    /*链栈的类型名为 LinkStack*/
LinkStack *top;
```

对于链栈而言，结点数据的存储是动态申请内存，因此，在操作时，无须考虑“上溢”的问题。下面以 char 类型作为数据元素的类型，实现链栈的基本操作。

（1）构造空栈：

```
struct Node *InitiateStack(){
    struct Node *S;
    S=(struct Node*)malloc(sizeof(struct Node));
    S->next=NULL;
    return S;
}
```

（2）判断空栈：

```
int StackNotEmpty(struct Node *S) /*判断链栈 S 非空否。非空返回 1，否则返回 0*/
{
    if(S->next==NULL) return 0;
    else return 1;
}
```

（3）进栈：

```
int StackPush(struct Node *S, Item item)  /*入栈，即把 item 压入链栈 S 中*/
{
    struct Node *temp;
    temp=(struct Node*)malloc(sizeof(struct Node));
    if(temp==NULL){
        printf("Out of space!\n");
        return 0;
    } else{
        temp->item=item;
        temp->next=S->next;
        S->next=temp;
        return 1;
    }
}
```

（4）退栈：

```
Item StackPop(struct Node#*S)  /*退栈，弹出链栈 S 栈顶的数据值*/
{
    struct Node* top;
    Item item;
    if(StackNotEmpty(S)==0){
        printf("Stack is empty!\n");
        return -1;
    } else {
        top=S->next;
        item=top->item;
        S->next=top->next;
        free(top);
        return item;
    }
}
```

（5）取栈顶元素：

```
Item GetTop(struct Node#*S){
    if(StackNotEmpty(S)==1){
        return S->next->item;    /*返回栈顶元素值*/
    } else{
        printf("Stack is empty!\n");
        return -1;
    }
}
```

6.1.4 利用栈组织数据的基本特征

栈是一种运算受限的线性表，其限制是仅允许在栈顶进行插入和删除操作。栈是一种遵循后进先出原则的数据结构，广泛应用于各种程序和系统中。根据存储结构的不同，栈可以分为顺序栈和链栈。

顺序栈使用数组作为底层数据结构，因此在栈顶进行插入和删除操作可以通过下标直接访问。对于需要频繁访问栈顶元素的操作，可以提高数据访问的效率。链栈对于内存的管理更加灵活，可以动态地分配内存，更适合用于需要频繁调整大小的应用场景。

栈在计算机科学中有着广泛的应用，包括函数调用、表达式求值、撤销操作、深度优先搜索、进制转换等。本章只介绍了几个简单的应用实例，遇到问题时，要具体问题具体分析，只要满足“后进先出”特性的问题都可以尝试用栈的存储结构来解决。

6.2 队　　列

队列（queue）也是一种运算受限的线性表。队列只能在表的一端进行插入，在表的另一端进行删除操作，具有先进先出的特性。队列也称为先进先出（first in first out）的线性表，简称 FIFO 表。在日常生活中，排队就是典型的例子，当一个队伍不允许“加塞”和提前离开的情况下，新来的成员总是排在队尾，而队头的成员总是最先离开。

6.2.1 导例：智能填写手机号

1. 问题描述

智能填写是一种利用人工智能技术自动填写表单的方法，它可以通过智能识别技术自动提取并解析信息，并将信息填写到相应字段中，避免手动输入的烦琐过程，减少错误和提高准确度，提高了填单效率。智能填写在不同领域有广泛应用，如保险、银行、医疗等。在日常网购时，经常需要填写收货地址，智能填写地址就是智能填写的一个应用。智能填写地址就是复制一串地址、联系人、电话等，然后系统会自动填到各个框里面，只要再核对一下有没有填写错误，就可以保存地址。

请实现一个简单的智能填写功能，能够识别出字符串中的手机号码。

2. 问题分析

要想识别出字符串中的手机号码，需要先确定手机号码字符串的特点：一串连续的数字字符；长度是11。

地址字符串中除了手机号码，可能还包含其他的数字字符，如门牌号等，因此在处理时，就需要利用长度将门牌号和手机号区分开。通过遍历字符串，一旦发现是数字字符，就把这个字符保存起来；一旦遇到了非数字字符，就统计一下已经保存的数字字符的个数；如果是11，已经保存的就是手机号；如果不是11，就需要将已经保存的字符清空，继续遍历之后的字符。将保存的数字字符串按照保存的顺序依次输出，即可得到手机号。

此问题具有典型的先进先出特性，采用顺序队列作为存储结构，顺序队列类型名为SeqQueue。其类型声明如下：

```
#define SIZE 50
typedef char DataType;
typedef struct node
{   DataType queue[SIZE];    /*定义一维数组，存储队列中的各元素*/
    int front;               /*队头位置*/
    int rear;                /*队尾位置*/
    int count;               /*队列元素个数*/
} SeqCQueue;                 /*顺序队列的类型名为SeqCQueue*/
```

3. 算法描述

（1）定义一个字符数组 s[100]用来存放用户输入的字符串。定义并初始化一个队列mobil，用来存放扫描到的数字字符。

（2）从键盘上输入待处理的字符串。

（3）将 i 的初值设为 0。

（4）判断数组元素 s[i]是否为字符串结束符'\0'，如果是，执行步骤（7）；如果不是，执行步骤（5）。

（5）判断数组元素 s[i]是否为数字字符，如果是，进行入队操作，i++，返回步骤（4）；如果不是，执行步骤（6）。

（6）判断队列 mobil 的长度是否为 11，如果是，执行步骤（7）；如果不是，清空队列mobil，i++，返回步骤（4）。

（7）判断队列是否为空。如果非空，出队操作，输出队头元素；如果为空，结束程序。

上述算法流程图如图 6-5 所示。

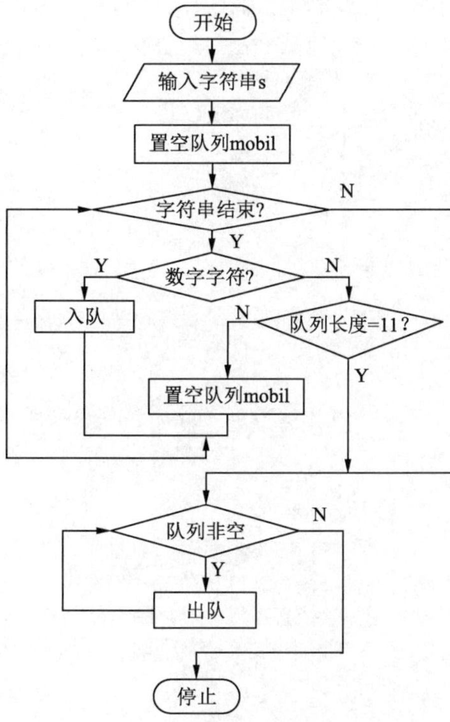

图 6-5　智能填写手机号流程图

4. 程序实现

```
#include <stdio.h>
#include <stdlib.h>
#define SIZE 50
typedef char DataType;
typedef struct node
{
    DataType queue[SIZE];        /*利用一维数组，存放队列中的各元素*/
    int front;                   /*队头位置*/
    int rear;                    /*队尾位置*/
    int count;
 } SeqCQueue;                    /*顺序队列的类型名为 SeqCQueue*/
void QueueInitiate(SeqCQueue *Q);       /*初始化队列*/
int QueueNotEmpty(SeqCQueue *Q);        /*判断队列是否为空,非空返回1,空返回0*/
void enqueue(SeqCQueue *Q, DataType element);/*入队操作*/
DataType dequeue(SeqCQueue *Q);    /*出队操作*/
int main()
{    char s[100];
    int i;
    SeqCQueue mobil;
    QueueInitiate(&mobil);
    printf("请输入信息: \n");
    gets(s);
    for(i=0;s[i]!='\0';i++)               /*遍历字符串中的字符*/
    {    if(s[i]>='0' && s[i]<='9')       /*是否为数字字符*/
            enqueue(&mobil,s[i]);         /*入队*/
        else
            if(mobil.count==11)
                break;
            else
                QueueInitiate(&mobil);    /*清空队列*/
    }
    printf("您的手机号是: ");
    while(QueueNotEmpty(&mobil)!=0)       /*输出队列内容*/
        printf("%c", dequeue(&mobil));
}
void QueueInitiate(SeqCQueue *Q)          /*初始化队列*/
{
    Q->front=0;
    Q->rear=0;
    Q->count=0;
}
int QueueNotEmpty(SeqCQueue *Q) /*判断队列是否为空，非空返回 1，空返回 0*/
{    if(Q->count!=0) return  1;
    else return 0;
}
void enqueue(SeqCQueue *Q, DataType element) /*入队操作*/
{    if(Q->front==Q->rear&&Q->count>0)
```

```
        printf("队列已满\n");
    else{
        Q->queue[Q->rear]=element;
        Q->rear=(Q->rear+1)%SIZE;
        Q->count++;
    }
}
DataType dequeue(SeqCQueue *Q)  /*出队操作*/
{   DataType x;
    x=Q->queue[Q->front];
    Q->front=(Q->front+1);
    Q->count--;
    return x;
}
```

5. 运行结果

```
请输入信息:
北京市朝阳区平乐园100号13588888888
您的手机号是: 13588888888
```

6. 程序说明

本例以手机号码的识别为例介绍了顺序队列的建立与使用。在主函数中，定义一个字符数组 s[100]用来存放用户输入的字符串。定义并初始化一个队列 mobil，用来存放扫描到的数字字符。接着利用循环，依次扫描该数组 s 的各元素。如果是'0'～'9'之间的数字字符，将该字符进行入队操作；如果是非数字字符，统计队列 mobil 的长度；如果是 11，结束循环；如果不是 11，则将队列 mobil 再次初始化，将队列置空。最后，将队列中的各元素进行出队操作，并输出显示在屏幕上。

6.2.2 导例：解密电话号码

1. 问题描述

L 同学有问题想向 M 教授请教，但是他没有 M 教授的电话。经过多方询问，终于知道计算机专业的 Y 同学有 M 教授的电话。但是 Y 同学没有直接给他电话，而是给了他一串经过加密的数字：16345815273。同时，Y 同学告诉了 L 同学解密的规则：首先将第 1 个数删除，紧接着将第 2 个数放到这串数字的末尾，再将第 3 个数删除，并将第 4 个数放到这串数字的末尾，依此类推，直到剩下最后一个数，把这个数也删除。按照删除的顺序将删除的数连在一起，就是 M 教授的电话号码。

请帮助 L 同学解密出 M 教授的电话号码。

2. 问题分析

在解密的过程中，删除数据的顺序与电话号码的顺序一致，符合先进先出的原则，因此可以利用队列来存放数据。首先，将加密后的电话号码存放在数组中，按照下标的顺序依次将数组中的元素进行入队操作，这时，可以得到加密后的原始序列。按照“第 1 个数删除，第 2 个数放到这串数字的末尾”这样的规律，当对第 1 个数字进行删除操作时，对队列进行出队操作，显示得到解密后的第一个号码。此时，原来的第 2 个数成了新的队头。将第 2 个数字放到数字串的末尾，即把当前的队头出队，再入队，即得到图 6-6 所示第 2 步所显示的序列。依此类推，当队列为空时，即得到了解密的电话号码。

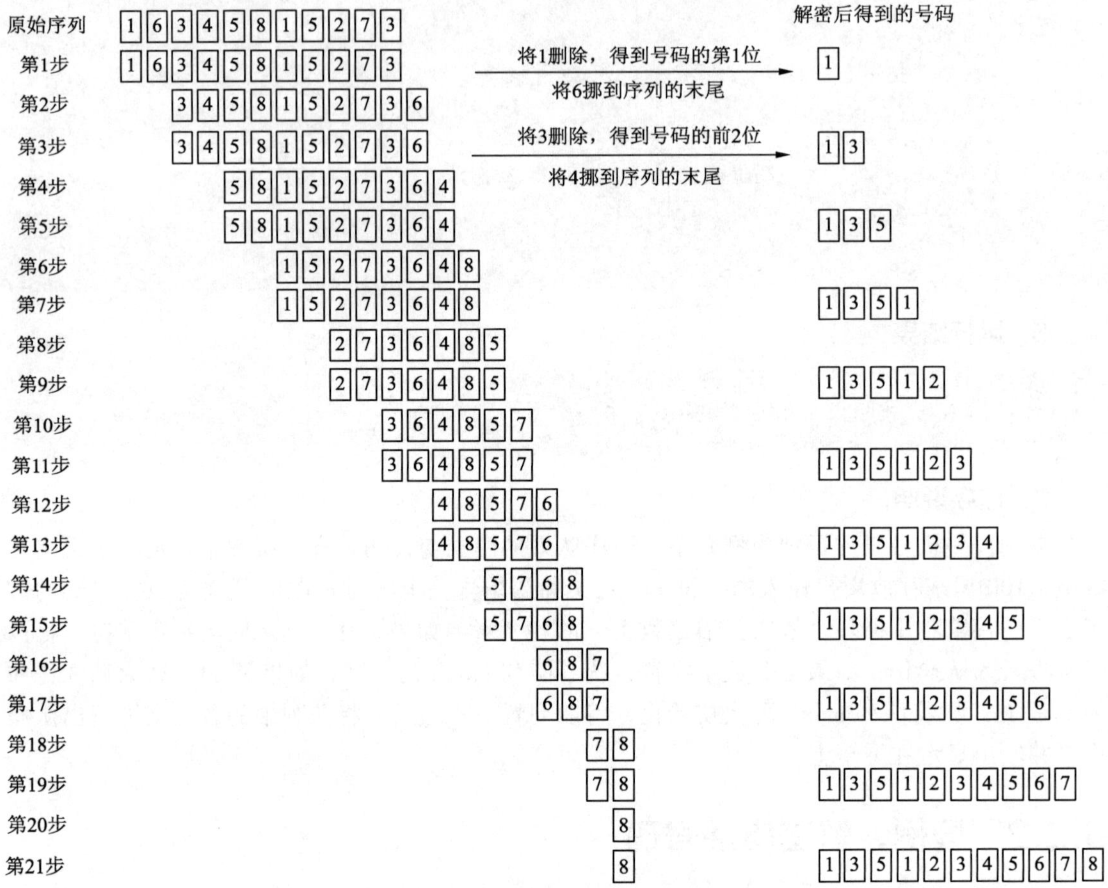

图 6-6　解密电话号码过程

3. 算法描述

（1）定义一个数组 mi[11]用来存放加密后的号码。定义并置空一个队列 data，用来存放待处理的数字。

（2）将 i 值置为 0.

（3）判断 i<11,如果成立，将 mi[i]的值进行入队操作，i++；如果不成立，执行步骤（4）。

（4）判断队列是否非空。如果非空，执行出队操作，输出队头元素，执行步骤（5）；如果为空，结束程序。

（5）判断队列是否非空。如果非空，执行出队操作，将队头元素存储在 x 中，然后将 x 入队；如果为空，返回步骤（3）。

上述算法流程图如图 6-7 所示。

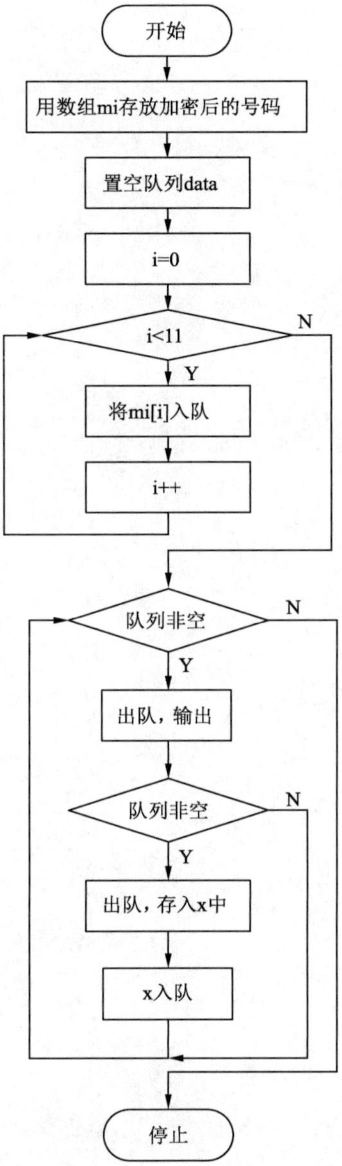

图 6-7　解密手机号流程图

4. 程序实现

```
#include <stdio.h>
#include <stdlib.h>

typedef int DataType;
typedef struct node
{   DataType state;
    struct node *next;
} Qnode;                                    /*声明队列中结点类型*/

typedef struct Queue
```

```
{   Qnode *front;                              /*队头指针*/
    Qnode *rear;                               /*队尾指针*/
    int count;                                 /*计数队列的长度*/
} StateQueue;                                  /*声明链队列的类型，名为 StateQueue*/

StateQueue *QueueIniti();                      /*置空队列*/
int QueueNotEmpty(StateQueue *Q);              /*判断队列是否为空，非空返回 1，空返回
                                                 0*/
void EnQueue(StateQueue *Q, DataType element);/*入队操作*/
DataType DeQueue(StateQueue *Q);                         /*出队操作*/

int main()
{   StateQueue *data;
    data=QueueIniti();
    int i,x;
    int mi[11]={1,6,3,4,5,8,1,5,2,7,3};
    for(i=0;i<11;i++)
        EnQueue(data,mi[i]);
    printf("M 教授的电话号码为: ");
    while(QueueNotEmpty(data)!=0)
    {
        printf("%d",DeQueue(data));            /*出队，输出*/
        if(QueueNotEmpty(data)!=0)
        {    x=DeQueue(data);                  /*出队，存入 x*/
            EnQueue(data,x);                   /*x 入队*/
        }
    }
    return 0;
}

StateQueue *QueueIniti()                       /*置空队列*/
{   StateQueue*q;
    q=(StateQueue*)malloc(sizeof(StateQueue));
    q->front=(Qnode*)malloc(sizeof(Qnode));
    q->front->next=NULL;
    q->rear=q->front;
    q->count=0;
    return q;
}

int QueueNotEmpty(StateQueue *Q)/*判断队列是否为空，非空返回 1，空返回 0*/
{
    return(Q->front!=Q->rear);
}
void EnQueue(StateQueue *Q, DataType element) /*入队操作*/
{    Qnode *temp;
    temp=(Qnode*)malloc(sizeof(Qnode));
    temp->state= element;
    temp->next=NULL;
    if(Q->rear==NULL)
        Q->front=Q->rear=temp;
    else{
        Q->rear->next= temp;
        Q->rear=temp;
    }
```

```
    Q->count++;
}

DataType DeQueue(StateQueue *Q)              /*出队*/
{   DataType x;
    Qnode *s;
    if(QueueNotEmpty(Q)==0)
    {   printf("队列空!\n");
        return NULL;
    }
    s=Q->front->next;
    Q->front->next=s->next;
    if(s->next==NULL)
        Q->rear=Q->front;
    x=s->state;
    free(s);
    Q->count--;
    return x;
}
```

5. 运行结果

```
M教授的电话号码为: 13512345678
```

6. 程序分析

本例以解密手机号码为例介绍了链式队列的建立与使用。在主函数中，定义一个数组 mi[11]用来存放加密的号码。定义并置空一个链式队列 data，用来存放待处理的号码。利用循环，依次将数组 mi 中的各元素进行入队操作，建立初始队列。接着就是在初始队列的基础上进行解密操作，由于删除的顺序就是号码的顺序，因此在删除数字的同时直接显示在屏幕上。将第 1 个数删除，即对队列 data 进行出队操作，出队值直接显示在屏幕上。将第 2 个数放到这串数字的末尾，即再次进行出队操作，并将出队值入队，放在队尾。依此类推，直到队列为空时结束。此时，屏幕上显示的即为解密后的电话号码。

6.2.3 队列的相关概念与基本操作

1. 队列

队列（queue）是计算机科学中的一种抽象数据类型，它是一种运算受限的线性表。队列只能在表的一端进行插入，在表的另一端进行删除操作。允许插入数据的一端称为队尾（rear）；相对的，允许删除数据的一端称为队头（front）。向一个队列中插入数据元素的操作称为入队，它把新元素放到队尾元素的后面，使之成为新的队尾元素；从一个队列中删除数据元素的操作称作出队，它把队头元素删除，使其相邻的元素成为新的队头元素。当队列中不包含数据元素时，称为空队，如图 6-8 所示。

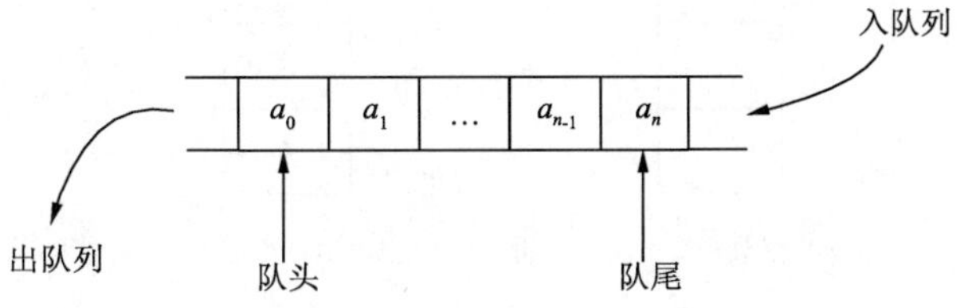

图 6-8 队列结构示意图

在空队列中依次加入元素 a_0，a_1，a_2，…，a_{n-1}之后，a_0是队头元素，a_n是队尾元素。按照“先进先出”的原则，最先离开队列的成员是排在队头的 a_0，因此，出队的次序是 a_0，a_1，a_2，…，a_{n-1}，a_n

2. 队列的基本操作

（1）置空队列：初始化操作。构造一个空队列，即队列中不含任何数据元素。

（2）入队：将一个新数据元素插入队列的队尾，即队列中增加了一个元素。

（3）出队：队头元素出队，即删除当前队列的队头元素，使其相邻的元素成为新的队头。

（4）取队头元素：取队列中的队头元素的值，与出队操作不同，该操作队头元素不变。

（5）判断空队：若队列空，返回 0；否则，返回 1。

3. 在顺序队列上实现基本操作

队列的顺序存储结构通常由一个一维数组 state 和两个记录队头和队尾元素位置的变量组成。用 C 语言描述顺序栈的存储结构如下：

```
#define SIZE 50
typedef char DataType;
typedef struct node
{
    DataType queue[SIZE];        /*利用一维数组，存放队列中的各元素*/
    int front;                   /*队头位置*/
    int rear;                    /*队尾位置*/
    int count;
} SeqCQueue;                     /*顺序队列的类型名为 SeqCQueue*/
```

其中：

（1）front：若队列不为空，标志队列的第一个元素的位置。

（2）rear：若队列不为空，标志最后元素的下一个位置。

创建队列时，令队列为空，此时队头 front 和队尾 rear 同时置于队列的第一个位置。当数据元素入队列时，先将新元素插入队尾 rear 所在的位置，再将队尾 rear 的值加 1；当数据元素出队列时，取出队头 front 所在位置的元素，再将队头 front 的值增加 1。顺序队列的动态示意图如图 6-9 所示。

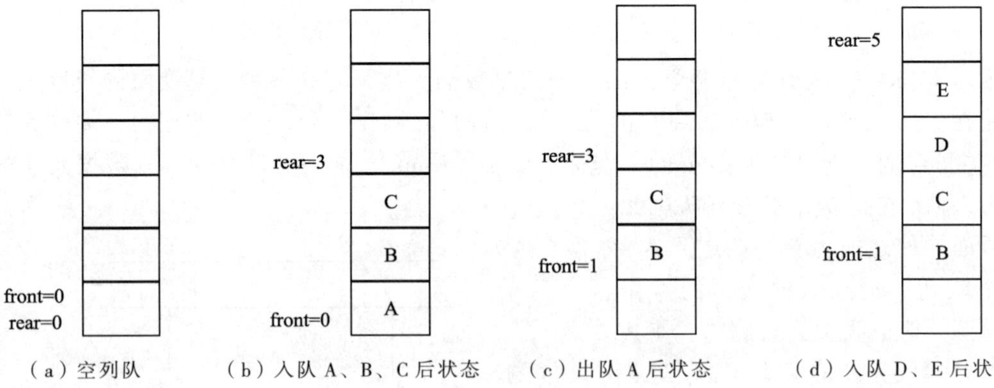

图 6-9　顺序队列的动态示意图

顺序存储结构的空间大小是有限的，假设一个顺序队列的最大存储空间为 6，经入队 A、B、C，出队 A，入队 D、E 操作后，其状态如图 6-9（d）所示。此时，如果再进行入队 F、G 操作，当 G 入队时，因为队尾指针超出数组的下标范围而产生溢出，如图 6-10 所示。

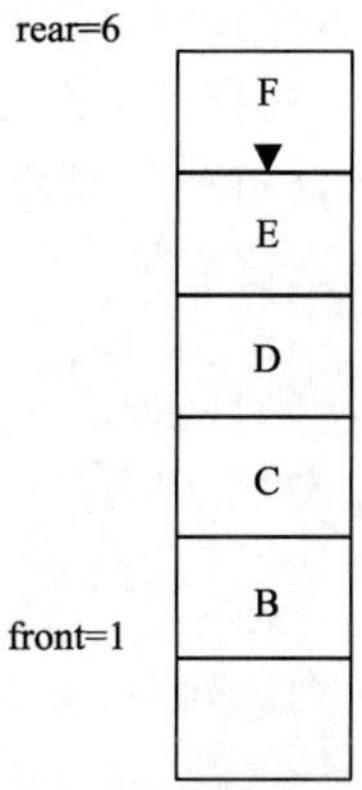

图 6-10　顺序队列的假溢出

从图 6-10 可见，此时的溢出是由于队尾指针 rear 超出了队列存储空间的范围而引起的，但是由于经过了 A 出队的操作，此时队列中还有一个存储空间可以用来存放 G，因此，此时的溢出不是由于存储空间不够而引发的。在顺序队列中，由于多次的入队和出队操作后出现有存储空间但是不能入队操作的溢出称为假溢出。

假溢出并不真正意味着队列的空间不足，而是由于出队时 front 的值增加，使队头位置的前面出现了空位。由于这些空位不能充分地被利用，就造成了空间浪费。解决这种假溢出的方法就是把顺序队列的存储空间构造成一个逻辑上首尾相连的循环队列。也就是当 rear 和 front 值达到 SIZE-1 时，再前进一个位置就自动回到 0。这样就不会出现假溢出的问题。

假设顺序循环队列的 SIZE=6，其初始状态如图 6-11（a）所示，此时队头 front=0，队尾 rear=0；当入队元素 A、B、C、D、E、F 后队满，此时队头 front=0，队尾 rear=0，如图 6-11（b）所示；当元素 A、B、C、D、E、F 出队后，队头 front=0，队尾 rear=0，如图 6-11（c）所示。

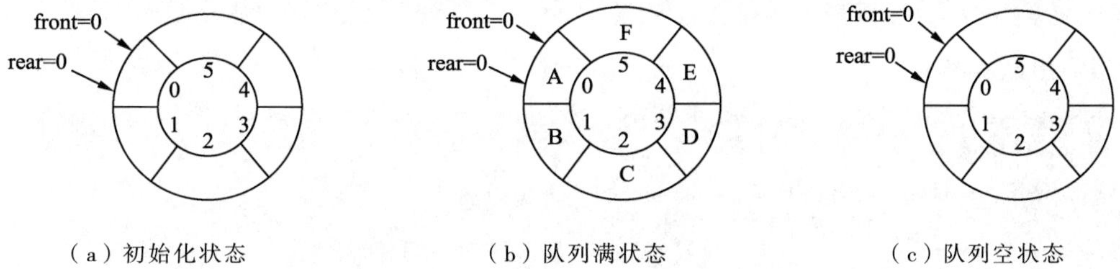

图 6-11　顺序循环队列状态图

在这个顺序循环队列中，队列空和队列满时，front 和 rear 的值都为 0，这将无法判断队列空和队列满的两种状态。要解决这个问题，通常有 3 种方法：

（1）少用一个存储单元，以队尾指针 rear+1 等于队头指针 front 为队列满的条件。此时：

① 队列满的条件为：（rear+1）%SIZE==front。

② 队列空的条件为：rear==front。

（2）设置一个标志位 flag，初始值为 0，当入队操作成功时，置 flag=1；当出队操作成功时，置 flag=0。此时：

① 队列满的条件为：rear ==front && flag=1。

② 队列空的条件为：rear==front && flag=0。

（3）设置一个计数器 count，初始值为 0，当入队操作成功时 count+1；当出队操作成功就 count-1。此时：

① 队列满的条件为：rea==front && count>0。

② 队列空的条件为：count==0。

下面以 char 类型作为数据元素的类型，实现循环队列的基本操作。

（1）创建空队列：

```
void QueueInitiate(SeqCQueue *Q){
    Q->front=0;
    Q->rear=0;
    Q->count=0;
}
```

（2）判队列空：

```
int QueueNotEmpty(SeqCQueue *Q)  /*判断队列是否为空，非空返回 1，空返回 0/*
{   if(Q->count!=0) return  1;
    else return 0;
}
```

（3）入队操作：

```
void enqueue(SeqCQueue *Q,DataType element)   /*入队操作*/
{   if(Q->front==Q->rear&&Q->count>0)
        printf("队列已满\n");
    else{
        Q->queue[Q->rear]=element;
        Q->rear=(Q->rear+1)%SIZE;
        Q->count++;
    }
}
```

（4）出队操作：

```
DataType dequeue(SeqCQueue *Q)                  /*出队操作*/
{   DataType x;
    x=Q->queue[Q->front];
    Q->front=(Q->front+1);
    Q->count--;
    return x;
}
```

（5）取队头操作：

```
DataType HeadQueue(SeqCQueue *Q)
{   if(QueueNotEmpty(Q)==0)
    {
        printf("The Queue is Empty!\n");
        return NULL;
    }
    else
        return(Q ->data[Q ->front]);                 /*返回队头数据元素*/
}
```

4. 在链队列上实现基本操作

队列的链式存储结构（简称链队列）是通过单链表的方式来实现的，可以利用一组不连续的存储单元存放数据元素。对于链队而言，依靠指针链接数据之间相邻的逻辑关系。

由于链队列可以在队尾进行插入操作，而在队头进行删除操作，所以，一个链队列需要增设两个指针，分别是指向队头的头指针（front）和指向队尾的尾指针（rear）。队头指针指在队列的当前队头结点的位置，队尾指针指在队列的当前队尾结点的位置。

为了操作方便，给链队列附加一个头结点，并令头指针指向头结点，尾指针指向链队列的尾结点，如图 6-12（a）所示。当头指针和尾指针均指向头结点时，表示链队列为空，如图 6-12（b）所示。

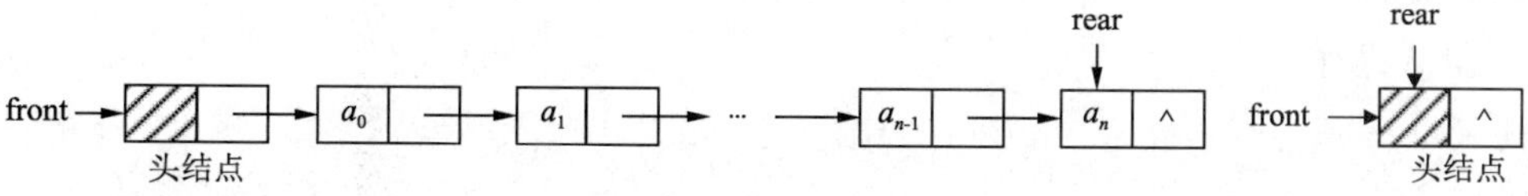

（a）非空链队列　　（b）空链队列

图 6-12　链队列结构示意图

用 C 语言描述链队列的存储结构如下：

```
typedef int DataType;   /*DataType 可以是任何类型，这里假设为 int*/
typedef struct node
{   DataType state;
    struct node *next;
} Qnode;                /*声明队列中结点类型为 Qnode*/
typedef struct Queue
{   Qnode *front;
    Qnode *rear;
    int count;
} StateQueue;           /*声明链队列的类型，名为 StateQueue*/
LinkQueue  *q;          /*指向链队列的指针*/
```

下面以 int 类型作为数据元素的类型，实现链队列的基本操作。

（1）创建空队列：

```
StateQueue *QueueIniti()                              /*置空队列*/
{
    StateQueue *q;
    q=(StateQueue*)malloc(sizeof(StateQueue));/*申请链队列的头尾指针结点*/
    q->front=(Qnode*)malloc(sizeof(Qnode));   /*申请头结点*/
    q->front->next=NULL;                      /*头结点的指针域为 NULL*/
    q->rear=q->front;                         /*链队列的尾指针指向头结点*/
    q->count=0;                               /*链队长度为 0*/
    return q;
}
```

（2）判队列空：

```
int QueueNotEmpty(StateQueue *Q)
{   return(Q->front!=Q->rear);
}
```

（3）入队操作：

```
void EnQueue(StateQueue *Q, DataType element){
    Qnode *temp;
    temp=(Qnode*)malloc(sizeof(Qnode));          /*申请新结点*/
    temp->state=element;
```

```
    temp->next=NULL;                        /*将新结点插到队尾*/
    if(Q->rear==NULL)
        Q->front=Q->rear=temp;
    else{
        Q->rear->next=temp;
        Q->rear=temp;                       /*修改尾指针，使其指向新的队尾结点*/
    }
    Q->count++;                             /*链队长度加 1*/
}
```

（4）出队操作：

```
DataType DeQueue(StateQueue *Q)         /*出队*/
{
    DataType x;
    Qnode *s;
    if(QueueNotEmpty(Q)==0)
    {
        printf("队列空!\n");
        return NULL;
    }
    s=Q->front->next;                   /*指针 s 指向待删除的队头结点*/
    Q->front->next=s->next;             /*修改头结点的指针域，即删除 s 所指的结点*/
    if(s->next==NULL)                   /*队列中只有一个结点时*/
        Q->rear=Q->front;               /*需要修改队尾指针的指向，即指向头结点*/
    x=s->state;                         /*取出队头结点中的数据值*/
    free(s);                            /*释放 s 所指结点的单元*/
    Q->count--;                         /*链队长度减 1*/
    return x;
}
```

（5）取队头元素：

```
DataType HeadQueue(StateQueue *Q)
{   if(QueueNotEmpty(Q)==0)
    {   printf("The queue is Empty!\n");
        return NULL;
    }
    else
        return(Q->front->next->data);        /* 返回队头数据元素 */
}
```

6.2.4 利用队列组织数据的基本特征

队列是一种操作受限的线性表，其限制是只允许在队尾进行插入操作，而在队头进行删除操作。队列是一种遵循先进先出原则的数据结构，广泛应用于各种程序和系统中。根据存储结构的不同，队列可以分为顺序队列和链式队列。

顺序队列使用数组作为底层数据结构，随着入队与出队操作，会出现假溢出现象，在实际使用中，通常采用循环队列来解决假溢出问题。链式队列基于链表结构，可以根据需要动态分配存储单元，不需要预先设置队列的长度，不用考虑溢出的问题，适用于处理大规模的数据。

队列在计算机科学中有着广泛的应用，如在计算机操作系统中的先来先服务（FCFS）调度算法、广度优先搜索（BFS）、网络请求处理、多线程管理和排队系统等。本章只介绍了几个简单的应用实例，遇到问题时，要具体问题具体分析，只要满足“先进先出”特性的问题都可以尝试用队列的存储结构来解决。

6.3 二叉树

树状结构是一种重要的非线性数据结构，它是数据元素（称为结点）按分支关系组织起来的结构。它的每一个结点都可以有不止一个直接后继，除根结点外的所有结点都有且只有一个直接前驱。二叉树是每个结点最多有两个子树的有序树，通常子树被称作“左子树”和“右子树”。相比一般的树而言，二叉树的结构更加规范和确切，且一般的树可以转化成二叉树，因此，本节仅讨论二叉树的问题。

6.3.1 导例：统计叶子结点数目

1. 问题描述

有一棵二叉树，要求用程序统计二叉树的叶子结点的个数。

2. 问题分析

（1）二叉树叶子结点的特征是左子树和右子树均为空，满足这两个条件的结点称为叶子结点。

（2）采用结构体类型来描述二叉树结点信息，该结构体名为Tree，包括3个成员，分别是data（结点值）和左右孩子结点。结构体类型Tree声明如下：

```
typedef struct Tree{
    char data;
    struct Tree *Lchild;
    struct Tree *Rchild;
}*BitTree;
```

其中，struct Tree *Lchild表示指向左子树的指针，struct Tree *Rchild表示指向右子树的指针。

（3）二叉树举例：假如创建一个包含6个结点的二叉树，如图6-13所示。其中，根结点的数据域的值为'*A*'，左孩子域指向左子树，右孩子域指向右子树。

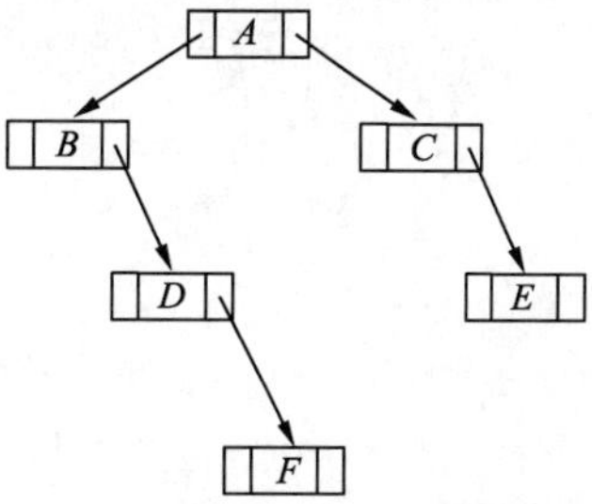

图6-13 二叉树举例

3. 算法描述

为统计该二叉树的叶子结点个数，需要首先创建该二叉树。创建二叉树的方式也可以采用递归的方式构造，先给当前数据域赋值，然后再递归构造其左子树和右子树。如果当前结点没有左子树或者右子树，则给其左子树或者右子树的数据域赋值为字符'.'。

树的创建流程如图 6-14 所示。

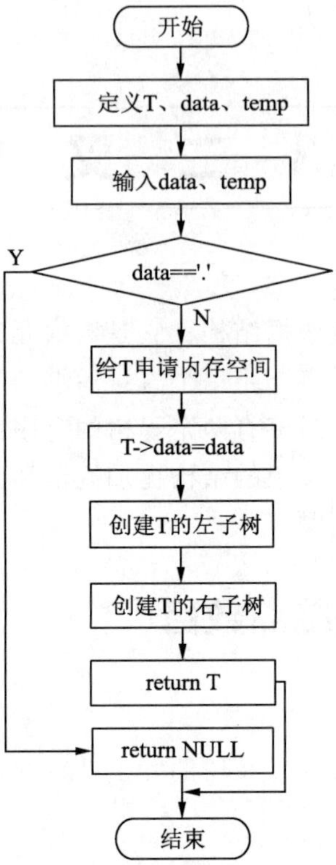

图 6-14　树的创建流程

4．程序实现

```
#include<stdio.h>
#include<stdlib.h>
int leafcount=0;
typedef struct Tree{
    char data;
    struct Tree* Lchild;
    struct Tree* Rchild;
}*BitTree;
BitTree createTree(){
    BitTree T;
    char data;
    char temp;
    scanf("%c",&data);
    temp=getchar();
    if(data == '.')
    {
        return NULL;
    }
    else{
        T=(BitTree)malloc(sizeof(Tree));
        T->data=data;
        printf("请输入%c 的左子树: ",data);
```

```
        T->Lchild=createTree();
        printf("请输入%c 的右子树: ", data);
        T->Rchild=createTree();
        return T;
    }
}
void Leafcount(BitTree T)
{
    if(T==NULL) return ;
    else
    {
        if(T->Lchild==NULL&&T->Rchild==NULL)
            leafcount++;
        Leafcount(T->Lchild);
        Leafcount(T->Rchild);
    }
}

int main(){
    BitTree S;
    printf("请输入根的数据: ");
    S=createTree();          //S 接收创建好的二叉树
    Leafcount(S);
    printf("leafcount=%d",leafcount);
    return 0;
}
```

5. 运行结果

```
请输入根的数据: A
请输入 A 的左子树: B
请输入 B 的左子树: .
请输入 B 的右子树: D
请输入 D 的左子树: .
请输入 D 的右子树: F
请输入 F 的左子树: .
请输入 F 的右子树: .
请输入 A 的右子树: C
请输入 C 的左子树: .
请输入 C 的右子树: E
请输入 E 的左子树: .
请输入 E 的右子树: .
leafcount=2
```

6. 程序分析

（1）为便于叶子结点的统计，将统计叶子结点的变量 leafcount 定义为全局变量并赋初值为 0。

（2）sizeof(Tree)是计算 Tree 结点的字节大小，malloc()函数返回一个指向在内存中申请成功的这个地址无符号指针，(BitTree)为将该指针的类型强制转换成 BitTree 类型。

```
T=(BitTree)malloc(sizeof(Tree));
```

（3）如果当前访问的 T 的左孩子域和右孩子域都为空，则说明该结点为叶子结点，叶子结点的值需要加 1。

```
    if(T->Lchild==NULL&&T->Rchild==NULL)
        leafcount++;
```

6.3.2 导例：动态查找

1. 问题描述

已知一个长度为 9 的表{60，21，83，46，74，12，57，98，35}，以此序列创建动态查找表，实现对某一指定数据的动态查找。

2. 问题分析

（1）动态查找的特点：表结构本身是在查找过程中动态生成，即对于给定的值 key，若表中存在其关键字等于 key 的记录，则查找成功；否则，插入关键字等于 key 的记录。动态查找表可以有不同表示方式，本例采用二叉排序树实现动态查找。

二叉排序树（binary sort tree，BST）又称二叉查找树，可方便动态查找表的查找、插入及删除操作。

（2）二叉排序树的定义：二叉排序树是一棵二叉树，它或者是空，或者具有以下性质：

① 若它的左子树非空，则左子树所有结点的值均小于根结点的值。

② 若它的右子树非空，则右子树所有结点的值均大于根结点的值。

③ 它的左、右子树也均是二叉排序树。

图 6-15 所示为一棵二叉排序树。

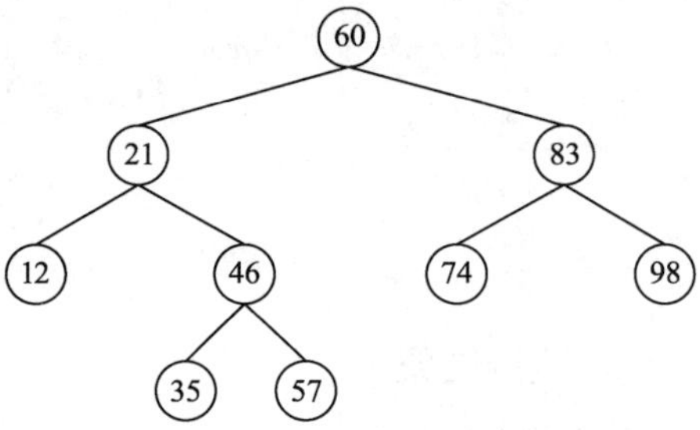

图 6-15　二叉排序树示例

（3）二叉排序树的存储结构采用二叉链表，其结构声明如下：

```
typedef int DataType;          /*DataType 可以是任何类型，这里假设为 int*/
typedef struct node
{
    DataType data;                       /*二叉树中结点类型 DataType*/
    struct node *lchild, *rchild;        /*二叉树的左、右指针域*/
} LinkBTree;                             /*二叉链表的类型名为 LinkBTree*/
```

3. 算法描述

二叉排序树是一种动态树表，其结构通常不是一次生成的，而是在查找过程中，当树中不存在待查数据时，进行新结点的插入。

（1）在二叉排序树中的查找指定的值。

假设 key 表示待查数据，根据二叉排序树的性质，首先将 key 值与根结点的值进行比较，如果相等，则查找成功；如果 key 值小于根结点的值，则查找左子树；如果 key 值大于根结点的值，则查找右子树。直至查找到叶子结点还未查到，则查找不成功。

（2）在二叉排序树中插入新结点之后，仍是一个二叉排序树。

插入原则：若二叉树为空，则新结点作为根结点；否则，继续在其左子树或右子树中查找，直至某个叶子结点。如果新结点的值小于该叶子结点的值，则新结点作为叶子结点的左孩子；否则，作为叶子结点的右孩子。

实现算法的流程图如图 6-16 所示。

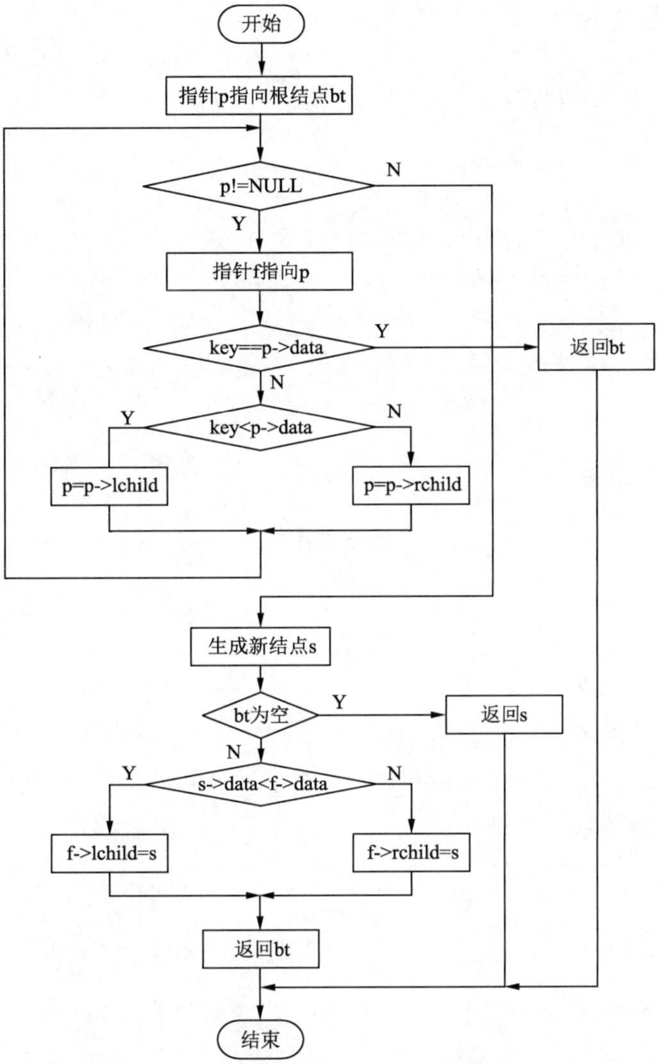

图 6-16 动态查找表的流程图

4. 程序实现

```
#define N 50
#include <stdio.h>
#include <stdlib.h>
typedef int  DataType;           /*DataType 可以是任何类型，这里假设为 char*/
typedef  struct  node
{
    DataType  data;                          /*二叉树中结点类型 DataType*/
    struct  node  *lchild, *rchild;          /*二叉树的左、右指针域*/
}  LinkBTree;                                /*二叉链表的类型名为 LinkBTree*/

LinkBTree *BstInsert(LinkBTree *bt, DataType key);
void InOrder(LinkBTree *bt);
```

```
void main()
{
    DataType array[N]={60,21,83,46,74,12,57,98,35},n=9;
    LinkBTree *bt=NULL;
    int i;
    printf("\n原数据序列:");
    for(i=0;i<n;i++)
        printf("%4d",array[i]);
    printf("\n建立二叉排序树......\n");
    for(i=0;i<n;i++)
        bt=BstInsert(bt,array[i]);
    printf("\n中序遍历二叉排序树......\n");
    InOrder(bt);
}
LinkBTree *BstInsert(LinkBTree *bt, DataType key)      /*建立二叉排序树*/
{
    LinkBTree *p,*f,*s;
    p=bt;
    while(p!=NULL)                  /*查找key值*/
    {
    f=p;                            /*查找数据key过程中f指向p的双亲结点*/
        if(key==p->data)            /*查找成功*/
            return(bt);
        else if(key<p->data)
            p=p->lchild;
        else
            p=p->rchild;
    }
    s=(LinkBTree *)malloc(sizeof(LinkBTree)); /*生成新结点s*/
    s->data=key;
    s->lchild=NULL;
    s->rchild=NULL;
    if(bt==NULL) return s;          /*s作为根结点返回*/
    if(s->data<f->data)
        f->lchild=s;                /*s作为f的左孩子*/
    else
        f->rchild=s;                /*s作为f的右孩子*/
    return bt;
}
void InOrder(LinkBTree *bt)     /*中序遍历*/
{
    if(bt!=NULL)
    {
        InOrder(bt->lchild);
        printf("%4d",bt->data);
        InOrder(bt->rchild);
    }
}
```

5. 运行结果

```
原数据序列:  60  21  83  46  74  12  57  98  35
建立二叉排序树......
```

```
中序遍历二叉排序树......
  12  21  35  46  57  60  74  83  98
```

6. 程序分析

（1）动态查找表的创建过程是通过在二叉排序树中查找结点，并插入新结点来实现的。循环中设置的指针 p 初值为根结点，即从根结点开始，向下查找，直至某叶子结点；而另一个工作指针 f，在查找过程中指向的是 p 所指结点的双亲结点。当 p 等于空时，意味着查找失败，同时，指针 f 确定了新结点的插入位置。插入新结点时，不需要移动结点，只需要改变 f 指针所指结点的指针。

```
p=bt;
    while(p!=NULL)              /*查找 key 值*/
    {
    f=p;                        /*查找数据 key 的过程中 f 指向 p 的双亲结点*/
    if(key==p->data)
    return(bt);                 /*查找成功*/
    else if(key<p->data)
    p=p->lchild;                /*查找左子树*/
    else
    p=p->rchild;                /*查找右子树*/
}
```

（2）中序遍历二叉排序树，所得的序列恰好是递增有序的序列。中序遍历二叉的操作是：若二叉树非空，依次进行如下操作：

① 中序遍历左子树。

② 访问根结点。

③ 中序遍历右子树。

采用递归算法，递归终止条件是二叉树为空。访问根结点视具体问题而定，这里只是输出结点的值。

（3）查找性能分析。每一棵特定的二叉排序树，均可按照平均查找长度的定义来计算它的 ASL 值。但对于相同的 n 个关键字，由于数据的前后次序不同，构造的二叉排序树呈现不同的形态，其平均查找长度 ASL 不同，可能差别很大。例如：

由序列{60　21　83　46　74　12　57　98　35}构造的二叉排序树如图 6-17（a）所示，

$$\text{ASL}=\frac{1+2\times 2+3\times 4+4\times 2}{9}=\frac{25}{9}$$

由序列{12　21　35　46　57　60　74　83　98}构造的二叉排序树如图 6-17（b）所示，

$$\text{ASL}=\frac{1+2+3+4+5+6+7+8+9}{9}=\frac{45}{9}$$

由此可见，二叉排序树的查找性能取决于二叉树排序树的树状。最坏的情况是插入的关键字有序，构成的二叉排序树是深度为 n 的单支树，它的平均查找长度和顺序查找相同，即 $O(n)$，最好的情况和二分查找相同，即 $O(\log_2 n)$。可以证明在随机情况下，二叉排序树的平均查找长度是 $O(\log_2 n)$。对于经常进行查找、插入和删除的表，二叉排序树比较适合。

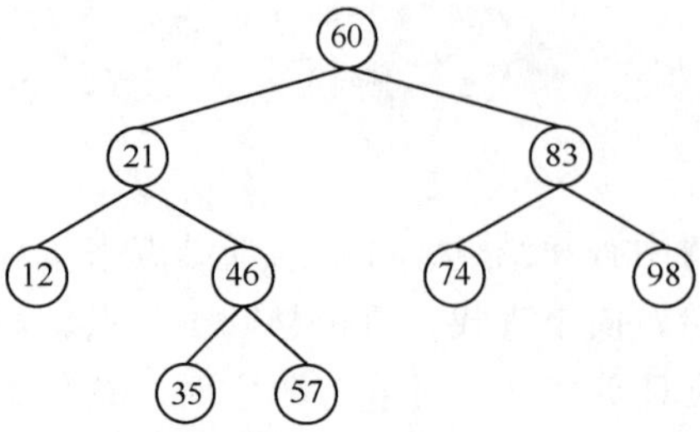

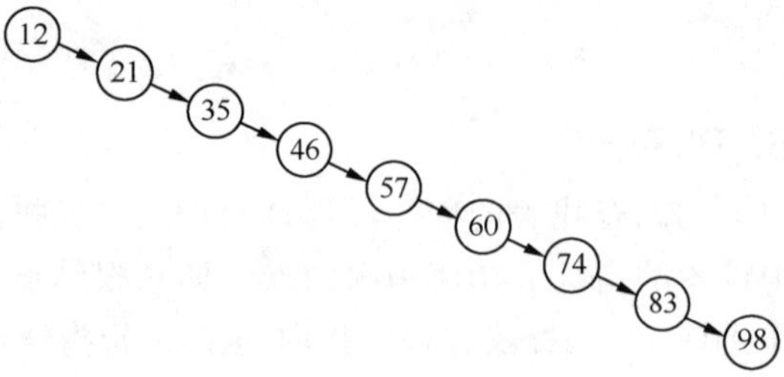

图 6-17　相同序列构造成不同形态的二叉树

6.3.3　二叉树的相关概念与基本操作

1. 二叉树的定义

二叉树是 n（n≥0）个结点的有限集合，该集合或者是空集（n=0），或者是由一个根结点及两棵互不相交的被称为左子树、右子树的二叉树组成。因此，二叉树可有 5 种基本形态，如图 6-18 所示。

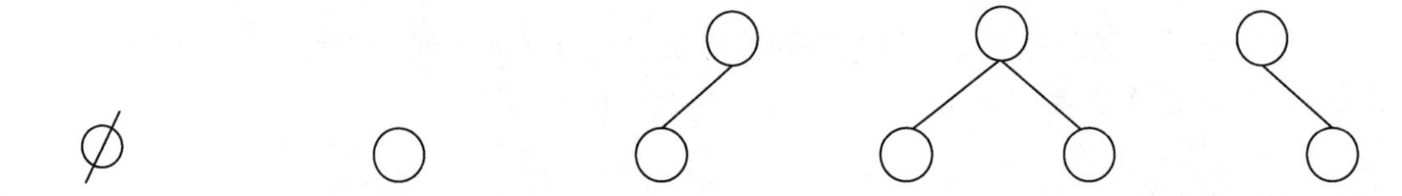

图 6-18　二叉树的 5 种基本形态

2. 二叉树的存储结构

（1）顺序存储结构。二叉树的顺序存储结构就是用一组地址连续的存储单元（如一维数组）来存放一棵二叉树的所有结点，此结构简单，且操作方便。但对于一般的二叉树，不宜直接采用顺序存储结构。需要将其转化成完全二叉树，之后按层次编号，使编号为 i 的结点存入一维数组第 i 个单元中，从而实现一般二叉树的顺序存储。

例如，将一般二叉树转成对应的完全二叉树，如图 6-19 所示，相应的顺序存储结构见表 6-1。

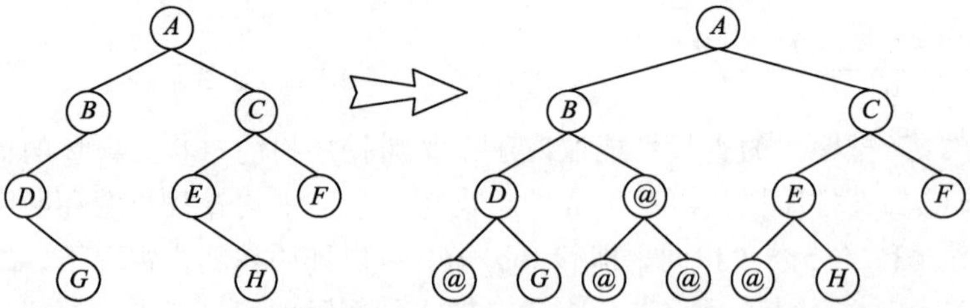

图 6-19　二叉树转化成完全二叉树示意图（图中@表示虚结点）

表 6-1 二叉树的顺序存储结构

位置	1	2	3	4	5	6	7	8	9	10	11	12	13
结点	*A*	*B*	*C*	*D*	@	*E*	*F*	@	*G*	@	@	@	*H*

用 C 语言描述二叉树的顺序存储结构如下：

```
#define  MAXSIZE 1024                  /*二叉树最大结点数*/
typedef  char  DataType;               /*DataType 可以是任何类型，这里假设为 char*/
typedef  struct  node
{
    DataType  bt[MAXSIZE];             /*定义一维数组，存储二叉树中各结点*/
    int num;                           /*二叉树的结点数*/
}  SeqBTree;                           /*二叉树的类型名为 SeqBTree*/
```

一般的二叉树转化成完全二叉树时，需要引入虚结点。只有转化成完全二叉树，才能采用顺序存储结构，所以，数组中要留出这些虚结点的位置。若虚结点过多，则造成存储空间的浪费，因此，可考虑采用二叉树的链式存储结构。

（2）链式存储结构。二叉树的链式存储结构是指用一个链表来存储一棵二叉树，最常用的链式存储结构是二叉链表，每个结点由一个数据和分别指向其左、右子树的两个分支构成，则二叉链表存储结构中的结点包括 3 个域：数据域、左指针域和右指针域。二叉链表的结点结构如图 6-20 所示。

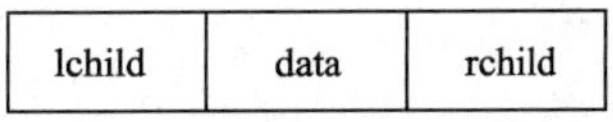

图 6-20 二叉链表的结点结构

从根结点开始，通过指针域，将各个结点连接成一个整体结构，指向根结点的指针可表示整个二叉链表，代表这棵二叉树。二叉树的二叉链表存储结构如图 6-21 所示。

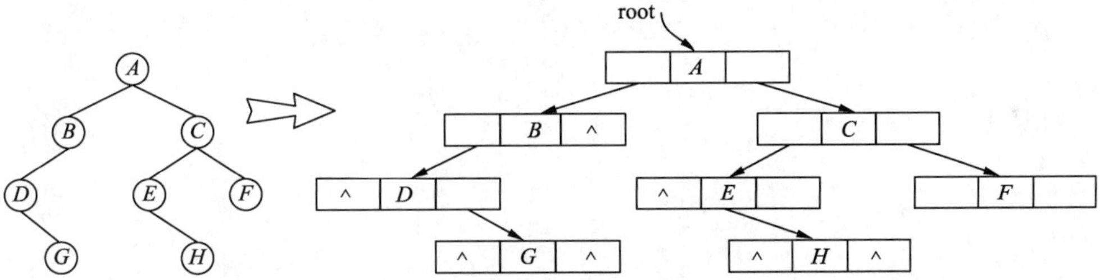

图 6-21 二叉树的二叉链表存储结构

用 C 语言描述二叉链表的存储结构如下：

```
typedef  char  DataType;               /*DataType 可以是任何类型，这里假设为 char*/
typedef  struct  node
{
    DataType  data;                         /*二叉树中结点类型 DataType*/
    struct  node  *lchild,*rchild;          /*二叉树的左、右指针域*/
}  LinkBTree;                               /*二叉链表的类型名为 LinkBTree*/
```

另外，为了方便地找到结点的双亲结点，在二叉链表的结点结构中，增加一个指向双亲结点的指针域，由此形成三叉链表的存储结构。二叉树的三叉链表存储结构如图 6-22 所示。

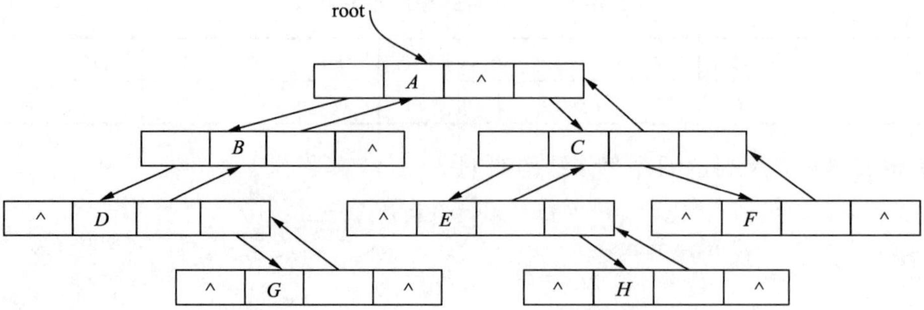

图 6-22　二叉树的三叉链表存储结构

3. 二叉树的基本操作

（1）二叉树的建立。

算法：将给定的二叉树扩充为完全二叉树，依次输入结点值（包括虚结点），生成二叉链表的结点，按层次将各个结点链接到其双亲结点的相应指针域，直至输入结束。

```
    LinkBTree *CreateTree()
    {
        LinkBTree *Q[MAXSIZE];
        LinkBTree *root,*s;
        DataType ch;
        int front,rear;

        root=NULL;
        front=1;
        rear=0;                       /*队列初始化*/
        printf("\n 请按完全二叉树的编号顺序依次输入结点值(空结点用'@',表示,输入以'#'
结束):\n");
        ch=getchar();
        while(ch!='#')
        {
            s=NULL;
            if(ch!='@')
            {
                s=(LinkBTree *)malloc(sizeof(LinkBTree));   /*申请新结点*/
                s->data=ch;
                s->lchild=NULL;
                s->rchild=NULL;
            }
            rear++;
            Q[rear]=s;                /*新结点入队*/

            if(rear==1)               /*rear 是 1，为根结点，用 root 指向它*/
                root=s;
            else
            {
                if(s && Q[front])     /*当前结点和双亲结点非空*/
                {
                    if(rear%2==0)
                      Q[front]->lchild=s;/* rear 为偶数，新结点为双亲结点的左孩子*/
                    else
```

```
                Q[front]->rchild=s;/* rear为奇数，新结点为双亲结点的右孩子*/
            }
            if(rear%2==1) front++;    /*指向下一个双亲结点*/
        }
        ch=getchar();
    }
    return root;                      /*返回二叉树根结点指针*/
}
```

（2）二叉树的遍历。所谓二叉树的遍历，就是对二叉树中的所有结点进行访问，且只访问一遍。任意一棵二叉树由根、左子树和右子树三部分组成，左、右子树可为空。由此，二叉树的遍历包括访问根结点、遍历左子树和遍历右子树。遍历子树是递归过程，直至所遍历的二叉树为空。根据遍历的顺序不同，二叉树的遍历方式分为 3 种：先序遍历、中序遍历和后序遍历。

① 先序遍历（递归算法）：

```
void PreOrder(LinkBTree *bt)
{
    if(bt!=NULL)
    {
        printf("%4c",bt->data);
        PreOrder(bt->lchild);
        PreOrder(bt->rchild);
    }
}
```

② 中序遍历（递归算法）：

```
void InOrder(LinkBTree *bt)
{
    if(bt!=NULL)
    {
        InOrder(bt->lchild);
        printf("%4c",bt->data);
        InOrder(bt->rchild);
    }
}
```

③ 后序遍历（递归算法）：

```
void PostOrder(LinkBTree *bt)
{
    if(bt!=NULL)
    {
        PostOrder(bt->lchild);
        PostOrder(bt->rchild);
        printf("%4c",bt->data);
    }
}
```

6.3.4 利用二叉树组织数据的基本特征

树结构在客观世界中广泛存在，如人类社会的族谱和各种社会组织机构都可用树状结构表示。树在计算机领域中也得到广泛应用，如在编译源程序时，可用树表示源程序的语法结构。又如，在数据库系统中，树状结构也是信息的重要组织形式之一。总之，一切具有层次关系的问题都可用树来描述。

二叉树是一种常用的树状结构，其结构较一般的树状结构更加规范和明确，而且操作简单。一般的树也可以转化为二叉树来处理，因此，二叉树就显得特别重要。二叉树的遍历是二叉树中的重要操作，遍历的过程是将非线性结构中的结点排列成一个线性序列，以方便对数据进行处理。

二叉树也常用于动态查找表，如二叉排序树、平衡二叉树等。二叉排序树既具有类似折半查找的特性（与二叉排序树的平衡度有关），又采用了链式存储结构（折半查找是顺序存储结构），因此，对于经常要进行查找、插入和删除记录的有序表，适合采用二叉排序树结构。

6.4　综合应用举例

6.4.1　导例：走迷宫

1. 问题描述

给出一个矩阵，如图 6-23 所示，其中 0 表示通路，1 表示墙壁，这样就形成了一个迷宫，要求编写算法求出其中一条路径。

0	0	1	0	0	0	1	0
0	0	1	0	0	0	1	0
0	0	0	0	1	1	0	1
0	1	1	1	0	0	1	0
0	0	0	1	0	0	0	0
0	1	0	0	0	1	0	1
0	1	1	1	1	0	0	1
1	1	0	0	1	1	0	1
1	1	0	0	0	0	0	0

图 6-23　迷宫

2. 问题分析

走迷宫的基本思路是从起点出发，随机选择一个方向（下、右、左、上）往前走，如果向前面走一格没有墙壁，就往这个方向走一格；如果向前面走一格有墙壁，则换一个方向判断是否能往前走一格，如果 4 个方向都不能往前走，则往后退一步，再看其他方向是否能走通。这种方式正好可以利用栈的先进后出的方式来模拟。

定义一个类型 LOCAL 来存储每个坐标的位置，其声明如下：

```
//坐标位置结构体
typedef struct local{
    int x;
    int y;
}LOCAL;
```

定义一个顺序栈来存储查找迷宫可行的路径，类型名为 STACK，其声明如下：

```
//栈结构
typedef struct stack{
```

```
    LOCAL data[MAXSIZE];
    int top;
}STACK;
```

3. 算法描述

首先需要开辟一个和迷宫具有同样几何形状的结构体二维数组来保存是从哪一个点（坐标）到达该点的（该初始化时将所有的坐标都置为-1），还需要一个可以保存坐标的栈。每次将能够走通的点（值为 0 ）都入栈，然后在循环的开始处将栈顶元素弹出保存进 temp 变量（保存坐标的变量）中，访问 temp 变量四周的元素是否可以被访问。如果可以被访问（值为 0 ）则将对应路径数组中的元素（即对应坐标）值改为 temp 变量的值并将该能被访问的变量入栈，再将迷宫中的 0（能访问）更改为 2（已被访问过）防止重复访问。最后，从路径数组的出口处开始倒序输出所走路径即可。

实现上述算法的流程如图 6-24 所示。

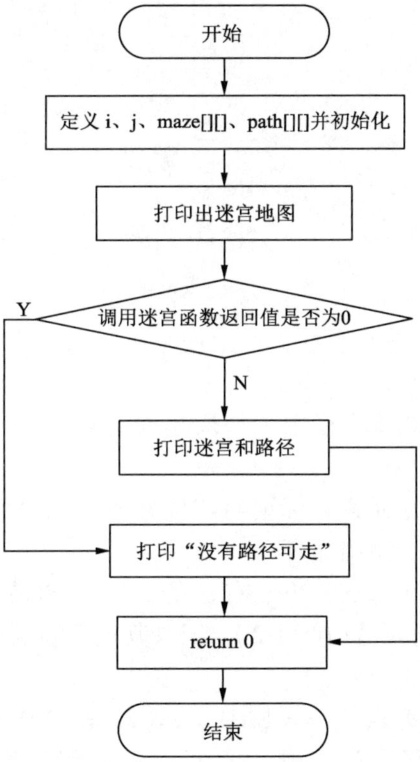

图 6-24 走迷宫流程图

4. 程序实现

扫描二维码查看实现上述算法的程序。

走迷宫案例程序实现　　源代码

5. 运行结果

```
原迷宫:
----------
|  @   @ |
|  @   @ |
|    @@ @|
| @@@  @ |
|   @    |
| @   @ @|
| @@@@  @|
|@@  @@ @|
|@@      |
----------
迷宫和路径:
----------
|%%@   @ |
| %@   @ |
|%%  @@ @|
|%@@@  @ |
|%%%@%%% |
| @%%%@%@|
| @@@@ %@|
|@@  @@%@|
|@@    %%|
----------
--------------------------------
```

6. 程序分析

走迷宫函数 VistMaze()是核心函数，使用栈（非递归方式）实现深度优先搜索寻找路径。函数流程如下：

（1）初始化：将起点(0,0)压入栈中（如果起点是通路）。

（2）循环处理：

- 当栈非空时，弹出栈顶元素，标记当前位置为已访问（maze[i][j] = 2）。
- 如果当前位置是终点，跳出循环。

（3）检查当前位置的四个方向（下、右、左、上）：如果相邻位置在迷宫范围内且是通路（值为 0），则将其标记为已访问（2），记录其前驱位置（在 path 数组中），并将其压入栈中。

结束循环后，如果到达终点（i == END_I && j == END_J），则从终点回溯前驱，将路径上的点标记为 3（表示路径）。否则，返回 0 表示无路径。

在这种思想中栈保存了所有可以走通的点，当一个点的四周都不能够走通时弹出的该点坐标程序并没有进行任何实质性的处理，所以这就相当于一个“回溯”的过程。而访问四周的点的过程就是一个枚举的过程。

6.4.2 导例：排队模拟

1. 问题描述

假设张三在某商业街设置了一个提供咨询的摊位。顾客可以购买 1 分钟、2 分钟或者 3

分钟的咨询建议。为确保交通畅通，商业街规定每个摊位前排队等待的顾客最多为 10 人（相当于程序中的最大队列长度）。假设顾客都是随机出现的，并且他们花在咨询上的时间也是随机选择的（1 分钟、2 分钟、3 分钟）。那么张三平均每小时要接待多少位顾客？每位顾客平均要花多长时间？排队等待的顾客平均有多少人？请用队列模拟回答以上问题。

2. 问题分析

首先，需要确定在队列中放什么内容。可以根据顾客加入队列的时间和顾客咨询花费的时间来描述每一位顾客。因此，可以根据顾客加入队列的时间和顾客咨询时花费的时间来描述每一位顾客。表示顾客的 Item 类型声明如下：

```
typedef struct item
{
    long arrive;
    int processtime;
}Item;
```

3. 算法描述

为方便模拟，让时间以 1 分钟为单位递增，每递增 1 分钟，就检查是否有新顾客到来。如果有 1 位顾客且队列未满，将该顾客添加到队列中。这涉及把顾客到来的时间和顾客所需的咨询时间记录在 Item 类型的结构中，然后在队列中添加该项。如果队列已满，就让这个顾客离开。为了方便统计，要记录顾客总数和被拒顾客（队列已满不能加入队列的人）的总数。

接下来，需要处理队列的首端。如果队列不为空且前面的顾客没有在咨询张三，则删除队列首端的项。需要注意，该项中存储该顾客加入队列的时间，用该时间与当前时间作比较，就可以得出该顾客在队列中的等待时间。该项中还存储着这个顾客需要咨询的分钟数，即还要咨询张三多长时间。因此，还要用一个变量存储这个时长。如果张三正忙，则不用让任何人离开队列。

排队模拟算法的流程图如图 6-25 所示。

4. 程序实现

扫描二维码查看实现上述算法的程序。

排队模拟案例程序实现　　源代码

5. 运行结果

```
Case Study: Zhangsan's Advice Booth
Enter the number of simulation hours:
80
Enter the average number of customers per hours:
20
customers accepted:1528
customers served:1528
turn aways: 0
average queue size:0.34
```

```
average wait time:1.07 minutes
Bye!

Case Study: Zhangsan's Advice Booth
Enter the number of simulation hours:
800
Enter the average number of customers per hours:
20
customers accepted:16029
customers served:16028
turn aways: 0
average queue size:0.46
average wait time:1.38 minutes
Bye!

Case Study: Zhangsan's Advice Booth
Enter the number of simulation hours:
1
Enter the average number of customers per hours:
20
customers accepted:21
customers served:21
turn aways: 0
average queue size:0.15
average wait time:0.43 minutes
Bye!

Case Study:Zhangsan's Advice Booth
Enter the number of simulation hours:
80
Enter the average number of customers per hours:
25
customers accepted:1958
customers served:1958
turn aways: 0
average queue size:1.29
average wait time:3.17 minutes
Bye!

Case Study:Zhangsan's Advice Booth
Enter the number of simulation hours:
80
Enter the average number of customers per hours:
30
customers accepted:2323
customers served:2320
turn aways: 61
average queue size:4.54
average wait time:9.39 minutes
Bye!
```

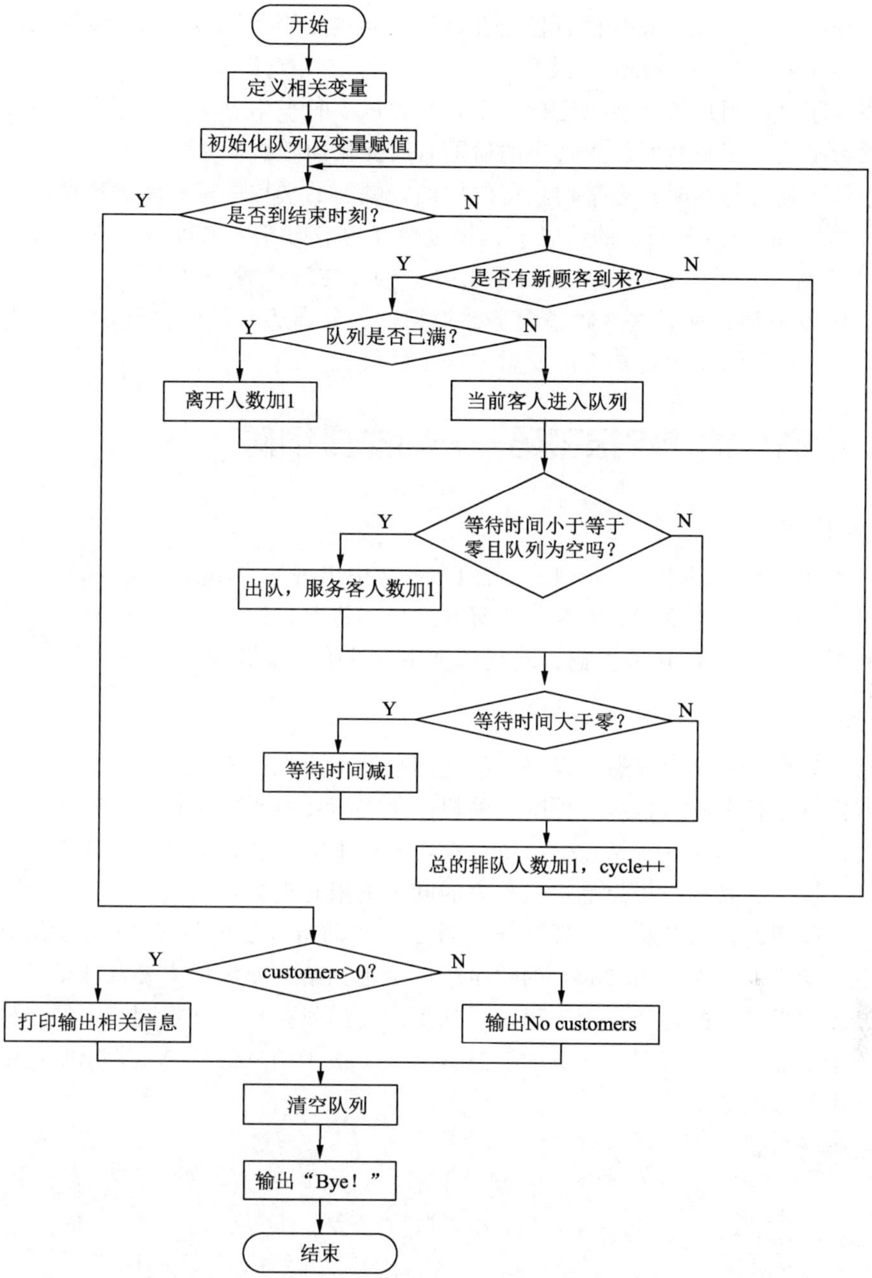

图 6-25 模拟排队流程图

6. 程序说明

（1）程序中的变量和函数说明：

① min_per_cus()是顾客到达的平均间隔时间；turnaways 是被拒绝的顾客数量；customers 是加入队列的顾客数量；temp 是表示新顾客的 Item 类型变量；wait_time 是张三完成当前顾客的咨询还需要多长时间；line_wait 是目前为止队列中所有顾客的等待总时间；served 是咨询过张三的顾客数量;sum_line 是到目前为止统计的队列长度。

② newcustomer()使用 rand()函数检查在特定时间内是否有顾客到来；customertime()设置 temp 结构中的 arrive 和 processtime 成员。

（2）该程序允许用户指定模拟运行的小时数和每小时平均有多少位顾客。模拟时间较长得出的值较为平均，模拟时间较短得出的值随时间变化而随机变化。

（3）注意，随着每小时顾客平均数量的增加，顾客的平均等待时间迅速增加。在每小时 20 位顾客（80 小时模拟时间）的情况下，每位顾客的平均等待时间是 1.07 分钟；在每小时 25 位顾客的情况下，平均等待时间增加至 3.17 分钟；在每小时 30 位顾客的情况下，该数值迅速攀升至 9.39 分钟；而且这 3 种情况下被拒绝顾客分别从 0 位增加至 61 位。至此，张三可以根据程序的模拟结果决定是否需要增加一个摊位。

6.4.3 导例：神秘电报密码——哈夫曼编码

1. 问题描述

电文由 6 个英文字母组成（a～f），它们在电文中出现的频率分别为 0.05、0.32、0.18、0.07、0.25、0.13，发送电文时，需要将字母转换成二进制代码，使频率最高的符号具有最短的编码。利用哈夫曼（Huffman）树，实现每个字母的哈夫曼编码。

2. 问题分析

（1）哈夫曼编码的基本思想是以字符的使用频率作为权值构建一棵哈夫曼树，然后利用哈夫曼树对字符进行编码。构造一棵哈夫曼树，是将所要编码的字符作为叶子结点，该字符在文件中的使用频率作为叶子结点的权值，以自底向上的方式，通过 n-1 次的“合并”运算后构造出的一棵树，其核心思想是权值越大的叶子离根越近。

（2）哈夫曼树的存储结构。一棵有 n 个叶子结点的哈夫曼树共有 2n-1 的结点，可以将树中的结点存储于一个大小为 2n-1 的数组中。考虑到哈夫曼编码需要从叶子结点出发走一条从叶子结点到根结点的路径；而译码需要从根结点出发走一条从根到叶子结点的路径，因此对于每一个结点，既要有双亲结点的信息，又要有孩子结点的信息。表示哈夫曼树结点信息的结构体类型声明如下：

```
typedef struct
{
    double weight;
    int parent;
    int lchild;
    int rchild;
    char value;
}HNodeType;          /* 哈夫曼树结点的结构 */
```

将哈夫曼树中的每个分支结点的左分支标 0，右分支标 1，从根到每个叶子路径上的标号连起来，就是该叶子所代表字符的哈夫曼编码。表示结点的哈夫曼编码的结构体类型声明如下：

```
typedef struct
{
    int bit[MAXBIT];
    int start;
}HCodeType;          /*哈夫曼编码的结构*/
```

3. 算法描述

哈夫曼算法采取的策略是每次从树的集合中取出没有双亲且权值最小的两棵树作为左右子树，构造一棵新树，新树根抽个空点的权值为其左右孩子结点权值之和，将新树插入树的集合中，求解步骤如下：

（1）确定合适的数据结构。编写程序前需要考虑的情况如下：

① 哈夫曼树中没有度为 1 的结点，则一棵有 n 个叶子结点的哈夫曼树共有 $2n-1$ 个结点（$n-1$ 次的合并，每次产生一个新结点）。

② 构成哈夫曼树后，为求编码，需要从叶子结点出发走一条从叶子到根的路径。

③ 译码需要从根出发走一条从根到叶子的路径，因此需要知道每个结点的权值、双亲、左孩子、右孩子和结点的信息。

（2）初始化。构造 n 棵结点为 n 个字符的单结点树集合 $T=\{t_1, t_2, t_3,\ldots, t_n\}$，每棵树只有一个带权的根结点，权值为该字符的使用频率。

（3）如果 T 中只剩下一棵树，则哈夫曼树构造成功，跳到步骤（6），否则，从结合 T 中取出没有双亲且权值最小的两棵树 t_i 和 t_j，将它们合并成一棵新树 z_k，新树的左孩子为 t_i，右孩子为 t_j，z_k 的权值为 t_i 和 t_j 的权值之和。

（4）从集合 T 中删去 t_i、t_j，加入 z_k。

（5）重复以上（3）～（4）步。

（6）约定左分支上的编码为 0，右分支上的编码为 1。从叶子结点到根结点逆向求出每个字符的哈夫曼编码，从根结点到叶子结点路径上的字符组成的字符串为该叶子结点的哈夫曼编码。算法结束。

实现哈夫曼算法的流程如图 6-26 所示。

4. 程序实现

扫描二维码查看实现上述算法的程序。

神秘电报密码案例程序实现

源代码

5. 运行结果

```
Please input n:6
Please input value of leaf node 1:a
Please input weight of leaf node 1:0.05
Please input value of leaf node 2:b
Please input weight of leaf node 2:0.32
Please input value of leaf node 3:c
Please input weight of leaf node 3:0.18
Please input value of leaf node 4:d
Please input weight of leaf node 4:0.07
Please input value of leaf node 5:e
Please input weight of leaf node 5:0.25
Please input value of leaf node 6:f
```

```
Please input weight of leaf node 6:0.13
x1.weight and x2.weight in round 1       0.05    0.07
x1.weight and x2.weight in round 2       0.12    0.13
x1.weight and x2.weight in round 3       0.18    0.25
x1.weight and x2.weight in round 4       0.25    0.32
x1.weight and x2.weight in round 5       0.43    0.57
a: Huffman code is:1000
b: Huffman code is:11
c: Huffman code is:00
d: Huffman code is:1001
e: Huffman code is:01
f: Huffman code is:101
```

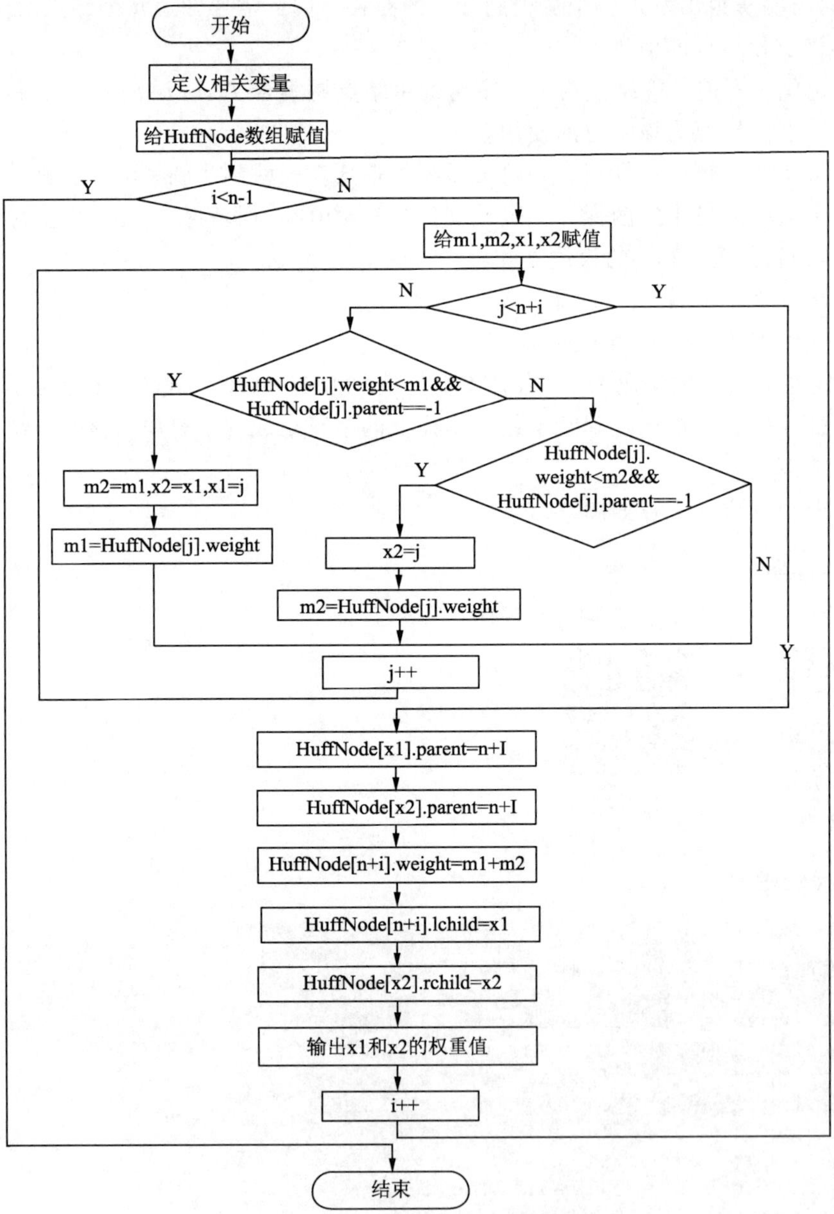

图 6-26　实现哈夫曼算法的流程

6. 程序分析

（1）已知字符频率从 a～f 的值为{0.05,0.32,0.18，0.07,0.25,0.13}，为比较大小方便，可以对其扩大 100 倍，得到 a～f 的权值为{5，32，18，7，25，13，}，*n*=6，则哈夫树结点数量为 11，定义哈夫曼类型的一维数组 ht 存储结点信息，初始化数组元素值，并输入已知结点的数据。数组 HuffNode[]的初始状态见表 6-2。

表 6-2 数组 HuffNode 的初始状态

下 标 值	value	weight	parent	lchild	rchild
0	a	5	−1	−1	−1
1	b	32	−1	−1	−1
2	c	18	−1	−1	−1
3	d	7	−1	−1	−1
4	e	25	−1	−1	−1
5	f	13	−1	−1	−1
6		0	−1	−1	−1
7		0	−1	−1	−1
8		0	−1	−1	−1
9		0	−1	−1	−1
10		0	−1 ·	−1	−1

（2）建立哈夫曼树。在 parent 值为 0 的各结点中，寻求两个权值 weight 最小的结点，作为新生成结点的左、右孩子。修改以下信息：①将新生成结点的下标值写入两个最小结点的 parent 值；②将最小结点的下标值写入新生成结点的 lchild 和 rchild 中；③将两个最小结点的权值之和存入新生成结点的 weight 中。重复上述过程，形成哈夫曼树。数组 HuffNode[]的最终状态见表 6-3。

表 6-3 数组 HuffNode 的最终状态

下 标 值	data	weight	parent	lchild	rchild
0	a	5	6	−1	−1
1	b	32	9	−1	−1
2	c	18	8	−1	−1
3	d	7	6	−1	−1
4	e	25	8	−1	−1
5	f	13	7	−1	−1
6		12	7	0	3
7		25	9	6	5
8		43	10	2	4
9		57	10	7	1
10		100	−1	8	9

（3）哈夫曼树编码。针对每一个叶子结点开始（数组中下标为 0…*n*-1 的结点），通过当前结点的 parent 值寻到双亲结点，若当前结点是双亲结点的左孩子，编码序列记下 0；否则记下 1；继续向上寻求双亲结点，并记下 0 或 1，直至根结点为止。将生成的编码序列反向输出，即得叶子结点的哈夫曼编码。

6.4.4 数据结构在程序设计中的作用

数据是信息的载体，是计算机加工处理的“对象”。在大多数情况下，这些数据并不是无组织的，它们之间往往存在着复杂的内在联系。著名的瑞士计算机科学家 N · Wirth 教授曾提出：程序设计=算法+数据结构。这个典经的公式表明一个程序设计应该包括数据结构和算法两方面的内容。数据结构是对数据的描述，即数据的组织形式，用于体现数据之间的关系。而算法是对操作的描述，即操作步骤，是用来解决“做什么”和“怎么做”的问题。

在解决具体问题时，首先要分析数据的特性和数据之间的关系，选取一种恰当的组织形式来体现数据之间的内在联系。随后，围绕着数据进行算法设计，达到解决问题的目的。算法的优劣很大程度取决于对实现问题中数据的描述。所以，在程序设计中，确定合理的数据结构是至关重要的。

6.4.5 数据结构概论

数据结构指的是数据之间的相互关系，即数据的组织形式，它一般包括以下三方面内容：

（1）数据元素之间的逻辑关系，称为数据的逻辑结构。

（2）数据元素及其关系在计算机存储器内的表示，称为数据的存储结构。

（3）数据的运算，即对数据的操作。

1. 数据的逻辑结构

数据的逻辑结构反映的是数据之间的逻辑关系（不依赖于计算机），它是对操作对象的一种数学意义上的描述。也就是说，它是从操作对象抽象出来的数学模型。根据数据之间不同关系的特性，分为线性结构和非线性结构。

（1）线性结构。逻辑特征：在非空的有限数据集合中，有且只有一个开始结点和一个终端结点；除开始结点和终端结点外，所有结点都只有一个直接前驱结点和一个直接后继结点，如图 6-27 所示。例如，线性表、栈、队列和字符串均属于线性结构。

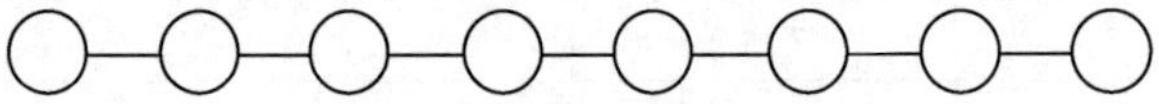

图 6-27　线性结构示意图

（2）非线性结构。逻辑特征：在非空的有限数据集合中，每个结点可能有多个直接前驱和多个直接后继。最主要的非线性结构是树结构和图结构，如图 6-28 所示。

① 树是结点之间有分支并且具有层次关系的结构，类似于自然界中的树。在现实世界中树结构广泛存在，如家谱、行政组织机构都可以用树来形象地表示。在计算机领域内，树结构也有所体现，如操作系统中磁盘文件管理；在数据库系统中，也常采用树来组织数据。

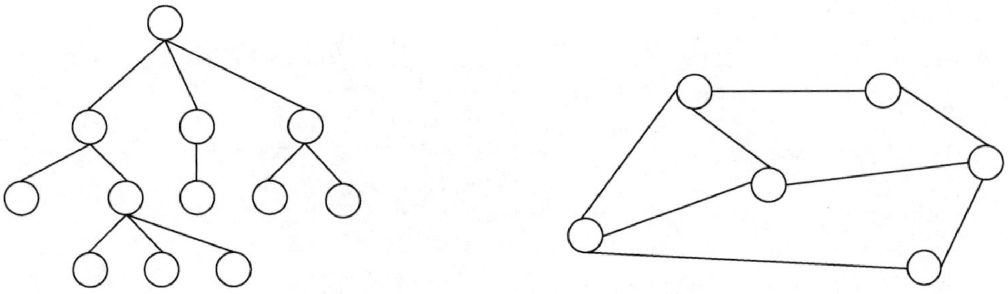

（a）树结构　　　　（b）图结构

图 6-28　非线性关系示意图

树的种类很多，其中最基本的树结构是二叉树。二叉树是 n（$n\geqslant 0$）个结点的限集合，它或者是空集（n=0），或者是由一个根结点及两棵互不相交的、分别称作根结点的左子树和右子树的二叉树组成。二叉树的结构和操作相对简单，而且一般的树也可以先转化成二叉树再做处理，因此，二叉树应用广泛，最著名的是最优二叉树实现的哈夫曼编码。

② 图是一种比树结构更复杂的非线性结构，图结构中的结点之间存在着“多对多”的网状关系，即图中任意两个结点之间都可能有关系，因此，图的应用更加广泛，有许多实际问题适用于图结构加以描述，如生产流程、施工计划、网络建设等，进而用计算机加以处理。图的理论几乎在所有工程技术领域得到应用。

2. 数据的存储结构

数据的存储结构是数据的逻辑结构在计算机存储器内的表示，它离不开计算机语言。而对数据的运算，它定义在数据的逻辑结构上，且每种逻辑结构都有一个运算的集合。只有确定了存储结构之后，才考虑如何实现相应的运算。

（1）线性结构：采用顺序存储方式或链式存储方式。

① 顺序存储方式是把逻辑上相邻的结点存储在物理位置相邻的存储单元中，结点间的逻辑关系由存储单元的邻接关系来体现。顺序存储结构是一种最基本的存储表示方法，通常借助于程序设计语言中的数组来实现。

例如，要存储 10 名学生的成绩，可采用一维数组作为数据的存储结构，如图 6-29 所示。

65	88	55	95	77	60	82	85	72	90

图 6-29　顺序存储结构示意

C 语言描述如下：

```
int  stuScore[10]={65,88,55,95,77,60,82,85,72,90};      /*定义数组，并初始化
数据*/
```

② 链式存储方式不要求逻辑上相邻的结点在物理位置上也相邻，结点间的逻辑关系是由附加的指针字段表示的。链式存储结构通常借助于程序设计语言中的指针类型来实现。

例如，要存储 10 名学生的成绩，可采用链表作为数据的存储结构，如图 6-30 所示。

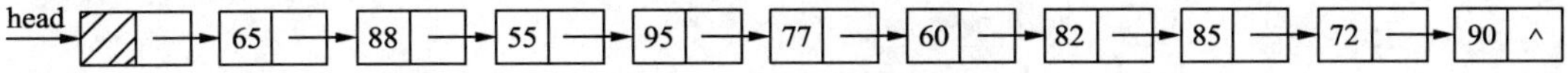

图 6-30　链式存储结构示意

C 语言描述如下：

```
typedef  int  DataType;             /*DataType 可以是任何类型，这里假设为 int*/
typedef  struct  node
{
   DataType  data;                  /*存储线性表中的各元素*/
   struct  node  *next;             /*指向下一个结点的指针*/
}  LinkList;                        /*单链表的类型名为 LinkList*/
LinkList  *head;
```

（2）非线性结构：由于数据之间关系复杂，其存储结构也相对复杂，结构中不仅要存储数据，更重要的是如何正确体现数据之间的相互关系。

常用的树的存储结构有 3 种表示方法：双亲表示法、孩子表示法和孩子兄弟表示法。

① 双亲表示法：以一组连续空间存储树的结点，同时在每个结点附加一个指示器指示其双其亲结点在连续空间中的位置。双亲表示法的类型声明如下：

```
typedef  char  DataType;            /* DataType 可以是任何类型，这里假设为 char */
typedef  struct  node
{
   DataType  data;
   int  parent;
}ParentTNode;                       /*树中结点类型*/
typedef  struct
{
   ParentTnode  treenode[MAXNODE];
   int  n;
}ParentTree;                        /*双亲表示法
```

图 6-31 所示为一棵树及其双亲表示的存储结构。

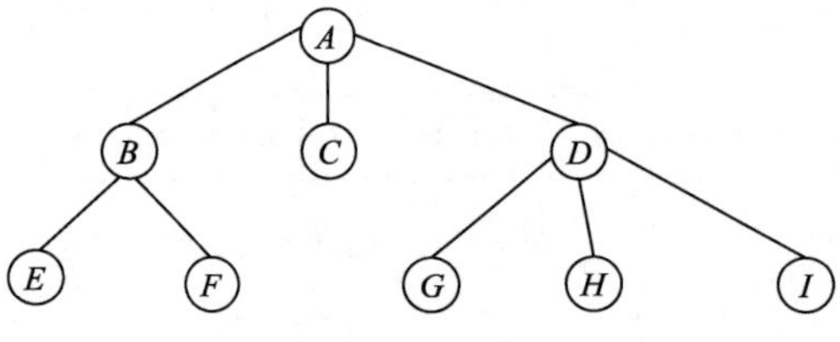

序　号	data	parent
1	*A*	0
2	*B*	1
3	*C*	1
4	*D*	1
5	*E*	2
6	*F*	2
7	*G*	4
8	*H*	4
9	*I*	4

图 6-31　树及其双亲表示法存储结构

② 孩子表示法：由表头数组和若干个单链表组成的存储结构，表头数组用于存储结点数据以及该结点的孩子单链表的头指针。孩子单链表是把每个结点的孩子排列起来形成的单链表。孩子表示法的类型声明如下：

```
typedef  char  DataType;            /*DataType 可以是任何类型，这里假设为 char*/
typedef struct  node
   {
   int  no;
   struct  node  *next;
   }  ChildList;                    /*孩子单链表*/
```

```
typedef struct
{
DataType  data;
ChildList  *child;              /*指向孩子单链表的指针*/
}ChildTreeNode;
typedef  struct
{
ChildTreeNode  treenode[MAXNODE];
int  n;
}ChildTree;
```

图 6-31 中所示的树，其孩子表示法的存储结构如图 6-32 所示。

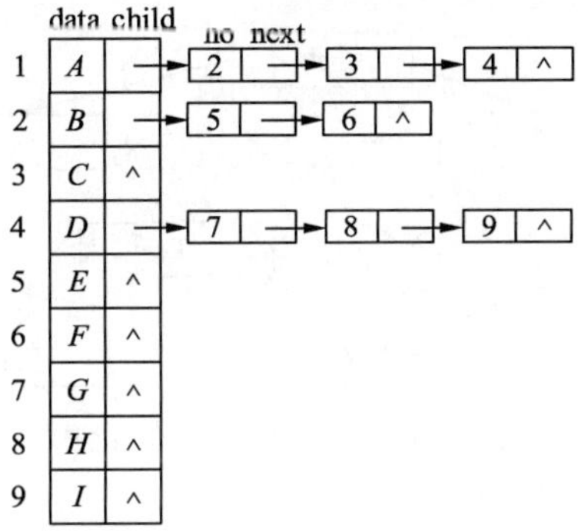

图 6-32 孩子表示法存储结构

③ 孩子兄弟表示法：以二叉链表作为树的存储结构，链表中结点的两个指针域分别指向该结点的第一个孩子结点和下一个兄弟结点。孩子兄弟表示法的类型声明如下：

```
typedef  char  DataType;    /*DataType 可以是任何类型，这里假设为 char*/
typedef struct node
{
   DataType  data;
   struct  node  *firstchild, *nextbrother;
}ChiBroTree;
```

图 6-31 中所示的树，其孩子兄弟表示法的存储结构如图 6-33 所示。

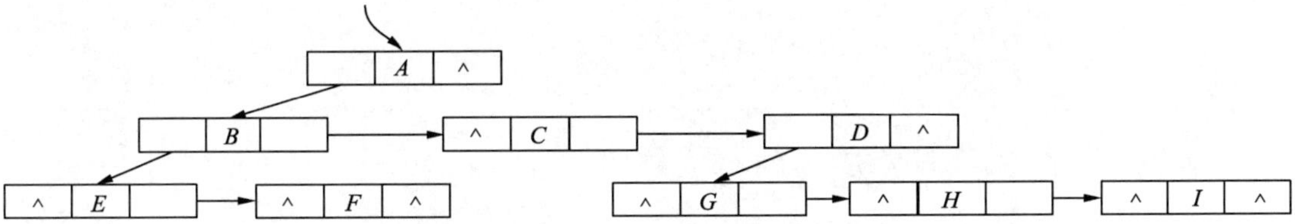

图 6-33 孩子兄弟表示法存储结构

对于一般二叉树，若采用顺序存储方式，需要引入虚结点（图中用∧表示）将其化成完全二叉树（见图 6-34），再按层次顺序存于一维数组中，实现顺序存储，如图 6-35 所示。显然，顺序存储结构比较适用于完全二叉树。

若采用链式存储方法，二叉树的每个结点应包括一个数据域和两个指针域，存储结构如图 6-36 所示。

图的存储结构，不仅要保存图中每个结点的信息，还要保存各个结点之间的关系，图常用的存储结构有邻接矩阵和邻接表，详细内容可参考有关数据结构方面的书籍，这里不再介绍。

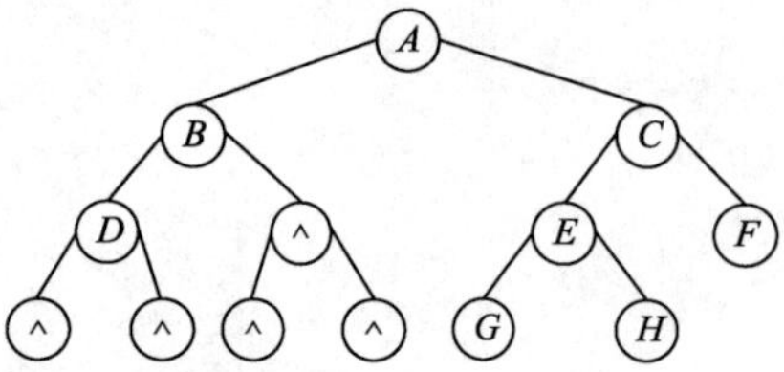

图 6-34　完全二叉树

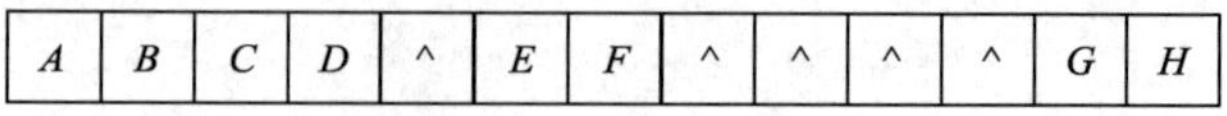

图 6-35　二叉树顺序存储

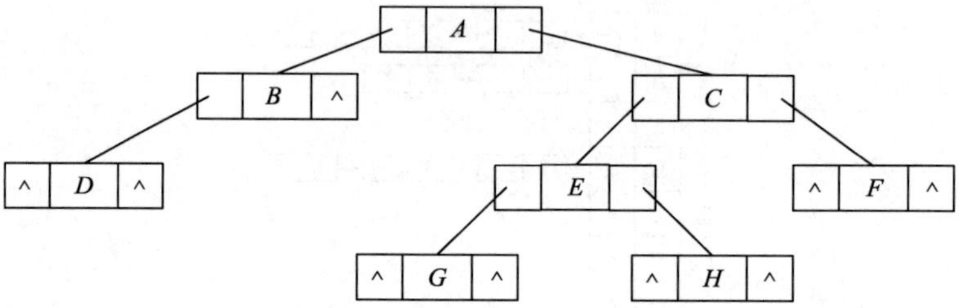

图 6-36　二叉树的链式存储

习　题

一、程序分析题

1. 阅读下列程序，简述其功能。（易）

```
#define N 1024
#include <stdio.h>

typedef struct data
{
    int num[N];
    int top;
} Stack;

int main()
{
    int x;
    Stack d;
    d.top=-1;
    scanf("%d",&x);
    while(x>0)
    {
        d.num[++d.top]=x;
        scanf("%d",&x);
    }
    while(d.top>=0)
    {
```

```
        printf("%5d",d.num[d.top]);
        d.top--;
    }
    return 0;
}
```

2. 下列程序的功能是判定给定的字符序列是否为回文（回文是指正读反读均相同的字符序列，如 abba 和 abdba 均是回文，但 good 不是回文），请将程序补充完整。（易）

```
#define N 1024
#include <stdio.h>
#include <string.h>
typedef struct data
{
    char w[N];
    int top;
} Stack;

int main()
{
    char text[N];
    int i=0,n;
    Stack m;
    m.top=-1;
    printf("输入文本:");
    scanf("%s",text);
    n=strlen(text);
    while(i<n/2)
    {
        m.w[++m.top]=______________;
        i++;
    }
    if(n%2==1) i++;
    while(m.top>=0)
    {
        if(____________________) break;
        m.top--;
        i++;
    }
    if(__________) printf("%s 不是回文!\n",text);
    else printf("%s 是回文!\n",text);
    return 0;
}
```

3. 模拟队列管理算法，通过键盘输入非负整数。当输入奇数时，奇数入队；当输入偶数时，执行出队操作，并输出队头数据；当输入-1 时，结束程序，请将程序补充完整。（易）

```
#define N 1024
#include <stdio.h>
#include <string.h>
```

```
typedef struct node
{
    int data[N];
    int front,rear;
} Queue;

int main()
{
    int x;
    Queue q;
    q.front=0;
    q.rear=0;
    printf("请输入若干整数，以 0 结束输入：");
    scanf("%d",&x);
    while(x!=0)
    {
        if(x%2!=0)
        {
            q.data[q.rear]=x;
            ____________;
        }
        else
        {
            if(q.front!=q.rear)
            {
                printf("%5d",____________);
                q.front++;
            }
        }
        ____________;
    }
    return 0;
}
```

二、程序设计题

1. 随机产生 n 个[10,99]之间的整数，存储于带头结点的单链表中，并输出单链表所有数据。编写算法，实现以下操作：（易）

（1）利用栈实现单链表中数据的逆向输出。

（2）将单链表中的数据按奇数、偶数，分别排入“奇数队”和“偶数队”，并输出两个队列中的数据；分别统计两个队列的数据个数，并统计结果。

2. 利用顺序存储结构实现一个共享栈s，即在一维数组的存储空间存在两个栈，如图 6-37 所示，它们的栈底分别设在存储空间的两端。编写算法，实现双向栈的基本操作：初始化 InitStack（s）、入栈 Push（s ,i , x）和出栈 Pop（s , i）等基本操作，其中 i 为 1 或 2，用于表示栈号。（中）

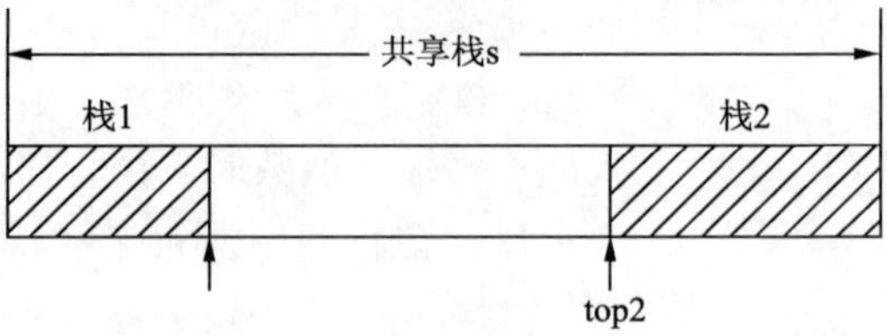

图 6-37　共享栈存储结构

3. 设计带头结点的循

环链式队列。编写算法，实现循环链式队列的基本操作：置空队、入队、出队、输出队列全部数据等基本操作。(中)

4. 创建一棵有 n 个结点的完全二叉树，通过键盘输入各结点的值。编写算法，输出编号为 k 的结点的双亲结点和所有孩子结点。(中)

5. 创建一棵含有 n 个结点的二叉树，编写算法，查找值为 x 的结点，若找到，输出其所有的祖先结点；若没找到，输出"无此值!"(难)

6. 建立如图 6-38 所示的二叉树，编写算法，实现以下操作：(难)

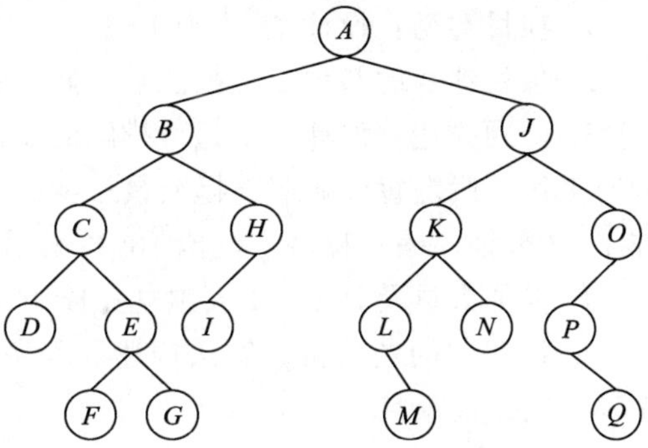

图 6-38　二叉树示意图

(1) 利用二叉链表，建立二叉树，按层次输出树中的所有结点。

(2) 在二叉树中，查找指定结点是否存在并输出查找结果。

7. 建立序列{60，74，44，98，75，30，36，45，68，15}对应的二叉排序树，如图 6-39 所示。编写算法，实现以下操作：(难)

(1) 建立一棵二叉排序树，中序遍历二叉排序树，输出各结点的值。

(2) 删除树中值为 x 的结点，删除后的树仍为二叉排序树。

(3) 计算二叉排序树的高度。(注：树的高度指的是树中各结点层数的最大值)

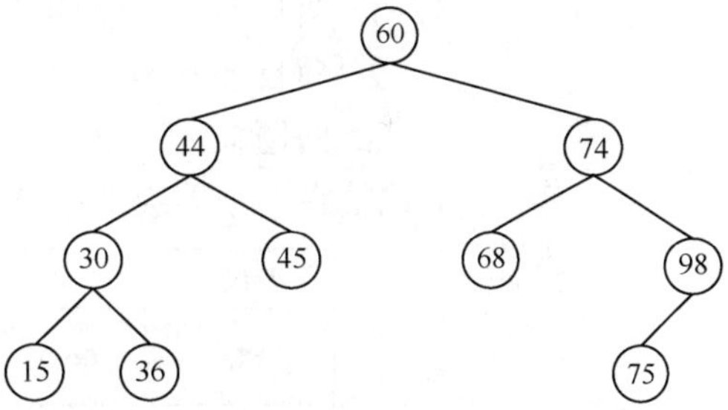

图 6-39　二叉树排序树示意图

三、实践项目题

项目 1：括号匹配检查

1. 项目类型：设计型。(易)

2. 项目涉及的知识点、技能点：栈的基本操作的应用。

3. 问题描述：设计一个括号匹配检验程序。假设表达式中允许包含 3 种括号：圆括号、方括号和花括号，括号可随意嵌套使用。编写程序，对于输入的表达式中所含括号是否配对进行检查，并给出检查结果。

4. 参加人员及分工：1 人独立完成。

5. 按照"问题分析、算法描述、程序实现、运行结果、程序分析"5 个环节完成该项目。

（1）进行问题分析。

（2）进行算法描述，画出流程图。

（3）给出完整代码。

（4）给出运行结果。

（5）给出程序分析，如时间和空间复杂度分析，有无其他实现方案等。

项目 2：超市排队

1. 项目类型：设计型。（中）

2. 项目涉及的知识点、技能点：队列的基本操作。

3. 问题描述：设计一个超市排队的模拟程序。某超市共有 3 个收银台同时工作，假定每位顾客选择人数最少的收银台排队等待，且结算的时间在 1～3 分钟。编写程序，模拟 100 个顾客排队的过程及等待时间。

4. 参加人员及分工：1 人独立完成。

5. 按照“问题分析、算法描述、程序实现、运行结果、程序分析”5 个环节完成该项目。

（1）进行问题分析。

（2）进行算法描述，画出流程图。

（3）给出完整代码。

（4）给出运行结果。

（5）给出程序分析，如时间和空间复杂度分析，有无其他实现方案等。

项目 3：判定树

1. 项目类型：设计型。（中）

2. 项目涉及的知识点、技能点：树的基本操作。

3. 问题描述：设计一个最优判定树，对学生成绩进行判断。假设学生的成绩在 5 个等级上的分布是不均匀的，其分布规律如下：

等级	E	D	C	B	A
分数	0～59	60～69	70～79	80～89	90～100
比例数	0.05	0.15	0.40	0.30	0.10

编写程序，构造最优判定树，并输出其带权路径长度 WPL 的值。

4. 参加人员及分工：1 人独立完成。

5. 按照“问题分析、算法描述、程序实现、运行结果、程序分析” 5 个环节完成该项目。

（1）进行问题分析。

（2）进行算法描述，画出流程图。

（3）给出完整代码。

（4）给出运行结果。

（5）给出程序分析，如时间和空间复杂度分析、有无其他实现方案等。

第7章　数据外部存储

学习目标

- 通过简单实例了解文件。
- 理解文件的概念与作用。
- 掌握C程序对文本文件的读/写操作。
- 了解C程序对数据库的读/写过程。

本章首先通过一个 C 程序实例解析，使读者对文件进行读/写操作有初步了解；然后，介绍文件的基本概念，以及 C 语言中通过文件类型指针对文件进行读/写操作的方法；最后，介绍 C 语言对数据库中存储数据的操作过程。

通过本章的学习，读者能够掌握文件读/写的一般步骤实现数据的永久存储，了解 C 程序对数据库进行操作的基本思路，为后续进行复杂的程序设计奠定基础。

7.1　文　　件

程序在运行过程中需要对数据进行处理，通常是将数据保存到变量中对其进行各种操作，如计算、输入/输出等。变量存储在内存单元中，当程序运行结束后会释放所占用的内存单元，变量中的数据也就不再保存。为了永久保存数据，可以通过文件的方法将其永久存储在磁盘中。

本节通过几个典型导例的解析，介绍 C 语言对文件的使用及操作方法。

7.1.1 导例：读取通讯录文件

1. 问题描述

某用户将所有朋友的联系方式保存在数据文件 d:\addr_list.txt 中，文件中包括每位朋友的姓名、手机号、邮箱信息。为了方便描述，本导例中的文件只包括 6 位朋友的信息，具体内容为：

```
lihao       12312341234    lihao@example.com
wanghao     12312351235    wanghao@example.com
zhanghao    12312361236    zhanghao@example.com
zhouhao     12312361237    zhouhao@example.com
wuhao       12312361238    wuhao@example.com
zhaohao     12312361239    zhaohao @example.com
```

请在屏幕上显示所有朋友的信息。

2. 问题分析

要在屏幕上显示文件中的信息，需要通过文件指针对文本文件进行操作。

首先定义一个文件指针 fp，确定要读取内容的文件路径及文件名。然后打开该文件，依次读取文件中的每行内容，将每行中的不同字段内容存放到对应的变量中，同时用 printf()函数将变量内容在屏幕上输出。

3. 算法描述

将上述读取文件过程以算法的形式描述为：

（1）定义文件指针 fp，3 个变量 name、telephone、email。

（2）通过文件指针打开 addr_list.txt 文件。

（3）依次读入每行数据，分别赋值到对应变量 name、telephone、email。

（4）输出 3 个变量的内容。

（5）6 行读取完后，关闭文件。

上述算法的流程图描述如图 7-1 所示。

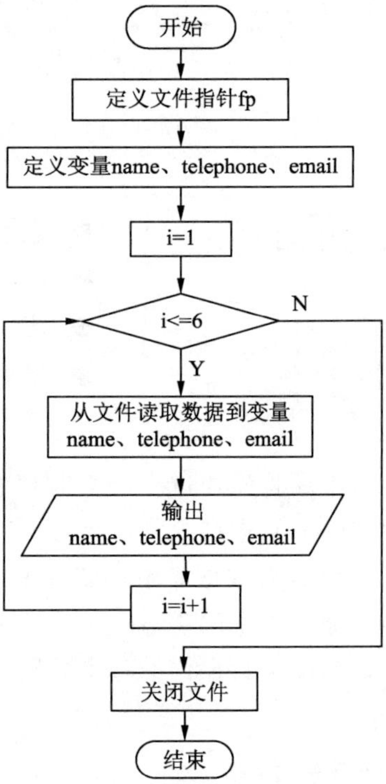

图 7-1 读取文件内容

4. 程序实现

实现上述算法的 C 语言程序为：

```
#include <stdio.h>
#include <stdlib.h>
int main(void)
{
    FILE *fp;
    char name[20];
    char telephone[11];
    char email[100];
    int i;
```

```
    fp=fopen("d:\\addr_list.txt","r");          //打开文件"addr_list.txt"
    if(fp==NULL)
    {
       printf("File open error!\n");
       exit(0);
    }
    for(i=1; i<=6; i++)
    {
       fscanf(fp,"%s %s %s",name,telephone,email);    //从文件读入联系人
                                                      //信息到变量
       printf("%-20s %-20s %-20s\n", name, telephone, email);
                                                      //输出信息到屏幕
    }
    if(fclose(fp))                                    //关闭文件
    {
       printf("Cannot close the file!\n");
       exit(0);
    }
    return 0;
}
```

5. 运行结果

```
Lihao               12312341234       lihao@example.com
wanghao             12312351235       wanghao@example.com
zhanghao123         12361236          zhanghao@example.com
zhouhao             12312361237       zhouhao@example.com
wuhao               12312361238       wuhao@example.com
zhaohao             12312361239       zhaohao @example.com
```

6. 程序分析

程序中通过文件指针对文件进行操作，定义了文件指针 FILE *fp，即文件指针变量名为 fp，其类型为 FILE 型。

本程序只对文件内容进行读取，所以在打开文件时确定对所打开文件的操作为“读”操作。函数 fopen("d:\\addr_list.txt","r")即实现这项功能，其中 d:\\addr_list.txt 表示要读取的文件路径及文件名，r 表示打开文件进行只读操作。

打开文件后文件指针 fp 即指向包含文件缓冲区信息的 FILE 结构，再通过 fp 从文件中按照给定的控制格式读取数据，保存到对应变量中。在程序中函数 fscanf(fp,"%s %s %s", name, telephone,email)就实现这项功能，将文件中的数据分别读取字符串到变量 name、telephone、email。

用 for 循环实现逐项读取和处理。文件中共 18 个字段，fscanf()函数每次读取 3 个字段，分 6 次读完该文件。

当文件中所有数据都读取完毕后，需要将文件关闭防止对其有不正常的操作。在程序中用 fclose(fp)函数来实现，该函数返回值为 0，表示正常关闭文件。

根据上述分析，若通讯录文件中联系人的个数为 100 人，程序中则要修改 for 循环的循环条件为 i<=100，循环体不变。若文件除了保存已有的 3 个字段信息外，再增加字段如办公电话、家庭住址等，则需要在程序中定义相应的字符数组保存对应字段内容，有几个字段内容，就在调用 fscanf()函数时写几个%s 将对应字段读取到相应的字符数组中。

7.1.2 导例：从通讯录文件中查询联系人

1. 问题描述

对前例中的通讯录文件进行查询，用户输入联系人姓名，在屏幕上可以显示该联系人在通讯录文件中的联系方式。文件的具体内容为：

```
lihao        12312341234    lihao@example.com
wanghao      12312351235    wanghao@example.com
zhanghao     12312361236    zhanghao@example.com
zhouhao      12312361237    zhouhao@example.com
wuhao        12312361238    wuhao@example.com
zhaohao      12312361239    zhaohao @example.com
```

2. 问题分析

要对通讯录文件中的联系人进行查询，需要通过文件指针读取文本文件中的联系人信息，再将待查询联系人信息与联系人信息进行比较。

首先定义一个文件指针 fp，确定要读取内容的文件路径及文件名；然后打开该文件，依次读取文件中的每行内容（即每个联系人的信息），将待查询联系人姓名与读出的每行信息进行比较，判断联系人信息的前 n 个字符是否为联系人姓名。如果是，则说明读出的该行内容是待搜索联系人的通信信息，进而在屏幕上输出；如果不是，再读下一行进行比较。

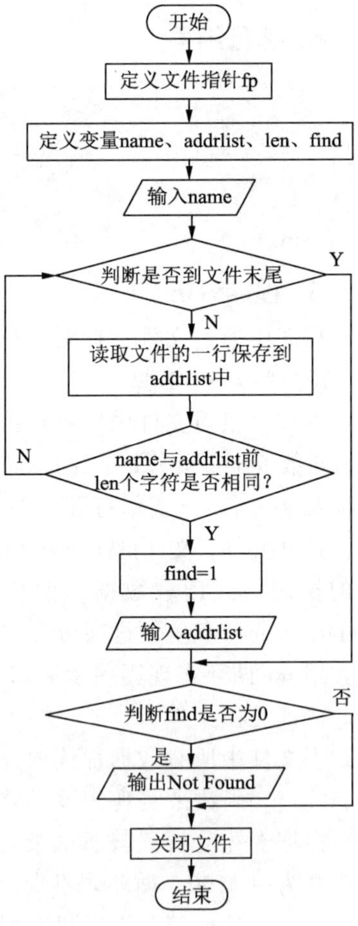

图 7-2 查询文件内容

3. 算法描述

将上述读取文件过程以算法的形式描述为：

（1）定义文件指针 fp。

（2）定义标志位 find，初值设为 0。

（3）从键盘输入待查询的联系人姓名，保存到变量 name 中。

（4）确定字符串 name 的长度，保存到变量 len。

（5）通过文件指针打开 addr_list.txt 文件。

（6）依次读取文件中的一行作为字符串保存到变量 addrlist 中。

（7）比较字符串 name、addrlist 的前 len 个字符是否相同。

（8）如果相同，则在屏幕上输出 addrlist 的内容，设置标志位 find=1。

（9）如果不相同，再读取文件中的下一行，直到文件读取完毕。

（10）文件读取完毕后，判断标志位 find 是否为 0，若为 0，则输出没找到。

（11）关闭文件。

上述算法的流程图描述如图 7-2 所示。

4. 程序实现

实现上述算法的 C 语言程序为：

```
#include <stdio.h>
#include <stdlib.h>
#include <string.h>
int main(void)
{
    FILE *fp;
    char name[20];
    char addrlist[140];
    int  len, find=0;
    printf("Enter a friend's name:\n");
    scanf("%s",name);
    len=strlen(name);
    fp=fopen("d:\\addr_list.txt","r"); //打开文件"addr_list.txt"
    if (fp==NULL)
    {
        printf("File open error!\n");
        exit(0);
    }
    while(!feof(fp))
    {
        fgets(addrlist,150,fp);          //从 fp 所指向的文件中读入一行联系人信
                                         //信息到 addrlist
        if(strncmp(name,addrlist,len)==0)  //比较 name、addrlist 字符串前
                                           //Len 个字符是否相同
        {
            printf("The friend's addr:\n ");
            printf("%s\n", addrlist);
            find=1;
            break;
        }
    }
    if(find==0)
    printf("Not Found!");
    if(fclose(fp))                         //关闭文件
    {
        printf("Cannot close the file!\n");
        exit(0);
    }
    return 0;
}
```

5. 运行结果

```
Enter a friend's name:
wanghao
The friend's addr:
wanghao12312351235wanghao@example.com
```

6. 程序分析

本导例定义了文件指针 FILE *fp，用函数 fopen("d:\\addr_list.txt","r")打开 addr_list.txt 文件进行“读”操作。

用 scanf 语句读入用户输入的待查询联系人姓名，用变量 name 表示。

通过 while（！feof(fp)）循环语句实现依次读取一行字符串，其中函数 feof(fp)用来检测 fp 所指示文件的位置是否到了文件末尾。如果！feof(fp)为真，就说明 fp 指针还没有指向文件末尾，程序就从文本文件中读取字符串。与导例 7.1.1 不同的是，在本程序中通过函数 fgets(addrlist,150,fp)从文本文件中读取字符串，读取字符串的长度为 150（估计姓名、电话号码、邮箱地址 3 个字段的最大长度不超过 150 个字符），读取内容放入 addrlist 变量中。

接下来需要判断用户输入的查询内容与从文件中读取的一行联系人信息中的姓名是否相同，通过 strncmp(name,addrlist,len)函数进行比较，判断字符串 name 与 addrlist 的前 len 长度字符是否一样，其中 len 变量是通过 strlen（name）函数得到的 name 字符串的长度。由于 addr_list.txt 文件中，每一行中第一个字段为联系人姓名，所以通过这个函数就能确定字符串 addrlist 中的前 len 个字符是否为待查询的联系人姓名 name。

如果找到了联系人信息，则将标志位 find 变量设为 1，用 break 语句跳出循环，不管此时文件是否已经读取结束，循环结束。

程序退出循环有两种情况：一种是找到了联系人信息跳出的循环，此时标志位 find 设为 1；另一种是文件结束，没有找到相关联系人，此时 find 变量仍是初值 0。如果 find 的值为 0，则输出 Not Found。

最后用 fclose(fp)函数将文件关闭。

7.1.3 导例：备份通讯录文件

1. 问题描述

将前面导例中的通讯录文本文件 d:\\addr_list.txt 进行备份，存放在 D 盘，命名为 backup.txt。

2. 问题分析

要对通讯录文件的内容进行备份，需要读出 addr_list.txt 的内容，再写入 backup.txt 文件中。

该问题中需要处理两个文件，定义两个文件指针 fpr、fpw，通过 fpr 对要读取的文件进行操作，通过 fpw 对要写入的文件进行操作。读文件操作与前面导例的处理一样，写文件时需要确定所写入文件的路径及文件名，再依次读取 addr_list.txt 文件中的每个字符，将字符依次写入 fp2 所指示的文件中。

3. 算法描述

将上述读取文件过程以算法的形式描述为：

（1）定义文件指针 fpr、fpw。

（2）通过 fpr 打开文件 addr_list.txt，进行读操作。

（3）通过 fpw 打开文件 backup.txt，进行写操作。

（4）对 addr_list.txt 文件通过 fpr 读取一个字符。

（5）将字符写入 fpw 所指示的文件（backup.txt）。

（6）判断文件是否结束，如果没有则执行第（4）步，如果结束则执行（7）。

（7）关闭两个文件。

上述算法的流程图描述如图 7-3 所示。

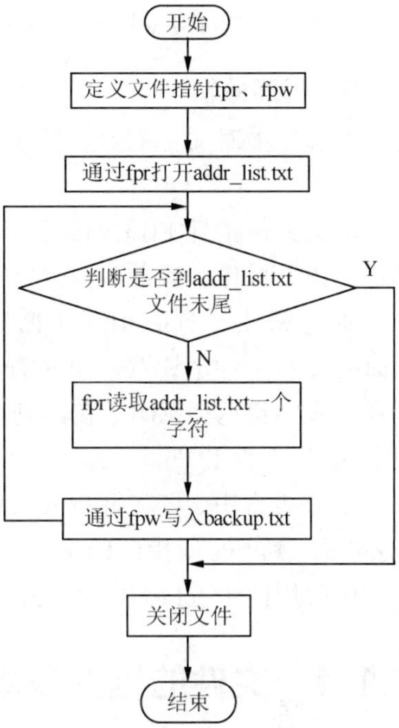

图 7-3　备份文件内容算法流程图

4. 程序实现

实现上述算法的 C 语言程序为：

```
#include <stdio.h>
#include <stdlib.h>
int main(void)
{
    FILE *fpr,*fpw;
    char ch;

    if((fpr=fopen("d:\\addr_list.txt","r"))
     ==NULL)
         //打开文件"addr_list.txt"，读操作
    {
        printf("File addr_list.txt open error!\n");
        exit(0);
    }
    if((fpw=fopen("d:\\backup.txt","w"))==NULL)     //打开文件"backup.txt",
                                                    //写操作
    {
        printf("File addr_list.txt open error!\n");
        exit(0);
    }
    while(!feof(fpr))
    {
        ch=fgetc(fpr);  //从 fpr 所指向的文件中读取一个字符
    if(ch!=EOF)  fputc(ch,fpw);
    }
    printf("Backup Finished!\n");
    if(fclose(fpr))      //关闭文件
    {
        printf("Cannot close the file addr_list.txt!\n");
        exit(0);
    }
    if(fclose(fpw))      //关闭文件
    {
        printf("Cannot close the file backup.txt!\n");
        exit(0);
    }
    return 0;
}
```

5. 运行结果

```
Backup Finished!
```

D 盘上生成了 backup.txt 文件，打开后内容与 addr_list.txt 完全一致。

6. 程序分析

本程序中对文件的操作除了读文件外，还包括写文件的操作，需要通过两个文件指针来完成。

定义文件指针 FILE *fpr，*fpw，用函数 fopen("d:\\addr_list.txt","r")打开 addr_list.txt 文件进行“读”操作，函数 fopen("d:\\backup.txt","w")打开 backup.txt 文件，进行“写”操作。

通过 while（！ feof(fpr)）循环语句实现依次读取 fpr 中的字符，用函数 fgetc(fpr)从 fpr 所指向的文本文件中读取一个字符，放入 ch 变量中。fpr 所指向的文件读取到文件末尾时，会读到无效字符返回 EOF，在读到有效字符时，向 backup.txt 文件中写入该字符。用 if(ch!=EOF)判断 ch 是否为 EOF。

在 C 语言中，将字符写入文件可以 fputc()函数来实现。本程序中用 fputc(ch,fpw)函数将字符 ch 写入到 fpw 所指向的文件中。

最后用两个 fclose()函数将两个文件关闭。

7.1.4　文件的相关基本概念

1. 文件的概念

操作系统一个重要的功能就是文件管理，文件是一组相关信息的集合，任何程序和数据都是以文件的形式存放在计算机的外存储器上，文件是数据组织的最小单位。文件的概念并不陌生，计算机中存储的文本文档、图片、程序等都属于文件。任何一个文件都有一个文件名，文件的操作依据文件名进行，文件名一般由文件主名和扩展名两部分组成。例如，C 程序的源代码文件扩展名为.c，头文件扩展名为.h，可执行文件的扩展名为.exe。

通过前面的学习可知，C 程序中采用变量来表示数据，可以执行输入、赋值、计算、输出等操作。当 C 程序结束运行后，变量的存储空间被回收，存储的数据也相应消失。在有些情况下，需要永久保存数据内容时，这种方式就不适用了。为了解决这个问题，可以通过文件在外部存储介质上存储数据。

根据数据存储的编码方式，文件分为文本文件和二进制文件。计算机的存储在物理上是二进制的，文本文件与二进制文件的物理存储形式都是二进制的比特流，只是编码上有所差异。

（1）文本文件：又称为 ASCII 码文件，这种文件在磁盘中存放时每个字符对应一个字节，用于存放字符对应的 ASCII 码。

可以通过文本编辑器对文本文件进行查看和编辑，如 Windows 操作系统中的“开始”→“所有程序”→“附件”中的“记事本”或“写字板”等程序。文本文件的内容以 ASCII 码保存在存储介质上，在打开该文件时，文本编辑器会把这些 ASCII 码翻译成一个个字符显示出来。例如，文本文件中的内容为 hello，其存储形式为：

二进制：01101000 01100101 01101100 01101100 01101111

文本编辑器对其按 ASCII 码来解码，8 个比特对应 1 个字符，上面的二进制流对应的十进制 ASCII 码分别：104 101 108 108 111，它们分别是 h、e、l、l、o 的 ASCII 码，文本编辑器将 hello 显示在屏幕上。

（2）二进制文件：是存储二进制数据的文件，数值直接按照二进制编码形式存储。例如，数值 1234 对应的二进制编码为 010011010010，二进制文件直接存储这个二进制数值。C 程序的目标文件和可执行文件都是二进制文件，如果用记事本打开，它按指定的编码格式（如 ASCII 码形式）来解释文件，这样显示的内容就是乱码。

2. 缓冲文件系统

C 程序对文件进行处理时，采用的是缓冲文件系统的方式。程序是在内存中运行的，处理磁盘上的文件时，需要从内存访问外部存储设备，磁盘的读/写速度要比内存的处理速度慢很多，一次从文件读取一个字节的内容，当文件数据量较大时会消耗大量的时间。为了解决这个问题，提出了缓冲文件系统。

缓冲文件系统又称高级磁盘输入/输出系统，在对文件进行处理时，系统会自动在用户内存区中为每一个正在使用的文件划出一片内存单元，称为缓冲区。C 程序进行读文件操作时，需要将数据读入内存。操作系统首先从文件中读取一部分数据写入缓冲区，然后程序把数据从缓冲区读入内存。当进行写文件操作时，程序先将要写入文件的数据放入缓冲区，当缓冲区满时，再由操作系统将缓冲区的数据写入磁盘。C 程序通过缓冲区对文件进行操作，如图 7-4 所示。

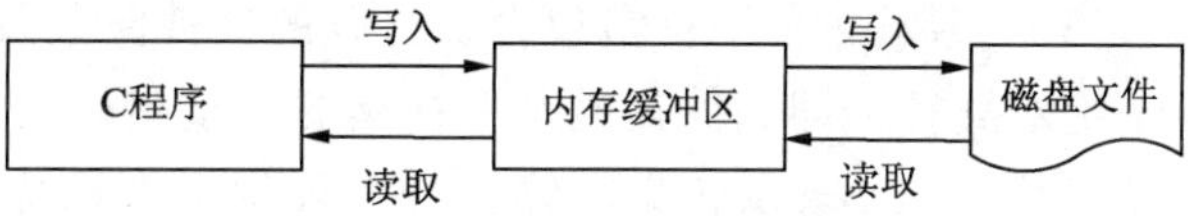

图 7-4　C 程序对文件进行操作

7.1.5　文件的基本操作

C 语言对文件的操作是有固定过程的，从前面的导例可以总结出：首先定义文件指针；然后打开文件，让文件指针指向要操作的文件；再通过文件指针对文件进行读/写操作；最后，所有文件处理完毕后，关闭文件。

1. 文件指针

C 语言中定义了一种文件结构类型 FILE，在头文件 stdio.h 中定义，在所有使用文件的程序中都需要包含#include <stdio.h>。对文件的操作是以文件指针的方式实现的，定义文件类型指针的格式为：

```
FILE *fp;                        //其中 FILE 是文件类型，fp 是文件类型的指针变量
```

定义文件指针后，系统会自动分配一块文件缓冲区用于存储文件的数据，程序在处理文件时，读取的就是缓冲区中的数据。

FILE 类型具体的结构定义为：

```
typedef struct{
    short       level;          //缓冲区使用量
    unsigned    flags;          //文件状态标志
    char        fd;             //文件描述符
    short       bsize;          //缓冲区大小
    unsigned    char *buffer    //文件缓冲区的首地址
    unsigned    char *curp;     //指向文件缓冲区的工作指针
    unsigned    char hold;      //其他信息
    unsigned    istemp;
    short       token;
```

```
}FILE;
```

在处理文件时，程序通过其中的 curp 成员指示文件缓冲区中数据存取的位置，在文件读/写时，fp->curp 指示的位置会自动改变，前一个数据读/写后，指针位置顺序指向下一个数据。这种位置的改变是由操作系统自动完成的，不需要在程序中写出来。

2. 打开文件

打开文件时，需要指定要打开的文件名，请求系统分配相应的文件缓冲区，从而关联上要操作的文件。

C 语言中打开文件的函数为 fopen()，其函数原型为：

```
FILE *fopen(const char *path,const char *mode);
```

其中：

（1）该函数为系统标准函数，在 stdio.h 中。

（2）该函数的返回值：若文件顺利打开，返回值为一个文件指针，该指针为 FILE 类型，包括文件缓冲区等信息；若打开失败，则返回值为 NULL（空）。

（3）参数 path 字符串包含要打开的文件路径及文件名，如 d:\\addr_list.txt。文件路径可以是绝对路径（即文件在磁盘上存储的完整路径），路径分隔符用双斜杠“\\”表示。因为在 C 语言中，“\”表示转义字符，“\\”表示操作系统中的分隔符“\”。如果不写文件路径，则默认与程序当前的路径相同。

（4）参数 mode 字符串表示文件的打开方式，确定对所打开的文件要进行什么操作。

C 语言中提供了 12 种文件打开方式，见表 7-1。

表 7-1　文件打开方式

打开方式	含义	打开方式	含义
r	以只读方式打开文件，该文件必须存在	rb	只读打开一个二进制文件
r+	以可读/写方式打开文件，该文件必须存在	rb+	读/写打开一个二进制文件，允许读写数据
w	打开只写文件，若文件存在则文件长度清为 0，即该文件内容会消失；若文件不存在则建立该文件	wb	只写打开或新建一个二进制文件；只允许写数据
w+	打开可读/写文件，若文件存在，则文件长度清为零，即该文件内容会消失；若文件不存在，则建立该文件	wb+	读/写打开或建立一个二进制文件，允许读和写
a	以附加的方式打开只写文件，若文件不存在，则会建立该文件；如果文件存在，写入的数据会被加到文件尾，文件原先的内容会被保留	ab	只写方式打开一个二进制文件，允许在文件末追加数据
a+	以附加方式打开可读/写的文件，若文件不存在，则会建立该文件；如果文件存在，写入的数据会被加到文件尾后，即文件原先的内容会被保留	ab+	读/写打开一个二进制文件，允许读或在文件末追加数据

在导例 7.1.1 中，用 fp=fopen("d:\\addr_list.txt","r")打开文件 addr_list.txt，打开方式为“只

读”。该文件被打开后，在后面对它只能进行读操作，不能再对该文件写入数据。

3. 读文件操作

C 语言提供了 4 种方式的文件读操作方式，在 stdio.h 标准库中提供了对应的函数。

（1）字符方式读文件。对于文本文件，可以逐个字符地从文件读出。C 语言提供的库函数为 fgetc()，函数原型为：

```
int fgetc(FILE *stream);
```

其中，stream 为文件指针，该函数文件指针 stream 所指向的文件中，读取一个字符，返回值为读到的字符，遇到文件结尾则返回 EOF。

在打开文件时，文件指针指向文件首部，调用 fgetc()函数后，文件指针就自动向后移动一个字符的位置，这个过程是系统自动完成的，不需要编写程序。在程序中，只要文件指针没有到达文件末尾，就可以通过循环调用 fgetc()函数依次读取文件的内容。

判断文件指针到达文件末尾的函数为 feof（fp），其返回值为真表示到达文件末尾位置，返回值为假则表示文件没有结束。导例 7.1.3 就是通过这样的方式来实现的。

（2）字符串方式读文件。在读文件时，除了按字符方式逐个读入外，还可以一次读取一个字符串。C 语言提供的库函数为 fgets()，导例 7.1.2 中调用了这个函数来实现。其函数原型为：

```
char* fgets(char#*s,int n,FILE#*stream)
```

其中，s 为字符数组名，用来存储读出的字符串；n 为一次读入数据的长度；stream 为文件流，即文件指针。

调用该函数可以从文件指针所指向的文件中读取一行或者指定个数的字符，若成功则返回 s 的指针，否则返回 NULL。例如：

```
FILE *fp;
char s[20];
fp=fopen("test.txt","r");
fgets(s,20,fp);
```

表示从文件 test.txt 中读取 20 个字符，存储在 s 字符串中。

（3）格式化方式读文件。C 语言中还提供了按指定的控制格式从文件中读取数据的函数 fscanf()。其函数原型为：

```
int fscanf(FILE#*stream,char#*format[,argument…])
```

其中，stream 为文件流，即文件指针；format 为字符串格式，argument 为输入列表。格式控制字符格式与 scanf()中的格式控制一样，如%d 表示读入十进制整型数，%s 表示读入字符串，%c 表示读入字符。

调用该函数可以从文件中按给定的 format 控制格式读取数据，保存到 argument 的变量中。例如：

```
FILE *fp;
char ch;int n;
fp=fopen("test.txt","r");
    fscanf(fp, "%c%d", &ch,&n);
```

表示从 test.txt 文件中分别读入字符型数据到变量 ch，整型数据到变量 n。

4. 写文件操作

与读操作对应，C 语言同样提供了 4 种方式的文件写操作方式，在 stdio.h 标准库中提供了对应的函数。在写文件时，文件的打开方式需要设为“写”。

（1）字符方式写文件。C 语言提供的库函数为 fputc()，逐个字符地写入文件，导例 7.1.3 用到了这个函数。函数原型为：

```
int fputc(int ch, File *stream)
```

其中，stream 为文件指针，ch 为要写入的字符。该函数写一个字符到文件指针所指向的文件中，若成功则返回该字符，否则返回 EOF。例如：

```
FILE *fp;
fp=fopen("test.txt","w");
    fputc('a',fp);
```

文件指针 fp 所指向的文件 test.txt 中写入了一个字符'a'。

（2）字符串方式写文件。向文件一次写入一个字符串的库函数为 fputs()。其函数原型为：

```
int fputs(char#*string,FILE#*stream)
```

其中，string 为要写入的字符串，可以是字符数组，也可以是字符串常量；stream 为文件流，即文件指针。

调用该函数可以向文件指针所指向的文件中写入字符串 string，string 的结束符“\0”不写入文件。若成功则返回 0，否则返回-1。例如：

```
FILE *fp;
fp=fopen("test.txt","w");
fputs("hello world!",fp);
```

表示向文件 test.txt 中写入字符串"hello world！"。

（3）格式化方式写文件。C 语言中按指定的控制格式向文件中写入数据的函数是 fprintf() 函数。其函数原型为：

```
int fprintf(FILE#*stream,char#*format[,argument…])
```

其中，stream 为文件流，即文件指针；format 为字符串格式，argument 为参数列表。格式控制字符格式与 printf()中的格式控制一样，如%d 表示读入十进制整型数，%s 表示读入字符串，%c 表示读入字符。

调用该函数可以向文件中按给定的 format 控制格式写入数据，数据可以用变量或常量表示。例如：

```
FILE *fp;
char ch;int n;
ch='a';n=1;
fp=fopen("test.txt","w");
    fprintf(fp,"%c%d",ch,n);
```

表示把变量 ch 和 n 的值写入 test.txt 文件中。

5. 关闭文件

当文件的读/写操作完成后，需要关闭文件。C 语言提供的标准函数为 fclose()，其函数原型为：

```
int fclose(FILE* stream)
```

其中，stream 为文件指针，返回值为 0 表示正常关闭文件，否则表示无法正常关闭。

关闭文件的操作完成后，文件指针不再指向原来的文件，操作系统会释放文件缓冲区的单元和 FILE 结构。另外，关闭文件时，会强制把缓冲区中的数据写入文件。这样在文件操作完成后，及时关闭文件就可以确保数据能够完整地写入文件中。

一般在关闭文件时都进行条件判断，如在前面的导例中，都包括程序段：

```
if(fclose(fp))
{
    printf("Cannot close the file!\n");
    exit(0);
}
```

7.2 数据库应用

当程序处理的数据量较大时，用文件保存数据会存在一些问题。例如，文件存储数据无法表示数据的内在关系；文件中存储的数据较多时，读/写文件的速度也会减慢。要对数据进行结构化的表示，描述数据自身和数据之间的联系，可以用数据库系统对数据进行管理。

常用的数据库系统有很多，本节选择其中一种（MySQL 数据库），介绍 C 语言对数据库进行操作的一般过程，以及 MySQL 数据库所提供的 API()函数的应用。

7.2.1 导例：创建MySQL数据库

1. 问题描述

7.1 节中的通讯录信息现在需要存储到 MySQL 数据库中，请在 MySQL 数据库中创建对应的数据库和表。

2. 问题分析

通讯录信息包括姓名、电话号码、电子邮件。在数据库中创建一个表，包括 3 个字段 name、telephone、email，分别表示这 3 个信息。

3. 问题实现

（1）安装 MySQL 数据库。MySQL 数据库是开源的数据库管理系统，可以从其官网下载最新的 MySQL 安装程序。

（2）MySQL 数据库操作。MySQL 数据库安装完毕后，就可以对其进行操作。可以通过安装目录的 bin 文件夹下的 MySQL 命令对 MySQL 数据库进行管理。

进入 MySQL 交互操作的方式如图 7-5 所示。

在安装目录的 bin 文件夹下执行 MySQL 命令，输入：

```
mysql -u root -p
```

其中，-u root 表示以用户名 root 登录，-p 回车后提示“Enter password:”，要求输入登录用户名对应的密码。默认安装后，root 用户的密码为空，直接回车，出现欢迎信息。最后为“mysql>”，表示进入 MySQL 命令方式。

（3）查看 MySQL 中的数据库。进入“mysql>”后，输入命令“show databases;”查看目前存在的数据库。在初始状态下，MySQL 有 4 个默认的数据库，如图 7-6 所示。

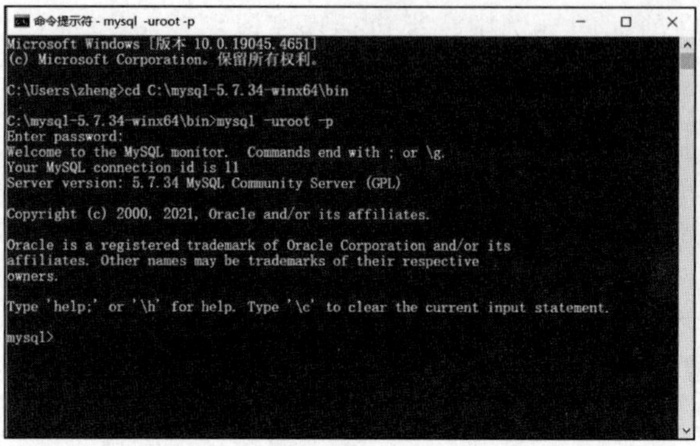

图 7-5　登录 mysql 服务器

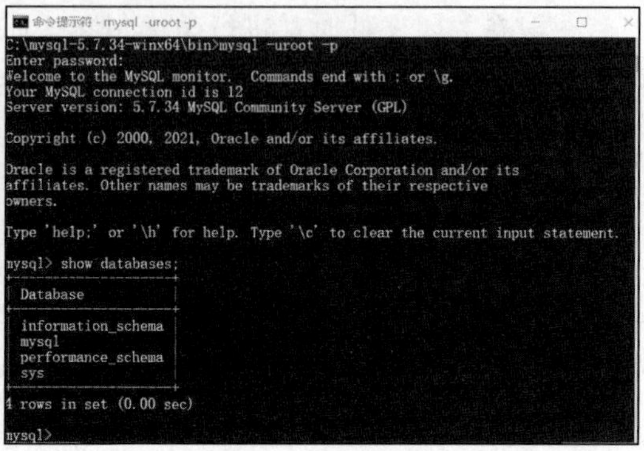

图 7-6　显示 MySQL 的 4 个默认数据库

注意：所有命令最后必须以“;”结束。

（4）创建新的数据库 addr_list。输入命令“create database addr_list;”，执行后再用“show databases;”命令查看是否创建成功，如图 7-7 所示。从图中可以看到，除了之前默认的 4 个数据库外，出现了新的数据库 addr_list。

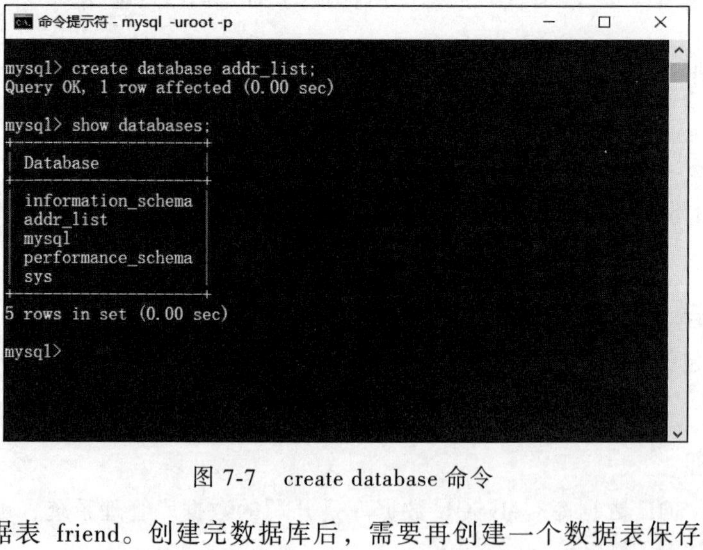

图 7-7　create database 命令

（5）创建数据表 friend。创建完数据库后，需要再创建一个数据表保存联系人信息，包括 3 个字段 name、telephone、email。

首先用命令“use addr_list;”进入新创建的 addr_list 数据库，其后的操作就在该数据库下进行。再输入创建数据表 friend 的命令：

```
create table friend(name varchar(20),telephone varchar(11),email
  varchar(100));
```

其中，friend 为数据表名，name 为第一个字段名，类型是 varchar，长度为 20；telephone 为第二个字段名，类型是 varchar，长度为 11；email 为第三个字段名，类型是 varchar，长度为 100，如图 7-8 所示。

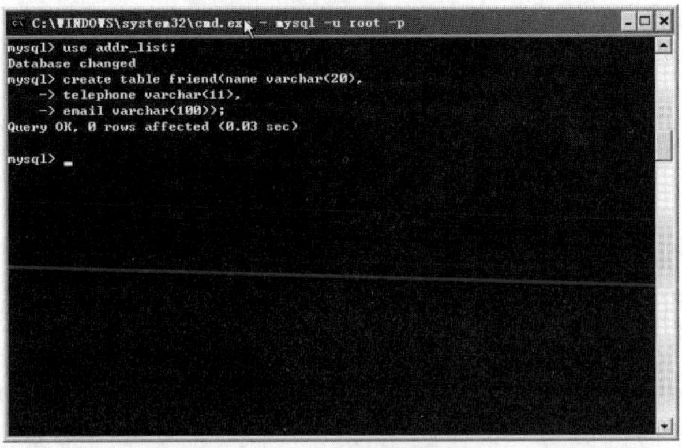

图 7-8　创建数据表

（6）插入数据。数据表创建完毕后，可以向表中插入数据。例如，插入一个联系人信息（name：zhang；telephone：12341234123；email：zhang@test.com）。输入 SQL 命令：

```
insert into friend (name,telephone,email)
values ('zhang','12341234123','zhang@test.com');
```

数据插入成功后，再用查询命令查看数据表中包含的内容。SQL 命令为：

```
select * from friend;
```

此时可以看到刚才插入的数据，如图 7-9 所示。

过上面几步的操作，完成了在 MySQL 数据库中创建相应的数据表和数据。

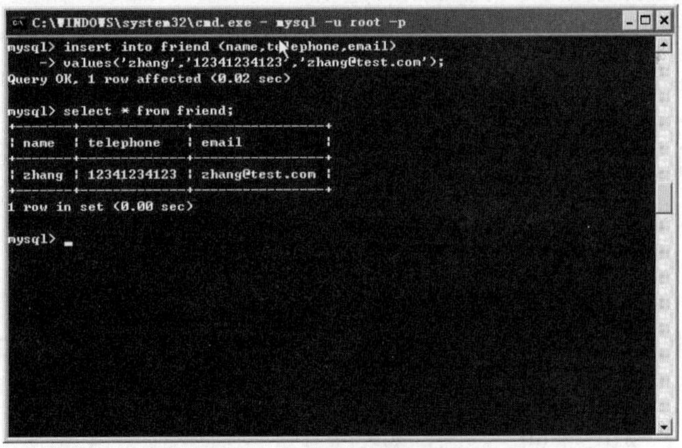

图 7-9　插入与查询数据

7.2.2　导例：从MySQL数据库中读/写通讯录

1. 问题描述

对导例 7.2.1 创建的 MySQL 数据库 addr_list 进行操作，在 friend 表中插入一条联系人记录（name：zheng；telephone：1234568888；email：zheng@mail.com）。

读取 friend 表中的所有记录，并在屏幕上显示。

2. 问题分析

该问题涉及对 MySQL 数据库的插入和查询操作，需要通过 MySQL 数据库为 C 语言提供的库函数来实现。

首先需要连接 MySQL 服务器的 addr_list 数据库，连接成功后，再对数据库进行操作。

要对数据表插入记录，需要编写插入数据的 SQL 语句，再通过 MySQL 提供的库函数执行该 SQL 语句，从而插入一条新记录。

要在屏幕上显示 friend 表中的所有联系人信息，需要先从表中读取所有记录，再用 printf 输出语句在屏幕上打印。从表中读取记录同样需要编写 SQL 查询语句，再通过库函数执行该 SQL 语句。用函数读取获得的记录行数，再通过循环依次读取每行记录，每次读取的结果是一个数组，包括 3 个字段的内容，依次输出这 3 个字段的内容，即为一行记录的信息。

其中涉及的对 MySQL 数据库的操作，如读取记录行数、读取每行记录内容等都是通过 MySQL 提供的库函数完成的。

3. 算法描述

将上述数据库操作过程以算法的形式描述为：

（1）定义一个变量 connection 作为数据库连接。

（2）定义字符串变量 query，整型变量 i=1，j=0，column,row。

（3）初始化这个连接。

（4）用指定的用户名、密码连接 MySQL 服务器的 addr_list 数据库。

（5）将字符串 query 赋值为 sql 插入语句。

（6）执行该语句。

（7）将字符串 query 赋值为 sql 查询语句。

（8）执行该语句。

（9）获取该查询语句的返回记录字段个数 column。

（10）获取该查询语句的返回记录的行数 row。

（11）输出记录的字段名。

（12）判断循环变量 i 是否小于记录行数 row。

（13）如果小于则读取当前行的记录内容，存放在数组 result_row 中；如果不小于，则退出。

（14）判断循环变量 j 是否小于记录字段数 column。

（15）如果小于，输出 result_row[j]；如果不小于则跳转到（17）。

（16）j 自增，跳转到（14）。

（17）i 自增， 跳转到（13）。

上述算法的流程图描述形式如图 7-10 所示。

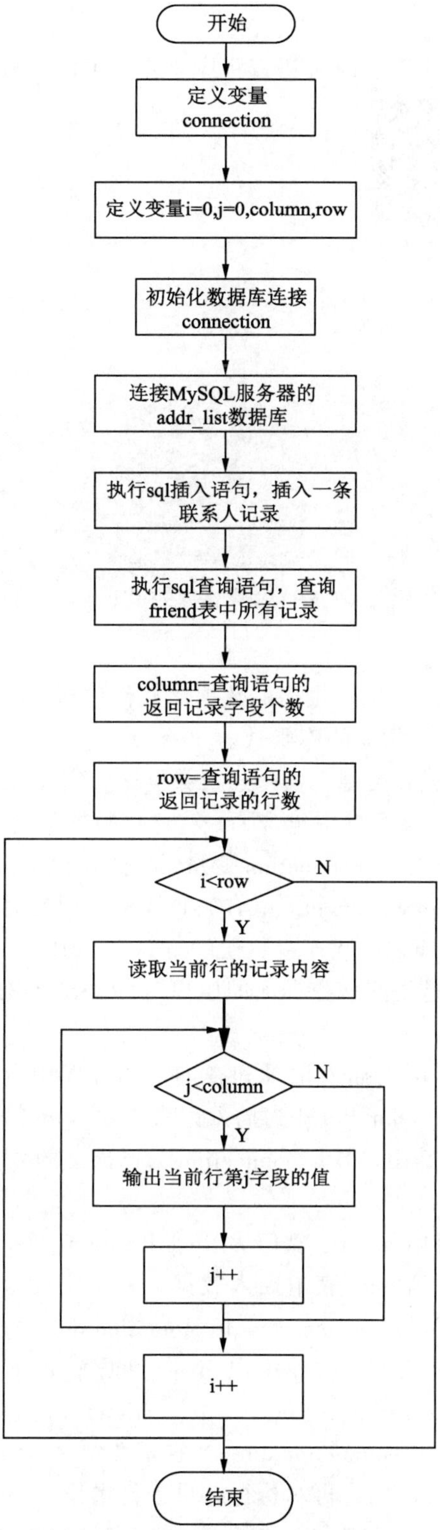

图 7-10　读取文件内容算法流程图

4. 程序实现

扫描二维码查看实现上述算法的 C 语言程序（定义了两个自定义函数）。

从 MySQL 数据库中读/写通讯录程序实现

源代码

5. 运行结果

```
数据库连接成功!
插入记录成功!
查询到 2 行
name          telephone          email
zhang         12341234123        zhang@test.com
zheng         1234568888         zheng@mail.com
```

6. 程序分析

在对通讯录数据的操作过程中，主要的数据库操作包括对数据库插入记录和查询记录。MySQL 数据库为 C 语言提供了相应的库函数。

在 C 语言中，通过 MYSQL 类型变量来连接数据库，定义 MYSQL connection，变量名为 connection，类型为 MYSQL，该类型中包含了一些连接数据等信息。

在连接数据库前，需要初始化 connection 变量，通过 MySQL_init(&connection)函数来完成。然后，用 MySql_real_connect(&connection, HOST, USERNAME, PASSWORD, DATABASE,0, NULL, CLIENT_ FOUND_ROWS)函数连接数据库。其中，HOST 指连接运行在本机的 MySQL 数据库服务器，USERNAME 是访问该数据库的用户名，PASSWORD 为对应的密码，DATABASE 是要连接的数据库。

数据库连接成功后，就可以插入记录和查询。本程序中定义了两个自定义函数：void insert_sql(MYSQL connection, char * sql)为插入记录函数；void query_sql(MYSQL connection, char * sql)为查询记录函数。其中，形参 connection 为已建立的数据库连接实例，sql 为要执行的 sql 语句。

在主函数中首先将字符串 query 赋值为"insert into friend values('zheng','1234568888', 'zheng@mail.com')"，表示向 friend 表中插入数据，3 个字段值分别为'zheng','1234568888', 'zheng@mail.com'。调用自定义函数 insert_sql(connection,query)，在函数中，用 mysql_query (&connection, sql)函数执行传递过来的 SQL 语句，向数据库 addr_list 的 friend 表中插入数据。

主函数中再将字符串 query 赋值为"select * from friend"，表示从 friend 表中查询所有记录。

调用自定义函数 query_sql(connection,query)。在函数中，仍然用 MySQL_query(&connection, sql)函数执行传递过来的 SQL 语句，再对执行结果进行操作。

调用函数 MySQL_store_result(&connection)获取查询结果数据，返回结果为 MYSQL_RES 类型的指针变量 res_ptr，接下来需要读取该查询结果中包含的每一行记录中的每一个字段值。

首先用 MySql_num_fields(res_ptr)函数获得查询结果数据包含的字段数 column（列数），MySQL_num_rows(res_ptr)函数获得查询结果数据包含的行数 row。

用双重 for 循环输出每行记录中的每个字段值。外层 for 循环按行读取每行内容，用函数 MySQL_fetch_row(res_ptr)从查询结果中读取一行记录值，保存在数组 result_row 中（每一行记录由若干字段组成）。在内层循环中，依次输出每个字段的值 result_row[j]，下标 j 的范围从 0 到字段数 column-1。

7.2.3　C程序对MySQL数据库的操作

要用 C 程序对 MySQL 数据库进行操作，需要使用 MySQL 为 C 语言提供的 API 进行数据库编程。

API（application programming interface）即应用程序编程接口，通过调用这些接口，执行 API 函数提供的功能。MySQL 为 C 语言提供的 API 函数就是用 C 语言编写的 MySQL 编程接口，使用这些接口函数可以实现对 MySQL 数据库的查询、插入等操作。

1. 设置Dev-C++环境

要使用 MySQL 提供的 API，首先需要在编辑环境中包含 MySQL 的头文件并且链接相应的动态链接库。

具体操作如下：

（1）选择主窗口菜单栏中的“工具”→“编译”命令，在打开的“编译器选项”对话框的“在连接器命令行加入以下命令”中追加“-lmysql”，如图 7-11（a）所示。

（2）选择“目录”选项卡中的“库”标签，先单击“浏览文件夹”按钮，选中 MySQL 安装目录下的 lib 文件夹，再单击“添加”按钮，加入 mysql 的 lib 文件夹，如图 7-11（b）所示。

（3）选择“目录”选项卡中的“C 包含文件”标签，先单击“浏览文件夹”，选中 mysql 安装目录的 include 文件夹，再单击“添加”按钮，加入 mysql 的库文件夹，如图 7-11（c）所示。

（4）选择“C++包含文件”，同样（3）类似操作，加入 mysql 的库文件夹，添加后如图 7-11（d）所示。

通过以上几步的设置，就可以让编译器知道 MySQL 的 API 接口有哪些函数，以及函数的原型是怎样的（mysql.h 中）。

2. C程序对MySQL数据库操作的基本过程

大多数高级语言连接数据库的过程基本一致，都包括如下几个步骤。C 语言与 MySQL 数据库交互时，使用对应的 API 函数即可。

（1）连接数据库服务器，并选择所要操作的数据库。C 语言使用 mysql_real_connect()函数连接 MySQL 服务器与指定的数据库。

（2）执行 SQL 语句：使用 mysql_query()函数执行 SQL 语句，对数据库进行操作。常用的

SQL 语句包括查询语句（select）、插入语句（insert）、更新语句（update）、删除语句（delete）。

（3）若为查询操作，则先获取查询结果数据，然后再按行依次读取。C 语言中通过 mysql_store_result()函数返回查询结果数据，mysql_fetch_field()函数依次读取每一行结果记录。

（4）不再使用数据库时，关闭数据库连接，使用 mysql_close()函数关闭连接。

（a）添加 lib 文件夹路径　　（b）添加连接器命令

（c）添加 C 包含文件　　（d）加入 MySQL 的库文件夹

图 7-11　设置 Dev-C++环境

3. 连接数据库服务器

要在 C 程序中操作 MySQL 数据库，必须先与 MySQL 服务器建立连接，也就是建立一条从 C 程序到 MySQL 数据库之间的通道。C 语言的 API 提供了 mysql_real_connect()函数连接 MySQL 服务器，语法格式如下：

```
MYSQL * STDCALL mysql_real_connect(MYSQL *mysql, const char *host, const
```

```
    char *user, const char *passwd, const char *db, unsigned int port, const
char *unix_socket, unsigned long clientflag);
```

参数说明：

- mysql：前面定义的 MySQL 变量。
- host：表示 MySQL 服务器的主机名或 IP 地址。
- user：表示登录数据库服务器的用户名。
- passwd：表示登录数据库服务器的密码。
- db：表示要连接的数据库。
- port：MySQL 服务器的 TCP 服务端口。
- unix_socket：unix 连接方式，为 NULL 时表示不使用 socket 或管道机制。
- clientflag：MySQL 运行为 ODBC 数据库的标记，一般取 0。连接失败时该函数返回 0。

4. 数据库基本操作

（1）执行 SQL 语句。连接到 MySQL 数据库服务器并选择了对应的数据库之后，就可以在此数据库中进行查询等操作，这些操作是通过 SQL 语句来执行的。mysql_real_query()函数用来执行 SQL 语句，其语法格式为：

```
  int STDCALL mysql_real_query(MYSQL *mysql, const char *q, unsigned long
  length);
```

参数说明：

- mysql：前面定义的 MYSQL 变量。
- q：SQL 查询语句。
- length：查询语句的长度。

查询成功则该函数返回 0。

（2）获取查询结果。如果执行的为查询操作，可以用 mysql_store_result()函数返回的 MYSQL_RES 变量获取查询结果数据，函数格式为：

```
  MYSQL_RES * STDCALL mysql_store_result(MYSQL *mysql);
```

其中，mysql 为前面定义的 MYSQL 变量。

这个函数将从 MySQL 服务器查询的所有数据都存储到客户端，然后可以通过重复调用 mysql_fetch_row()函数读取数据。

（3）处理返回结果。mysql_fetch_row()函数用于获取查询结果集信息，并放入一个数组中，将其返回，然后将记录集指针移动到下一条记录。在读取数组中的数据时，只能使用数字索引来读取，索引号从 0 开始，如果结果集中没有下一行记录则返回 false。其语法格式为：

```
  MYSQL_ROW STDCALL mysql_fetch_row(MYSQL_RES *result);
```

其中，参数 result 就是前面 mysql_store_result()的返回值。

该函数返回 MYSQL_ROW 型的变量，即字符串数组，假设为 row，则 row[i]为第 i 个字段的值。当到结果集尾部时，此函数返回 NULL。

5. 关闭数据库连接

每一次数据库操作都会占用系统资源，因此数据库操作完成后，要及时关闭已建立的

MySQL 数据库连接。用 mysql_close()函数关闭连接，其语法格式为：

```
void STDCALL mysql_close（MYSQL *mysql）;
```

其中，参数 mysql 为前面定义的 MYSQL 变量。

习　题

一、程序设计题

1. C盘根目录下有一个文本文件temp.txt，输入一串字符（包括英文字母和数字，用#结束输入）存放到此文件中。（易）

2. 对文本文件temp.txt，统计该文件中字符的个数。（易）

3. 将temp.txt文件中的数字替换为字符$，并输出文件内容。（中）

4. 在MySQL数据库中新建一个表存储学生C语言课程的成绩，包括学号、姓名、成绩。（中）

5. 编写程序，输入学号、姓名、成绩，插入成绩表中。（难）

6. 编写程序，输出成绩表中所有的学生信息，并计算平均成绩。（难）

二、上机题

1. 实现简单的单词本程序。要求：（中）

（1）单词本以文本文件的形式保存，其中每个单词的形式为“单词：解释”。

（2）通过菜单不同数字表示单词本不同功能，包括新增单词、复习单词、查找单词等功能。

（3）“新增单词”功能要求以“单词：解释”的形式输入，加入单词本中。

（4）“复习单词”列出单词本中所有单词及解释。

（5）“查找单词”要求输入英文单词，从单词本中找到对应的解释，显示在屏幕上。

2. 将上题中的单词本在MySQL数据库中存储，要求：（难）

（1）设计并创建对应的数据表。

（2）实现上题中的功能。

附录 A

一、知识点与思维要素

本书主要内容对应课程单元、知识点及其思维要素，可扫描下方二维码进行查看。

思维要素

二、综合案例拓展

程序设计课程的学习以实际运用为导向，这里补充了几个复杂问题的解决方法，有需要的读者可扫描下方二维码进行查看，进一步掌握综合应用理论知识解决实际问题的方法。

简易库存存取货管理

分子动力学模拟

网络通信——聊天

五子棋游戏

交通信号灯的自动控制

参 考 文 献

[1] 战德臣，聂兰顺. 大学计算机：计算思维与信息素养[M].4 版. 北京:高等教育出版社，2024.

[2] 克尼汉，里奇. C 程序设计语言第 2 版. [M]. 徐宝文，李志，译. 北京：机械工业出版社，2004.

[3] 廖湖声，叶乃文，周珺. C 语言程序设计案例教程[M]. 3 版. 北京：人民邮电出版社，2018.

[4] 谭浩强. C 程序设计[M]. 5 版. 北京：清华大学出版社，2017.

[5] 裘宗燕. 从问题到程序：程序设计与 C 语言引论[M] .2 版. 北京：机械工业出版社，2011.

[6] 胡明,王红梅. 程序设计基础：从问题到程序[M].3 版.北京：清华大学出版社，2021.

[7] 苏小红，孙志岗，陈惠鹏，等. C 语言大学实用教程[M]. 5 版. 北京:电子工业出版社，2024.

[8] 何钦铭，颜晖. C 语言程序设计[M] .4 版.北京：高等教育出版社，2020.

[9] 颜晖，柳俊. C 语言程序设计实验与习题指导[M]. 2 版.北京：高等教育出版社，2012.

[10] 何钦铭. C 语言程序设计经典实验案例集[M].北京：高等教育出版社，2012.

[11] 崔武子，林志英，青芳.C 程序设计课程教案及题解[M].北京：清华大学出版社，2010.

[12] 王一萍，梁伟，金梅. C 程序设计与项目实践[M]. 北京：清华大学出版社，2011.

[13] 刘维富. C 语言程序设计一体化案例教程[M]. 北京：清华大学出版社，2009.

[14] 白帆. C 语言开发实例详解[M]. 北京：电子工业出版社，1999.

[15] 张广庆，杜春涛,付瑞平,等. C++程序设计基础[M]. 北京：中国社会出版社，2006.

[16] 恰汗・合孜尔. C 语言程序设计[M].5 版. 北京：中国铁道出版社有限公司，2023.

[17] 高婷，杨明莉. 实用数据结构习题与实践[M]. 北京：清华大学出版社，2011.

[18] 王丽晖. 数据结构教程与实训[M].哈尔滨：哈尔滨工业大学出版社，2011.

[19] 顾为兵，尹东，袁平波，等. 数据结构及应用算法[M]. 合肥：中国科学技术大学出版社，2008.

[20] 滕国文. 数据结构课程设计[M]. 北京：清华大学出版社，2010.

[21] 林志英，付百文，朱立平. 数据结构[M] . 北京：中国林业出版社，2006.

[22] 明日科技. C 语言从入门到精通[M].6 版. 北京：清华大学出版社，2023.